控制工程基础

王　海　裴九芳　陈　玉　王　雷◎编著

中国科学技术大学出版社

内 容 简 介

本书针对大学本科教学,结合编者多年的教学实践,以经典控制理论为主要内容,系统地阐述了连续控制系统的分析和研究方法.在内容上注意深入浅出、精讲多练、简洁实用,强调理论够用,侧重于工程实践的应用.

本书可作为机械设计制造及其自动化、车辆工程、测控技术与仪器、过程装备及控制工程、机械电子工程、机械工程等机械类相关专业大学本科生的学习教材,也可作为系统与控制领域的广大工程技术人员和科技工作者的学习参考书.

图书在版编目(CIP)数据

控制工程基础/王海等编. —合肥:中国科学技术大学出版社,2015.1
ISBN 978-7-312-03230-1

Ⅰ.控… Ⅱ.王… Ⅲ.自动控制理论—高等学校—教材 Ⅳ.TP13

中国版本图书馆 CIP 数据核字(2013)第 174835 号

出版	中国科学技术大学出版社 安徽省合肥市金寨路 96 号,230026 http://press.ustc.edu.cn
印刷	合肥华星印务有限责任公司
发行	中国科学技术大学出版社
经销	全国新华书店
开本	787 mm×1092 mm 1/16
印张	14.75
字数	387 千
版次	2015 年 1 月第 1 版
印次	2015 年 1 月第 1 次印刷
定价	30.00 元

前　　言

本书针对大学本科教学,结合编者多年的教学实践,以经典控制理论为主要内容,系统地阐述了连续控制系统的分析和研究方法.

本书注重将经典的理论知识与现代计算机仿真技术和实验技术相结合,更有利于工科学生对控制理论的学习和应用.

全书共分9章,内容包括:控制理论概述、控制系统的数学模型、控制系统的时域分析、控制系统的频域分析、自动控制系统的稳定判据、系统的性能分析与校正、根轨迹法、非线性系统分析概述、控制系统的 MATLAB 仿真简介.

本书由安徽工程大学王海教授(第1章、第5章、第7章)、裴九芳副教授(第2章、第3章)、陈玉副教授(第6章、第9章)、王雷副教授(第4章、第8章)负责编写。各章节内容概述如下:

第1章介绍机械工程控制的基本概念和控制系统的基础知识;第2章阐述控制系统的数学模型和拉氏变换、系统的传递函数和系统框图;第3章阐述控制系统的时域分析方法和时域性能指标;第4章阐述控制系统的频率分析方法和系统的频率特性,以及系统的 Bode 图绘制、最小相位系统;第5章介绍控制系统的稳定判据;第6章介绍控制系统的性能分析与校正;第7章阐述根轨迹法的基本原理、绘制方法,以及如何应用根轨迹法分析系统的稳定性;第8章介绍非线性系统分析;第9章介绍控制系统的 MATLAB 仿真.凡在目录中标"＊"号的章节,属于加深扩展内容,各学校可根据教学时数酌情讲授.

由于作者水平有限,书中难免存在疏漏甚至错误,恳请广大读者批评指正!

编　者

2014 年 12 月

目　　录

第1章 控制理论概述

本章主要介绍控制理论在工程上的应用和发展、自动系统的基本概念以及控制理论在机械制造工业中的一些具体应用,主要目的是引导读者走进控制工程领域.

1.1 控制理论在工程中的应用和发展

控制理论是在产业革命的背景下,在生产和军事需求的刺激下,自动控制、电子技术、计算机科学等多种学科相互交叉发展的产物.控制论的奠基人——美国科学家维纳(N. Wiener)从1919年开始便提出了控制论的思想,1940年提出了数字电子计算机设计的五点建议.第二次世界大战期间,维纳参加了火炮自动控制的研究工作,他把火炮自动打飞机的动作与人狩猎的行为进行对比,提炼出了控制理论中最基本、最重要的反馈概念.他提出,准确控制的方法可以把运动结果所决定的量,作为信息再反馈给控制仪器,这就是著名的负反馈概念.驾驶车辆也是由人参与的负反馈调节.人们不是盲目地按照预定不变的模式来操纵车上的方向盘,而是发现靠左了,就向右作一个修正;反之亦然.因此他认为,目的性行为可以引发反馈,可以把目的性行为这个生物所特有的概念赋予机器.于是,维纳等在1943年发表了《行为、目的和目的论》.同时,火炮自动控制的研制获得成功,这些是控制论产生的重要实物标志.1948年,维纳所著的《控制论》的出版,标志着这门学科正式诞生.

20世纪50年代以后,一方面在控制理论的指导下,火炮及导弹控制技术极大地发展,数控、电力、冶金自动化技术突飞猛进;另一方面在自动控制装备的需求和发展的基础上,控制理论也不断向前发展.1954年,我国科学家钱学森在美国运用控制论的思想和方法,用英文出版了《工程控制论》,首先把控制论推广到了工程技术领域.接下来短短的几十年里,在各国科技人员的努力下,生物控制论、经济控制论和社会控制论等又相继出现,控制理论已经渗透到各个领域,并伴随着其他科学技术的发展,极大地改变了整个世界.在创造人类文明过程中,控制理论自身也在不断向前发展.控制理论的中心思想是通过信息的传递、加工处理并加以反馈来进行控制,所以它也是信息学科的重要组成方面.

机电工业是我国最重要的支柱产业之一,传统的机电产品正在向机电一体化(Mechatronics)的方向发展.机电一体化产品或系统的显著特点是控制自动化.机电控制型产品技术含量高,附加值大,在国内外市场上具有很强的竞争优势.当前国内外机电结合型产品,诸如典型的工业机器人、数控机床、自动导引车等都广泛地应用了控制理论.

根据自动控制理论的内容和发展的不同阶段,可以把控制理论分为经典控制理论和现代控制理论两大部分.

经典控制理论是以传递函数为基础,以频率法和根轨迹法作为分析和综合系统的基本方法,主要研究单输入、单输出这类控制系统的分析和设计问题.

现代控制理论是在经典控制理论的基础上,于 20 世纪 60 年代以后发展起来的.它的主要内容是以状态空间法为基础,研究多输入、多输出、时变参数、分布参数、随机参数、非线性等控制系统的分析和设计问题.最优控制、最优滤波、系统辨识、自适应控制等理论都是这一领域的重要分支.特别是近年来,电子计算机技术和现代应用数学研究的迅速发展,又使现代控制理论在大系统理论和模拟人类智能活动的人工智能控制等诸多领域有了重大发展.

半个世纪以来,控制理论从主要依靠手工计算的经典控制理论发展到依赖计算机的现代控制理论,发展了最优控制、自适应控制、智能控制.智能控制中,学习控制技术从简单的参数学习向较为复杂的结构学习、环境学习和复杂对象学习的方向发展,并发展了模糊控制、神经网络控制、遗传算法、混沌控制、专家系统、稳健控制与 H_{∞} 控制等理论和技术.同时,还发展了 MATLAB(Matrix Laboratory)等控制系统计算机辅助分析和设计工具,使控制理论在工程上的应用更加方便.

1.2 自动控制系统的基本概念

所谓自动控制,就是在没有人直接参与的情况下,使被控对象的某些物理量准确地按照预期的规律变化.例如,数控加工中心能够按预先排定的工艺程序自动地进刀切削、加工出预期的几何形状;焊接机器人可以按工艺要求焊接流水线上的各个机械部件;温度控制系统能保持恒温等.所有这些系统都有一个共同点,即它们都是一个或一些被控制的物理量按照给定量的变化而变化,给定量可以是具体的物理量,如电压、位移、角度等,也可以是数字量.一般来说,使被控制量按照给定量的变化规律而变化,就是控制系统要完成的基本任务.学习自动控制这门科学技术要解决两个方面的问题:一是如何分析某个给定控制系统的工作原理和动态特性,分析该系统的稳定性、准确性、快速性等;二是如何根据生产和国防的需要来进行控制系统的设计,并用机、电、光、液压元部件或设备来实现这一系统.前者主要是分析系统,后者是综合和设计系统,但无论要解决哪方面的问题,都必须具有丰富的控制理论知识.

系统的输入就是控制量,它是作用在系统的激励信号.其中,使系统具有预定性能的输入信号称为控制输入、指令输入或参考输入,而干扰或破坏系统预定性能的输入信号则称为扰动.系统的输出也称为被控制量,它表征控制对象或过程的状态和性能.

1.2.1 自动控制系统的工作原理

首先研究恒温系统.实现恒温自动控制可以参考人工控制的过程.图 1.1 为人工控制的恒温控制箱,可以通过调压器改变电阻丝的电流,达到控制温度的目的.箱内温度是由温度计测量的.人工调节过程可归结如下:

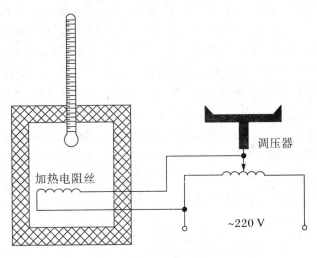

图 1.1 人工控制的恒温箱

(1) 观测由测量元件(温度计)测出的恒温箱的温度(被控制量).

(2) 将被测温度与要求的温度值(给定值)进行比较,得出偏差的大小和方向.

(3) 根据偏差的大小和方向再进行控制.当恒温箱温度高于给定温度时,移动调压器滑动端使电流减小,温度降低;当恒温箱温度低于给定温度时,移动调压器滑动端使电流增大,温度升高.

因此,人工控制的过程就是测量、求偏差、再控制以纠正偏差的过程.简单来讲,就是检测偏差并用以纠正偏差的过程.

对于这样简单的控制形式,如果能找到一个控制器代替人的职能,那么这样一个人工调节系统就可以变成自动控制系统了.图 1.2 就是一个自动控制系统,其中,恒温箱的温度是由给定信号电压 u_1 控制的.当外界因素引起箱内温度变化时,作为测量元件的热电偶,把温度转换成对应的电压信号 u_2,并反馈回去与给定信号比较,所得结果即为温度偏差对应的电压信号.电压信号经电压放大、功率放大后,用以改变电动机的转速和方向,并通过传动装置拖动调压器动触头.当温度偏高时,动触头向着电流减小的方向运动;反之,加大电流,直到温度达到给定值时为止;只有偏差信号为 0 时,电动机才停转.这样就完成了所要求的控制任务.所有这些装置便组成了一个自动控制系统.

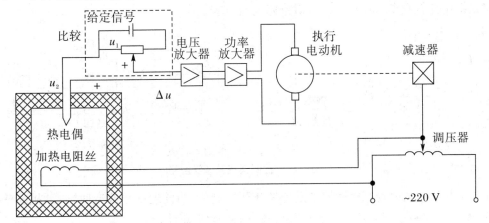

图 1.2 恒温箱的自动控制系统

　　上述人工控制系统和自动控制系统是极相似的.执行机构类似于人手,测量装置相当于人眼,控制器类似于人脑.另外,它们还有一个共同的特点,就是都要检测偏差,并用检测到的偏差去纠正偏差.可见,没有偏差便没有调节过程.在自动控制系统中,这一偏差是通过反馈建立起来的.反馈就是指输出量通过适当的测量装置将信号全部或一部分返回输入端,使之与输入量进行比较,比较的结果称为偏差.如前所述,基于反馈基础上的检测偏差用以纠正偏差的原理又称为反馈控制原理.利用反馈控制原理组成的系统称为反馈控制系统.

　　图 1.3 为恒温箱温度自动控制系统职能方块图.⊗代表比较元件,箭头代表作用的方向.从图 1.3 中可以看出反馈控制的基本原理,也可以看出,各职能环节的作用是单向的,每个环节的输出是受输入控制的.总之,实现自动控制的装置可能各不相同,但反馈控制的原理却是相同的.可以说,反馈控制是实现自动控制最基本的方法.

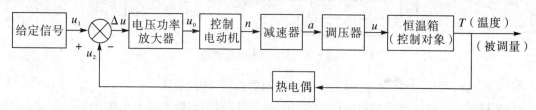

图 1.3　恒温箱温度自动控制系统职能方块图

1.2.2　开环控制与闭环控制

　　按照有无反馈测量装置分类,控制系统分为两种基本形式,即开环系统和闭环系统,如图 1.4 所示.开环系统[图 1.4(a)]是没有输出反馈的一类控制系统.这种系统的输入直接供给控制器,并通过控制器对受控对象产生控制作用.其主要优点是结构简单、价格便宜、容易维修;缺点是精度低,容易受环境变化(如电源波动、温度变化等)的干扰.在工业与国防等要求较高的应用领域,绝大多数控制系统的基本结构方案都是采用反馈原理[图 1.4(b)],其输出的全部或部分被反馈到输入端,输入与反馈信号比较后的差值(即偏差信号)加给控制器,然后再调节受控对象的输出,从而形成闭环控制回路.所以,闭环系统又称为反馈控制系统,这种反馈称为负反馈.与开环系统相比,闭环系统具有突出的优点,如精度高、动态性能好、抗干扰能力强等.它的缺点是结构比较复杂,价格比较贵,对维修人员要求较高.

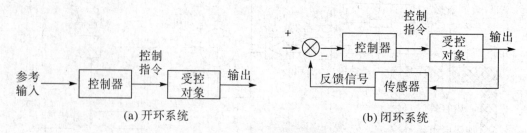

　　(a) 开环系统　　　　　　　　　　　　(b) 闭环系统

图 1.4　控制系统基本类型

　　如图 1.5 所示的电动机转速控制系统是开环控制的.当给定电压改变时,电动机转速也跟着改变,但这种控制系统的转速很容易受负载力矩变化的影响.

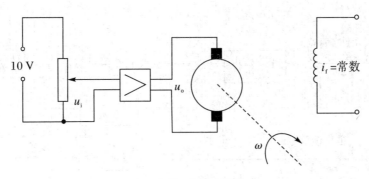

图 1.5　电动机转速控制系统

图 1.6 是反馈控制系统,也叫作闭环系统.其特点是系统的输出端和输入端之间存在反馈回路,即输出量对控制作用有直接影响.闭环的作用就是应用反馈来减少偏差.

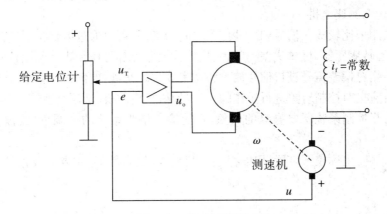

图 1.6　闭环调速系统原理图

闭环控制的突出优点是精度高,可及时减小干扰引起的偏差.图 1.6 所示的闭环调速系统能有效降低负载力矩对转速的影响.例如,负载加大,转速会降低,但有了反馈,偏差就会增大,电动机电压就会升高,转速又会上升.

闭环系统是靠偏差进行控制的.对于反馈控制系统,由于元件的惯性或负载的惯性,调节不当容易引起振荡,使系统不稳定.因此精度和稳定性之间的矛盾始终是闭环系统存在的主要矛盾.

从稳定性的角度看,开环系统比较容易建造,结构也比较简单,因为开环系统不存在引入反馈产生的稳定性问题.

这里需说明,机械动力学系统,也可以画成具有反馈的方块图,但这个反馈不是人为加上的,而是机械系统所固有的,一般来说,这不叫反馈控制系统,但它可用反馈控制理论来分析,可认为它是存在内反馈的反馈系统.

1.2.3　反馈控制系统的基本组成

图 1.7 是一个典型的反馈控制系统,表示了这些元件在系统中的位置及其相互间的关系.由图 1.7 可以看出,一个典型的反馈控制系统应该包括给定元件、反馈元件、比较元件(或比较环节)、放大元件、执行元件及校正元件等.

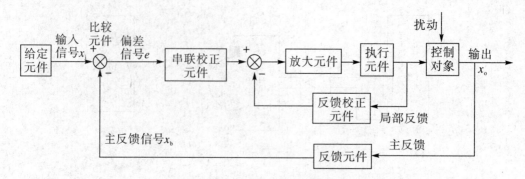

图 1.7　典型的反馈控制系统方块图

给定元件:主要用于产生给定信号或输入信号,如调速系统的给定电位计.

反馈元件:用于测量被调量或输出量,产生主反馈信号(该信号与输出量存在确定的函数关系),如调速系统的测速电机.

比较元件:用来比较输入信号和反馈信号之间的偏差.可以通过电路实现,有时也叫比较环节.自整角机、旋转变压器、机械式差动装置、运算放大器等都可作为物理的比较元件.

放大元件:指对偏差信号进行信号放大和功率放大的元件,如伺服功率放大器等.

执行元件:直接对控制对象进行操作的元件,如执行电动机、液压马达等.

控制对象:指控制系统所要操纵的对象,它的输出量为系统的被调量(或被控制量),如机床、工作台等.

反馈校正元件:也称校正装置,用以稳定控制系统,提高性能.主要有反馈校正和串联校正两种形式.

1.2.4　自动控制系统的基本类型

根据采用的信号处理技术的不同,控制系统可以分为模拟控制系统和数字控制系统.凡是采用模拟技术处理信号的控制系统称为模拟控制系统;而采用数字技术处理信号的控制系统则称为数字控制系统.对于给定的系统,采用何种信号处理技术取决于许多因素,如可靠性、精度、复杂程度以及经济性等.随着微处理机技术的成熟,数字控制系统应用越来越广泛,形成了计算机控制系统.微处理机在控制系统中的作用是采集信号、处理控制规律以及产生控制指令.

如果给定量是恒定的,一般把这种控制系统叫作恒值调节系统,如稳压电源、恒温控制箱.对于这类系统,分析的重点在于克服扰动对被调量的影响.如果被调量随着给定量(也叫输入量)的变化而变化,则称为随动系统,如火炮自动瞄准敌机的系统、机床随动系统等.这类系统要求输出量能够准确、快速地复现给定量.

所有变量的变化都是连续进行的系统称为连续控制系统.系统中存在离散变量的系统则称为离散控制系统.计算机控制系统属于数字控制系统,多采用离散控制系统理论进行分析.

可用线性微分方程描述的系统称为线性连续控制系统,不能用线性微分方程描述,存在着非线性变化的系统则称为非线性系统.

1.2.5　对控制系统的基本要求

自动控制系统用于不同的目的,要求也往往不一样.但自动控制技术是研究各类控制系统共同规律的一门技术,对控制系统有共同的要求,一般可归结为稳定、准确、快速.

1. 稳定性

系统往往存在惯性,系统的各个参数设置不当,将会引起系统的振荡而使之失去工作能力.稳定性就是指动态过程的振荡倾向和系统能够恢复平衡状态的能力.输出量偏离平衡状态后应能随着时间收敛,并且最后回到初始的平衡状态.稳定性的要求是系统工作的首要条件.

2. 快速性

快速性是在系统稳定的前提下提出的,是指系统输出量与给定的输入量之间产生偏差时,消除这种偏差的快慢程度.

3. 准确性

准确性是指在调整过程结束后输出量与给定的输入量之间的偏差,或称为精度,这也是衡量系统工作性能的重要指标.例如,数控机床精度越高,加工精度也就越高.

由于受控对象的具体情况不同,各种系统对稳、准、快的要求各有侧重.例如,随动系统对快速性要求较高,而调速系统对稳定性要求较严格.

在同一系统中,稳、准、快有时是相互制约的.快速性好,可能会有强烈振荡;改善稳定性,控制过程又可能过于迟缓,精度也可能变差.分析和解决这些矛盾,是本学科讨论的重要内容.

1.3　控制理论在机械制造工业中的应用

随着控制理论的发展,控制理论在机械制造工业中的应用越来越广泛.

1788 年瓦特发明的蒸汽离心调速器是一个自动调节系统,如图 1.8 所示,是控制理论形成实践的典型代表.调速器的轴通过发动机和减速齿轮,以角速度 ω 旋转.旋转的飞轮所产生的离心力形成的轴向力被飞锤上方的弹簧力抵消.弹簧位移相当于离心机构形成的检测量,对输出转速进行检测,并将它反馈,通过杠杆装置对蒸汽流量进行控制.所要求的转速由弹簧预应力调准.

伺服系统(Servo System)在机电控制系统中有着广泛的应用.伺服系统就是将指令信号精确、快速地转换为相应的物理实现.例如,飞机和船舶的舵角操纵由于所需的力很大,不可能由人力直接操纵,需由伺服系统来完成,伺服系统的作用就是使舵面的转角精确地跟随驾驶员的操纵动作.当使用自动驾驶方式时,伺服系统要使舵面转角精确地实现自动驾驶仪输入的指令.各种数控机床进给系统、机器人各关节运动都是由伺服系统控制的.它们还能依靠多轴系统的配合,完成复杂的空间曲线运动的控制.在军事上,雷达天线的自动瞄准跟踪控制、自动火炮和战术导弹发射架的瞄准运动控制、坦克炮塔的防摇稳定控制、导弹和鱼雷的制导控制等,都采用伺服系统.另外,自动绘图仪的画图控制系统、硬盘磁头的位置控制系统、光盘驱动器读出头的控制系统、自动照相机和摄像机的镜头实现自动对焦和变焦,都采用伺服系统来完成.

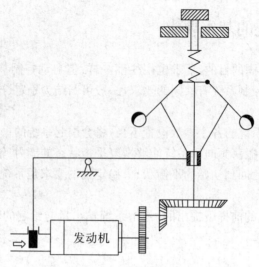

图 1.8 离心调速器

图 1.9 是工业机器人的一个关节伺服系统. 它的受控过程是机器人的关节运动. 采用微处理机作为控制器. 关节轴的实际位置由旋转变压器测量, 转换为电的数字信号后, 反馈给控制器. 微处理机经过控制算法后, 输出控制指令, 再经过数模转换和伺服功率放大, 提供给关节轴上的伺服电动机. 伺服电动机根据控制指令驱动关节轴转动, 直至机器人运动到达输入参考信号设定的位置为止.

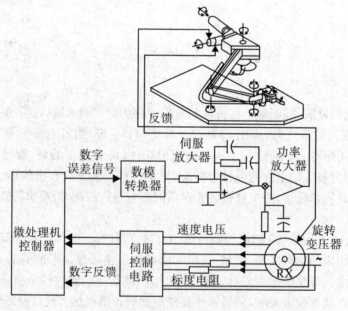

图 1.9 机器人关节伺服系统

在机械行业中广泛使用的数控机床, 其进给系统是典型的反馈控制系统. 图 1.10 表示一种三坐标闭环数控机床. 其中, x 方向控制工作台沿丝杆轴方向水平移动工件; y 方向控制立铣头沿与丝杆轴正交的水平方向移动; z 方向控制垂直进刀.

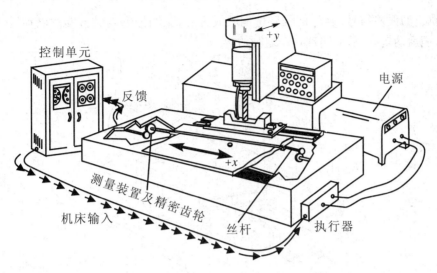

图 1.10　三坐标数控机床

工业机器人是控制理论在机械行业的又一成功应用. 最通用的工业机器人是具有多个自由度的机械手. 图 1.11 为六自由度机械手运动. 每一个运动轴都是一路伺服控制. 机器人伺服控制系统利用位置和速度反馈信号控制机械手运动. 职能机器人除伺服回路以外, 控制器还包括视觉、触觉以及语音识别等其他传感器. 控制器利用这些信号检测目标形貌、目标尺寸以及目标个性.

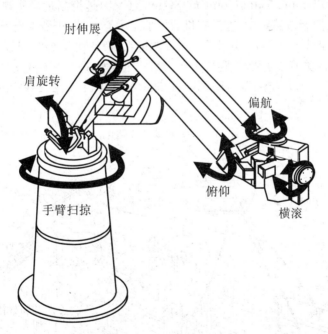

图 1.11　六自由度工业机器人

自动导引车 (Automatic Guided Vehicle, AGV) 又称移动机器人, 能够跟踪编程路径, 在工厂内将零部件从一处运送到另一处. 在汽车工业、电子产品加工工业以及柔性制造系统中, 自动导引车物料运输系统已经得到了广泛使用. 图 1.12 表示一种感应导线式自动导引车. 感应导线铺设在地板槽内, 导线中通以交流电流, 在导线周围形成交变磁场. 安装在车身前部的弓形天线跨在感应导线的上方. 在导线的交变磁场作用下, 天线的两个对称线圈中感应电压的差值代表车辆偏离轨道的误差信号.误差信号经过伺服放大后,驱动控制驾驶方向的电动机,使前轮偏转,改变车辆运动轨迹,从而实现自动驾驶功能.

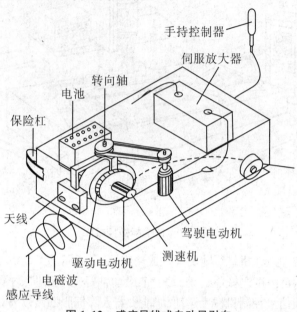

图 1.12 感应导线式自动导引车

柔性制造系统(Flexible Manufacturing System,FMS)是控制理论实现整个加工车间自动化的具体应用.在柔性制造系统中,将计算机数控加工中心、工业机器人以及自动导引车连接起来,以适应加工成组产品.图 1.13 表示了一柔性制造系统.它由 1 台铣削数控加工中心、1 台车削数控加工中心、1 台关节式工业机器人、1 台门吊式工业机器人、3 辆自动导引车、装卸站以及刀具库等组成,并通过单元控制器与局域网(Local-Area Network,LAN)相连,以实现各个独立设计之间的通信.

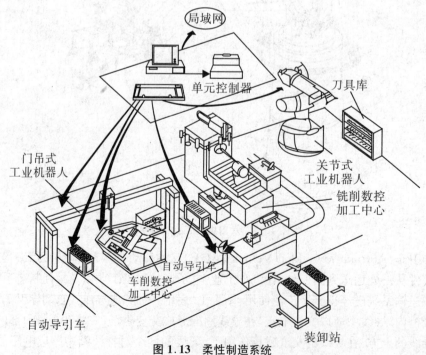

图 1.13 柔性制造系统

在柔性制造系统的基础上,加上计算机辅助设计(Computer Aided Design,CAD)、计算机辅助规划(Computer Aided Process Planning,CAPP),可形成全工厂级的自动化,即计算机集成制造系统(Computer Integrated Manufacturing System,CIMS).这是自动控制理论在机械制造领域的集大成,代表了当今机械制造领域的前沿.

习　题

1. 在给出的几个答案里,选出正确的.

(1) 以同等精度元件组成的开环系统和闭环系统,其精度:_____.

A. 开环高　　　　B. 闭环高　　　　C. 相差不多　　　　D. 一样高

(2) 系统的输出信号对控制作用的影响:_____.

A. 开环有　　　　B. 闭环有　　　　C. 都没有　　　　D. 都有

(3) 对于系统抗干扰能力,_____.

A. 开环强　　　B. 闭环强　　　　C. 都强　　　　D. 都不强

(4) 作为系统,_____.

A. 开环不振荡　　B. 闭环不振荡　　C. 开环一定振荡　　D. 闭环一定振荡

2. 试比较开环系统和闭环系统的优缺点.

3. 举出 5 个身边控制系统的例子,试用功能方块图说明其基本原理,并指出是开环控制还是闭环控制.

4. 试画出如图 1.8 所示的离心调速器的功能方块图.

第 2 章 控制系统的数学模型

2.1 概　述

1. 数学模型

数学描型是描述系统变量之间关系的数学表达式,它揭示了系统结构及其参数与其性能之间的内在关系.对于现实世界的某一特定对象,为了某个特定的目的,通过一些必要的假设和简化后,将系统在信号传递过程中的特性用数学表达式描述出来,就可获得该系统的数学模型.

静态数学模型:是指在静态条件(变量各阶导数为 0)下描述变量之间关系的代数方程.它是反映系统处于稳态时,系统状态有关属性变量之间关系的数学模型.

动态数学模型:是指描述变量各阶导数之间关系的微分方程.它是描述动态系统瞬态与过渡态特性的模型,也可定义为描述实际系统各物理量随时间演化的数学表达式.动态系统的输出信号不仅取决于同时刻的激励信号,而且与它过去的工作状态有关.微分方程或差分方程常用作动态数学模型.

2. 建模的基本方法

(1) 机理建模法(解析法)

依据系统及元件各变量之间所遵循的物理或化学规律列出相应的数学关系式,建立模型.

(2) 实验辨识法

人为地对系统施加某种测试信号,记录其输出响应,并用适当的数学模型进行逼近.这种方法也称为系统辨识法.

数学模型应能反映系统内在的本质特征,同时应对模型的简洁性和精确性进行折中考虑.

3. 数学模型的形式

工程上常用的数学模型有:微分方程、传递函数和状态方程.微分方程是基本的数学模型,是传递函数的基础.数学模型不是唯一的,同一个系统可有不同的数学模型,建立的数学模型是否适用只能通过实验来进行验证.

建立数学模型会应用到不同学科中的一些定律及基本原理,如牛顿定律、质量守恒定律、基尔霍夫定律和麦克斯韦方程等.

2.2　控制系统的运动微分方程

用解析法求系统或元部件微分方程的一般步骤是:

① 分析系统工作原理和信号传递变换的过程,确定系统和各元件的输入、输出量;

② 从输入端开始,按照信号的传递顺序,依据各变量所遵循的物理(或化学)定律,写出各元部件的动态方程,一般为微分方程组;

③ 消去中间变量,写出输入、输出变量的微分方程;

④ 微分方程标准化,右端输入,左端输出,导数按降幂排列.

下面举例说明建立微分方程的步骤和方法.

2.2.1　机械系统

在机械系统中,有些构件具有较大的惯性和刚度,有些构件则惯性较小,柔度较大.在集中参数法中,我们将前一类构件的弹性忽略而将其视为质量块,而把后一类构件的惯性忽略而视为无质量的弹簧.这样受控对象的机械系统可抽象为质量-弹簧-阻尼系统.机械系统的微分方程一般来讲用牛顿第二定律推导.

例 2.1　设有一个由弹簧、质量、阻尼器组成的机械平移系统,如图 2.1 所示.试列出系统的数学模型.

解　由牛顿第二定律有 $ma(t) = \sum F(t)$,即

$$m\frac{\mathrm{d}^2 y(t)}{\mathrm{d}t^2} = F(t) - F_f(t) - F_k(t) = F(t) - f\frac{\mathrm{d}y(t)}{\mathrm{d}t} - ky(t)$$

整理得

$$\frac{m}{k}\frac{\mathrm{d}^2 y(t)}{\mathrm{d}t^2} + \frac{f}{k}\frac{\mathrm{d}y(t)}{\mathrm{d}t} + y(t) = \frac{1}{k}F(t) \tag{2.1}$$

式中,m 为运动物体质量,kg;$y(t)$ 为运动物体位移,m;f 为阻尼器黏性阻尼系数,N·s/m;$F_f(t)$ 为阻尼器黏滞摩擦阻力,它的大小与物体移动的速度成正比,方向与物体移动的方向相反,$F_f(t) = f\frac{\mathrm{d}y(t)}{\mathrm{d}t}$;$k$ 为弹簧刚度,N/m;$F_k(t)$ 为弹簧的弹性力,它的大小与物体位移(弹簧拉伸长度)成正比,$F_k(t) = ky(t)$.

运动方程式(2.1)即为此机械平移系统的数学模型.

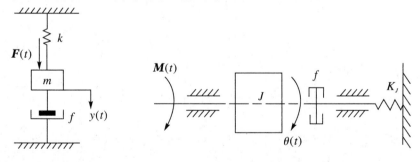

　　图 2.1　机械平移系统　　　　　　　**图 2.2　机械回转系统**

例 2.2　设有一个由惯性负载和黏性摩擦阻尼器组成的机械回转系统,如图 2.2 所示.外力矩 $M(t)$ 为输入信号,角位移 $\theta(t)$ 为输出信号,试列出系统的数学模型.

解　由牛顿第二定律,有 $J_\varepsilon(t) = \sum M(t)$,即

$$J\frac{\mathrm{d}^2\theta(t)}{\mathrm{d}t^2} = M(t) - M_f(t) = M(t) - f\frac{\mathrm{d}\theta(t)}{\mathrm{d}t}$$

整理得

$$J \frac{\mathrm{d}^2 \theta(t)}{\mathrm{d}t^2} + f \frac{\mathrm{d}\theta(t)}{\mathrm{d}t} = M(t) \tag{2.2}$$

式中，J 为惯性负载的转动惯量，$\mathrm{kg \cdot m^2}$；θ 为转角，rad；f 为黏性摩擦阻尼器的黏滞阻尼系数，$\mathrm{N \cdot m \cdot s/rad}$；$K_J$ 为扭转弹簧刚度，$\mathrm{N \cdot m/rad}$.

运动方程式(2.2)就是此机械回转系统的数学模型.

例2.3 设有如图2.3所示的齿轮传动链,试对传动链进行动力学分析.

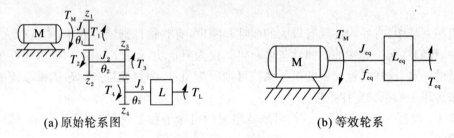

(a) 原始轮系图　　　　　　　　(b) 等效轮系

图2.3 齿轮传动链

解 由电动机 M 输入的转矩为 T_M，L 为输出端负载，T_L 为负载转矩.图中所示的 z_i 为各齿轮齿数，J_1、J_2、J_3 及 θ_1、θ_2、θ_3 分别为各轴及相应齿轮的转动惯量和转角.

假设各轴均为绝对刚性,即 $K_J \to \infty$,根据牛顿第二定律式可得如下动力学方程组:

$$\begin{cases} T_M = J_1 \theta''_1 + f_1 \theta'_1 + T_1 \\ T_2 = J_2 \theta''_2 + f_2 \theta'_2 + T_3 \\ T_4 = J_3 \theta''_3 + f_3 \theta'_3 + T_L \end{cases} \tag{2.3}$$

式中，f_1、f_2、f_3 为传动中各轴及齿轮的黏性阻尼系数；T_1 为齿轮 z_1 对 T_M 的反转矩；T_2 为 z_1 对 T_1 的反转矩；T_3 为 z_3 对 T_2 的反转矩；T_4 为 z_4 对 T_3 的反转矩；T_L 为输出端负载对 T_4 的反转矩，即负载转矩.

由齿轮传动的基本关系可知

$$T_2 = \frac{z_2}{z_1} T_1, \quad \theta_2 = \frac{z_1}{z_2} \theta_1$$

$$T_4 = \frac{z_4}{z_3} T_3, \quad \theta_3 = \frac{z_3}{z_4} \theta_2 = \frac{z_1 z_3}{z_2 z_4} \theta_1$$

于是由式(2.3)可得

$$\begin{aligned} T_M &= J_1 \theta''_1 + f_1 \theta'_1 + \frac{z_1}{z_2} \Big[J_2 \theta''_2 + f_2 \theta'_2 + \frac{z_3}{z_4} (J_3 \theta''_3 + f_3 \theta'_3 + T_L) \Big] \\ &= \Big[J_1 + \Big(\frac{z_1}{z_2}\Big)^2 J_2 + \Big(\frac{z_1 z_3}{z_2 z_4}\Big)^2 J_3 \Big] \theta''_1 + \Big[f_1 + \Big(\frac{z_1}{z_2}\Big)^2 f_2 + \Big(\frac{z_1 z_3}{z_2 z_4}\Big)^2 f_3 \Big] \theta'_1 + \Big(\frac{z_1 z_3}{z_2 z_4}\Big) T_L \end{aligned} \tag{2.4}$$

令 $J_{eq} = J_1 + \Big(\frac{z_1}{z_2}\Big)^2 J_2 + \Big(\frac{z_1 z_3}{z_2 z_4}\Big)^2 J_3$，$J_{eq}$ 称为等效转动惯量；令 $f_{eq} = f_1 + \Big(\frac{z_1}{z_2}\Big)^2 f_2 + \Big(\frac{z_1 z_3}{z_2 z_4}\Big)^2 f_3$，$f_{eq}$ 称为等效阻尼系数；令 $T_{Leq} = \Big(\frac{z_1 z_3}{z_2 z_4}\Big) T_L$，$T_{Leq}$ 称为等效输出转矩.则有

$$T_M = J_{eq} \theta''_1 + f_{eq} \theta'_1 + T_{Leq} \tag{2.5}$$

则图2.3(a)所示的传动装置可简化为如图2.3(b)所示的等效齿轮传动.

2.2.2　电气系统

电气系统的 3 个基本元件:电阻、电容和电感.

例 2.4　图 2.4 为一 RC 电路无源网络,试写出以输出电压 $u_o(t)$ 和输入电压 $u_i(t)$ 为变量的滤波网络的微分方程.

解　根据基尔霍夫定律,可写出下列原始方程式:

$$\begin{cases} i(t)R + \dfrac{1}{C}\displaystyle\int i(t)\mathrm{d}t = u_i(t) \\[3mm] \dfrac{1}{C}\displaystyle\int i(t)\mathrm{d}t = u_o(t) \end{cases} \tag{2.6}$$

消去中间变量 $i(t)$ 后得

$$RC\frac{\mathrm{d}u_o(t)}{\mathrm{d}t} + u_o(t) = u_i(t) \tag{2.7}$$

式(2.7)就是所求系统的微分方程.

例 2.5　图 2.5 为一 RC 电路有源网络,试写出以输出电压 $u_o(t)$ 和输入电压 $u_i(t)$ 为变量的滤波网络的微分方程.

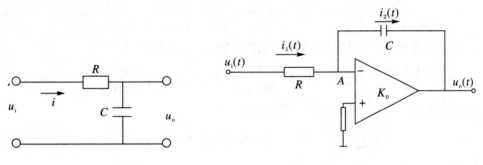

图 2.4　RC 电路　　　　　　图 2.5　有源电路网络

解　设运算放大器的反相输入端为 A 点,$k_0 \rightarrow \infty$,则

$$u_A(t) \approx 0$$

$$i_1(t) \approx i_2(t)$$

$$\frac{u_i(t)}{R} = -C\frac{\mathrm{d}u_o(t)}{\mathrm{d}t}$$

即

$$C\frac{\mathrm{d}u_o(t)}{\mathrm{d}t} = -\frac{1}{R}u_i(t) \tag{2.8}$$

例 2.6　图 2.6 为电枢控制式直流电动机.其中 $e_i(t)$ 为电动机电枢的输入电压;$\theta_o(t)$ 为电动机输出转角;R_a 为电枢绕组的电阻;L_a 为电枢绕组的电感;$i_a(t)$ 为流过电枢绕组的电流;$e_M(t)$ 为电动机感应电动势;$T(t)$ 为电动机转矩;J 为电动机及负载这和到电动机轴上的转动惯量;f 为电动机及负载折合到电动机轴上的黏性阻尼系数.

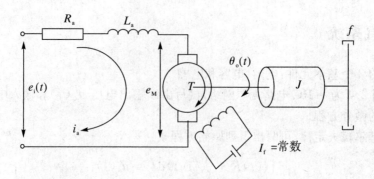

图 2.6　电枢控制式直流电动机

解　根据基尔霍夫定律、电磁感应定律及牛顿第二定律,有

$$e_i(t) = R_a i_a(t) + L_a \frac{\mathrm{d}i_a(t)}{\mathrm{d}t} + e_M(t) \tag{2.9}$$

$$T(t) = K_T i_a(t) \tag{2.10}$$

$$e_M(t) = K_e \frac{\mathrm{d}\theta_o(t)}{\mathrm{d}t} \tag{2.11}$$

$$T(t) = f \frac{\mathrm{d}\theta_o(t)}{\mathrm{d}t} + J \frac{\mathrm{d}^2\theta_o(t)}{\mathrm{d}t^2} \tag{2.12}$$

式中,K_T 为电动机的转矩常数,K_e 为反电动势常数.简化后可得

$$L_a J \frac{\mathrm{d}^3\theta_o(t)}{\mathrm{d}t^3} + (L_a f + R_a J)\frac{\mathrm{d}^2\theta_o(t)}{\mathrm{d}t^2} + (R_a f + K_T K_e)\frac{\mathrm{d}\theta_o(t)}{\mathrm{d}t} = K_T e_i(t) \tag{2.13}$$

通常电枢电感 L_a 较小,若忽略不计,则可得

$$R_a J \frac{\mathrm{d}^2\theta_o(t)}{\mathrm{d}t^2} + (R_a f + K_T K_e)\frac{\mathrm{d}\theta_o(t)}{\mathrm{d}t} = K_T e_i(t) \tag{2.14}$$

若电感 L_a 和电阻 R_a 均较小,则可得

$$K_e \frac{\mathrm{d}\theta_o(t)}{\mathrm{d}t} = e_i(t) \tag{2.15}$$

小结

(1) 物理本质不同的系统,可以有相同的数学模型,从而可以抛开系统的物理属性,用同一方法进行具有普遍意义的分析研究.

(2) 从动态性能看,在相同形式的输入作用下,数学模型相同而物理本质不同的系统的输出响应相似.相似系统是控制理论中进行实验模拟的基础.

(3) 通常情况下,元件或系统微分方程的阶次等于元件或系统中所包含的独立储能元(惯性质量、弹性要素、电感、电容、液感、液容等)的个数;因为系统每增加一个独立储能元,其内部就多一层能量(信息)的交换.

(4) 系统的动态特性是系统的固有特性,仅取决于系统的结构及其参数.

2.2.3　非线性系统及其数学模型的线性化

1. 线性系统与非线性系统

（1）线性系统

线性系统是可以用线性微分方程描述的系统.如果方程的系数为常数,则为线性定常系统;如果方程的系数是时间 t 的函数,则为线性时变系统.

线性是指系统满足叠加原理,即

$$f(x_1 + x_2) = f(x_1) + f(x_2) \quad (可加性)$$

$$f(\alpha x) = \alpha f(x) 或 f(\alpha x_1 + \beta x_2) = \alpha f(x_1) + \beta f(x_2) \quad (齐次性)$$

（2）非线性系统

非线性系统是用非线性微分方程描述的系统.非线性系统不满足叠加原理.实际的系统通常都是非线性的,线性只在一定的工作范围内成立.如弹簧的刚度与其形变有关,并不一定是常数;电阻 R、电感 L、电容 C 等参数值与周围环境（温度、湿度、压力等）及流经它们的电流有关,也不一定是常数;电动机本身的摩擦、死区等非线性因素会使其运动方程复杂化而成为非线性方程等.

为分析方便,通常在合理的条件下,将非线性系统简化为线性系统处理.

2. 非线性数学模型的线性化方法——泰勒级数展开法

通常系统在正常工作时,都有一个预定工作点,即系统处于这一平衡位置.当系统受到扰动后,系统变量就会偏离预定点,也就是系统变量产生了不大的偏差.自动调节系统将进行调节,力图使偏离的系统变量回到平衡位置.因此,只要非线性函数的这一变量在预定工作点处有导数或偏导数存在,就可以在预定工作点附近将此非线性函数展成泰勒级数.

对于非线性函数 $f(x)$ 及 $f(x, y)$,假定系统的预定工作点为 x_0,在该点附近将函数展成泰勒级数,并认为偏差是微小量,因而略去高于一次微增量的项,所得到的近似线性函数如下:

$$f(x) \approx f(x_0) + \left(\frac{\mathrm{d}f}{\mathrm{d}x}\right)\bigg|_{x = x_0} \Delta x \tag{2.16}$$

$$f(x, y) \approx f(x_0, y_0) + \left(\frac{\partial f}{\partial x}\right)\bigg|_{x = x_0, y = y_0} \Delta x + \left(\frac{\partial f}{\partial y}\right)\bigg|_{x = x_0, y = y_0} \Delta y \tag{2.17}$$

以上两个式中减去静态方程式 $y_0 = f(x_0)$,得到增量方程为

$$\Delta f(x) \approx \left(\frac{\mathrm{d}f}{\mathrm{d}x}\right)\bigg|_{x = x_0} \Delta x \tag{2.18}$$

$$\Delta f(x, y) \approx \left(\frac{\partial f}{\partial x}\right)\bigg|_{x = x_0, y = y_0} \Delta x + \left(\frac{\partial f}{\partial y}\right)\bigg|_{x = x_0, y = y_0} \Delta y \tag{2.19}$$

式（2.18）及（2.19）就是非线性函数的线性化表达式.在应用中需注意以下几点:

① 式中的变量不是绝对量,而是增量.公式称为增量方程式.

② 若将预定工作点（额定工作点）看作是系统广义坐标的原点,则有 $x_0 = 0, y_0 = 0$, $f(x_0, y_0) = 0, \Delta x = x - x_0, \Delta y = y - y_0 = y$,因而将式（2.18）和式（2.19）中的 Δ 去掉,增量可写为绝对量,公式中的变量就为绝对量了.

③ 若系统的非线性微分方程 $f(x) = f_1(x) + f_2(x)$（假定变量只有一个 x）中仅 $f_2(x)$ 为非线性项,那么当把 $f_2(x)$ 应用式（2.18）线性化后,由于成为增量式子,则 $f(x)$ 及 $f_1(x)$ 也必须把其变量改为增量,以组成系统的线性化微分方程.

④ 当增量并不很小,在进行线性化时,为了验证容许的误差值,需要分析泰勒公式中的余项.

3. 系统线性化微分方程的建立

系统线性化微分方程建立的步骤如下:

① 确定系统各组成元件在平衡态的工作点;

② 列出各组成元件在工作点附近的增量方程;

③ 消除中间变量,得到以增量表示的线性化微分方程.

在机械工程中,液压系统是典型的非线性系统,在数学描述上比较复杂,为便于分析,在一定条件下,将非线性系统进行线性化.

例 2.7 图 2.7 所示的为一滑阀控制液压缸的液压伺服系统.其工作原理是:当阀芯右移时,高压油进入液压缸左腔,低压油与右腔相通,活塞推动负载右移;反之,阀芯左移时,活塞左移. 图 2.7 中, x 为阀芯的位移输入, y 为液压缸活塞的位移输出, Q_L 为负载流量, Q_1、Q_2 为液压缸左、右腔的输入、输出流量, p_L 为负载压差, p_s 为供油压力, m 为负载质量, A 为活塞工作面积, d 为阀芯直径.

设阀的额定工作点参量为 p_{L0} 和 x_0,如图 2.8 所示,其静态方程为

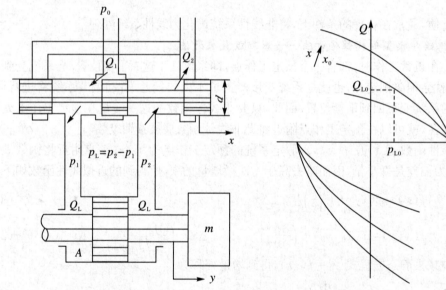

图 2.7　阀控液压缸　　　　　　　图 2.8　$Q=f(p_L,x)$ 曲线

$$Q_{L0} = f(p_{L0,x_0}) \tag{2.20}$$

在额定工作点附近展开成泰勒级数,有

$$Q_L = f(p_{L0,x_0}) + \frac{\partial f(p_L,x)}{\partial x}\bigg|_{\substack{x=x_0 \\ p_L=p_{L0}}} \Delta x + \frac{\partial f(p_L,x)}{\partial p_L}\bigg|_{\substack{x=x_0 \\ p_L=p_{L0}}} \Delta p_L + \cdots \tag{2.21}$$

设 $K_q = \dfrac{\partial f(p_L,x)}{\partial x}\bigg|_{\substack{x=x_0 \\ p_L=p_{L0}}}$, $K_e = -\dfrac{\partial f(p_L,x)}{\partial p_L}\bigg|_{\substack{x=x_0 \\ p_L=p_{L0}}}$,将式(2.21)减去(2.20),并舍去高阶项,得到线性化流量方程为

$$\Delta Q_L = K_q \Delta x - K_e \Delta p_L \tag{2.22}$$

不考虑泄漏时,液压缸的连续性方程为

$$\Delta Q_\mathrm{L} = A\,\frac{\mathrm{d}(\Delta y)}{\mathrm{d}t} \tag{2.23}$$

不考虑阻尼力等时,液压缸的力平衡方程为

$$\Delta p_\mathrm{L} A = m\,\frac{\mathrm{d}^2(\Delta y)}{\mathrm{d}t^2} \tag{2.24}$$

将式(2.22)、式(2.23)和式(2.24)联立,消去中间变量,得到系统的线性方程为

$$\frac{K_\mathrm{e} m}{A}\frac{\mathrm{d}^2(\Delta y)}{\mathrm{d}t^2} + A\,\frac{\mathrm{d}(\Delta y)}{\mathrm{d}t} = K_\mathrm{q}\Delta x$$

在系统线性化的过程中,有以下几点需要注意:

① 线性化是相对某一额定工作点的.工作点不同,则所得的方程系数也往往不同.

② 变量的偏差愈小,则线性化精度愈高.

③ 增量方程中可认为其初始条件为 0,即广义坐标原点平移到额定工作点处.

④ 线性化只用于没有间断点和折断点的单值函数.

2.3　拉氏变换及其反变换

拉氏变换及拉氏反变换是分析控制工程的基本数学方法.它能够将线性常微分方程转化为代数方程,使其求解过程大为简化.在求解微分方程的同时,能求出补解和特解,这是因为在求解中自动引入了初始条件.

2.3.1　拉氏变换

1. 定义

设函数 $f(t)(t\geqslant 0)$ 在任一有限区间上分段连续,且存在一个正实常数 σ,使得

$$\lim_{t\to\infty}\mathrm{e}^{-\sigma t}\,|f(t)|\to 0$$

则函数 $f(t)$ 的拉普拉斯变换(简称为拉氏变换)存在,并定义为

$$F(s) = L[f(t)] \equiv \int_0^\infty f(t)\mathrm{e}^{-st}\mathrm{d}t \tag{2.25}$$

式中,$s = \sigma + \mathrm{j}\omega(\sigma,\omega$ 均为实数);$\int_0^\infty \mathrm{e}^{-st}\mathrm{d}t$ 称为拉普拉斯积分;$F(s)$ 称为函数 $f(t)$ 的拉氏变换或像函数,它是一个复变函数,$f(t)$ 称为 $F(s)$ 的原函数;L 为拉氏变换的符号.

2. 几种典型函数的拉氏变换

(1) 单位阶跃函数 $1(t)$

单位阶跃函数 $1(t)$ 图像如图 2.9 所示,其函数表达式为

$$1(t) = \begin{cases} 0 & (t<0) \\ 1 & (t\geqslant 0) \end{cases}$$

所以

$$L[1(t)] = \int_0^{+\infty} 1(t)\mathrm{e}^{-st}\mathrm{d}t = -\frac{\mathrm{e}^{-st}}{s}\bigg|_0^{+\infty} = \frac{1}{s} \quad (\mathrm{Re}(s)>0)$$

（2）单位脉冲函数 $\delta(t)$

单位脉冲函数图像如图 2.10 所示，其函数表达式为

$$\delta(t)=\begin{cases}0 & (t<0\text{ 且 }t>\varepsilon)\\ \lim\limits_{\varepsilon\to0}\dfrac{1}{\varepsilon} & (0<t<\varepsilon)\end{cases}$$

所以

$$L[\delta(t)]=\int_0^\infty\lim_{\varepsilon\to0}\frac{1}{\varepsilon}\cdot\mathrm{e}^{-st}\mathrm{d}t=\lim_{\varepsilon\to0}\frac{1}{\varepsilon S}(1-\mathrm{e}^{-\varepsilon s})$$

由洛必达法则得

$$\lim_{\varepsilon\to0}\frac{1}{\varepsilon S}(1-\mathrm{e}^{-\varepsilon s})=\lim_{\varepsilon\to0}\frac{(1-\mathrm{e}^{-\varepsilon s})'}{(\varepsilon S)'}$$

则

$$L[\delta(t)]=\lim_{\varepsilon\to0}\frac{\varepsilon\cdot\mathrm{e}^{-\varepsilon s}}{\varepsilon}=1$$

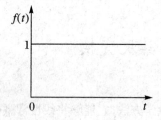

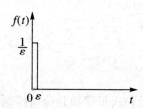

图 2.9　单位阶跃函数　　　　　图 2.10　单位脉冲函数

$\delta(t)$ 有如下特性：

$$\int_{-\infty}^{+\infty}\delta(t)f(t)\mathrm{d}t=f(0)$$

（3）单位斜坡函数

单位斜坡函数图像如图 2.11 所示，其函数表达式为

$$f(t)=\begin{cases}0 & (t<0)\\ t & (t\geqslant0)\end{cases}$$

所以

$$L(t)=\int_0^{+\infty}t\mathrm{e}^{-st}\mathrm{d}t=-\frac{t\mathrm{e}^{-s^t}}{s}\Big|_0^{+\infty}+\frac{1}{s}\int_0^{+\infty}\mathrm{e}^{-st}\mathrm{d}t=-\frac{\mathrm{e}^{-s^t}}{s^2}\Big|_0^{+\infty}=\frac{1}{s^2}\quad(\mathrm{Re}(s)>0)$$

（4）指数函数

指数函数图像如图 2.12 所示，其函数表达式为

$$f(t)=\begin{cases}0 & (t<0)\\ \mathrm{e}^{at} & (t\geqslant0)\end{cases}$$

所以

$$L(\mathrm{e}^{at})=\int_0^{+\infty}\mathrm{e}^{at}\mathrm{e}^{-st}\mathrm{d}t=\int_0^{+\infty}\mathrm{e}^{-(s-a)t}\mathrm{d}t=-\frac{\mathrm{e}^{-(s-a)^t}}{s-a}\Big|_0^{+\infty}$$

$$=\frac{1}{s-a}\quad(\mathrm{Re}\,(s+a)>0)$$

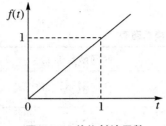

图 2.11　单位斜坡函数

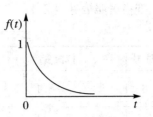

图 2.12　指数函数

（5）正弦与余弦函数

正弦与余弦函数图像如图 2.13 所示，其函数表达式为

$$f(t) = \begin{cases} 0 & (t<0) \\ \sin\omega t & (t\geqslant 0) \end{cases}$$

以正弦为例：

由欧拉公式：

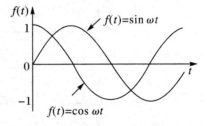

图 2.13　正弦函数及余弦函数

$$\sin\omega t = \frac{1}{2j}(e^{j\omega t} - e^{-j\omega t}), \quad \cos\omega t = \frac{1}{2}(e^{j\omega t} + e^{-j\omega t})$$

得

$$L(\sin\omega t) = \frac{1}{2j}\left(\int_0^\infty e^{j\omega t}e^{-st}dt - \int_0^\infty e^{-j\omega t}e^{-st}dt\right) = \frac{1}{2j}\left(\frac{1}{s-j\omega} - \frac{1}{s+j\omega}\right) = \frac{\omega}{s^2+\omega^2} \quad (\mathrm{Re}(s)>0)$$

同理

$$L(\cos\omega t) = \frac{s}{s^2+\omega^2}$$

（6）幂函数

幂函数的函数表达式为

$$f(t) = \begin{cases} 0 & (t<0) \\ t^n & (t\geqslant 0) \end{cases} \quad (n=0,1,2,\cdots)$$

其拉氏变换为

$$L(t^n) = \int_0^{+\infty} t^n e^{-st}dt = -\frac{t^n e^{-st}}{s}\Big|_0^{+\infty} + \frac{n}{s}\int_0^{+\infty} t^{n-1}e^{-st}dt$$

$$= -\frac{nt^{n-1}e^{-st}}{s^2}\Big|_0^{+\infty} + \frac{n(n-1)}{s^2}\int_0^{+\infty} t^{n-2}e^{-st}dt$$

$$\vdots$$

$$= \frac{n!}{s^n}\int_0^{+\infty} e^{-st}dt = -\frac{n!\,e^{-st}}{s^{n+1}}\Big|_0^{+\infty} = \frac{n!}{s^{n+1}}$$

函数的拉氏变换及反变换通常可以由拉氏变换表直接或通过一定的转换得到.

拉氏变换积分下限的说明：

某些情况下，函数 $f(t)$ 在 $t=0$ 处有一个脉冲函数. 这时必须明确拉氏变换的积分下限是 0^- 还是 0^+，并相应记为

$$L_+[f(t)] = \int_{0^+}^\infty f(t)e^{-st}dt \tag{2.26}$$

$$L_-[f(t)] = \int_{0^-}^\infty f(t)e^{-st}dt = L_+[f(t)] + \int_{0^-}^{0^+} f(t)e^{-st}dt \tag{2.27}$$

常用的拉氏变换对照表见表2.1。

表 2.1　拉式变换对照表

序号	拉氏变换 $F(s)$	时间函数 $f(t)$
1	1	$\delta(t)$
2	$\dfrac{1}{1-e^{-Ts}}$	$\delta_T(t) = \sum\limits_{n=0}^{\infty} \delta(t-nT)$
3	$\dfrac{1}{s}$	$1(t)$
4	$\dfrac{1}{s^2}$	t
5	$\dfrac{1}{s^3}$	$\dfrac{t^2}{2}$
6	$\dfrac{1}{s^{n+1}}$	$\dfrac{t^n}{n!}$
7	$\dfrac{1}{s+a}$	e^{-at}
8	$\dfrac{1}{(s+a)^2}$	te^{-at}
9	$\dfrac{a}{s(s+a)}$	$1-e^{-at}$
10	$\dfrac{b-a}{(s+a)(s+b)}$	$e^{-at}-e^{-bt}$
11	$\dfrac{\omega}{s^2+\omega^2}$	$\sin \omega t$
12	$\dfrac{s}{s^2+\omega^2}$	$\cos \omega t$
13	$\dfrac{\omega}{(s+a)^2+\omega^2}$	$e^{-at}\sin \omega t$
14	$\dfrac{s+a}{(s+a)^2+\omega^2}$	$e^{-at}\cos \omega t$

3. 拉氏变换的主要定理

(1) 叠加定理

叠加定理内容如下：

① 齐次性：$L[af(t)] = aL[f(t)]$，其中 a 为常数；

② 叠加性：$L[af_1(t)+bf_2(t)] = aL[f_1(t)]+bL[f_2(t)]$，其中 a、b 为常数.

显然，拉氏变换为线性变换.

(2) 延迟定理（或称 t 域平移定理）

设 $t<0$，$f(t)=0$，则对任意 $\tau \geqslant 0$，有

$$L[f(t-\tau)] = e^{-\tau s}F(s) \tag{2.28}$$

其函数图像如图 2.14 如示.

(3) s 域位移定理

$$L[e^{-at}f(t)] = F(s+a) \tag{2.29}$$

例如：

$$L[\sin \omega t] = \frac{\omega}{s^2 + \omega^2}, \qquad L[\cos \omega t] = \frac{s}{s^2 + \omega^2}$$

则

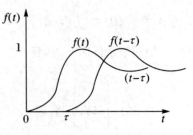

$$L[e^{-at}\sin \omega t] = \frac{\omega}{(s+a)^2 + \omega^2}$$

$$L[e^{-at}\cos \omega t] = \frac{(s+a)}{(s+a)^2 + \omega^2}$$

图 2.14　函数 $f(t-\tau)$ 图像

（4）相似定理

$$L\left[f\left(\frac{t}{a}\right)\right] = aF(as) \quad (a = \text{constant} > 0) \tag{2.30}$$

$$L[e^{-t}] = F(s) = \frac{1}{s+1}$$

$$L[e^{-t/a}] = aF(as) = \frac{a}{as+1}$$

（5）微分定理

$$L\left[\frac{\mathrm{d}f(t)}{\mathrm{d}t}\right] = sF(s) - f(0), \quad f(0) = f(t)\big|_{t=0} \tag{2.31}$$

证明　由于

$$\int_0^\infty f(t)e^{-st}\mathrm{d}t = f(t)\frac{e^{-st}}{-s}\bigg|_0^\infty - \int_0^\infty \left[\frac{\mathrm{d}f(t)}{\mathrm{d}t}\right]\frac{e^{-st}}{-s}\mathrm{d}t$$

即

$$F(s) = \frac{f(0)}{s} + \frac{1}{s}L\left[\frac{\mathrm{d}f(t)}{\mathrm{d}t}\right]$$

所以

$$L\left[\frac{\mathrm{d}f(t)}{\mathrm{d}t}\right] = sF(s) - f(0)$$

同样有

$$\begin{cases} L\left[\dfrac{\mathrm{d}^2 f(t)}{\mathrm{d}t^2}\right] = s^2 F(s) - sf(0) - f'(0) \\ \cdots \\ L\left[\dfrac{\mathrm{d}^n f(t)}{\mathrm{d}t^n}\right] = s^n F(s) - s^{n-1}f(0) - s^{n-2}f'(0) - \cdots - f^{(n-1)}(0) \end{cases} \tag{2.32}$$

式中，$f'(0), f''(0), \cdots$ 为函数 $f(t)$ 的各阶导数在 $t=0$ 时的值.

当 $f(t)$ 及其各阶导数在 $t=0$ 时刻的值均为 0（零初始条件）时，有

$$\begin{cases} L\left[\dfrac{\mathrm{d}f(t)}{\mathrm{d}t}\right] = sF(s) \\ L\left[\dfrac{\mathrm{d}^2 f(t)}{\mathrm{d}t^2}\right] = s^2 F(s) \\ \cdots \\ L\left[\dfrac{\mathrm{d}^n f(t)}{\mathrm{d}t^n}\right] = s^n F(s) \end{cases} \tag{2.33}$$

（6）积分定理

$$L\left[\int f(t)\mathrm{d}t\right] = \frac{F(s)}{s} + \frac{f^{(-1)}(0)}{s} \tag{2.34}$$

其中, $f^{(-1)}(0) = \int f(t)\mathrm{d}t \Big|_{t=0}$.

当初始条件为 0 时,有

$$L\left[\int f(t)\,\mathrm{d}t\right] = \frac{1}{s}F(s)$$

若 $f(0^+) \neq f(0^-)$,则

$$L_+\left[\int f(t)\,\mathrm{d}t\right] = \frac{F(s)}{s} + \frac{f^{(-1)}(0^+)}{s}$$

$$L_-\left[\int f(t)\,\mathrm{d}t\right] = \frac{F(s)}{s} + \frac{f^{(-1)}(0^-)}{s}$$

证明

$$L\left[\int f(t)\,\mathrm{d}t\right] = \int_0^\infty \left[\int f(t)\,\mathrm{d}t\right]\mathrm{e}^{-st}\mathrm{d}t = \left[\int f(t)\mathrm{d}t\right]\frac{\mathrm{e}^{-st}}{-s}\Big|_0^\infty - \int_0^\infty f(t)\frac{\mathrm{e}^{-st}}{-s}\mathrm{d}t$$

$$= \frac{1}{s}\int f(t)\mathrm{d}t\Big|_{t=0} + \frac{1}{s}\int_0^\infty f(t)\mathrm{e}^{-st}\mathrm{d}t = \frac{f^{(-1)}(0)}{s} + \frac{F(s)}{s}$$

同样有

$$L\left[\underbrace{\int \cdots \int}_{n} f(t)\mathrm{d}t\right] = \frac{1}{s^n}F(s) + \frac{1}{s^{n-1}}f^{(-1)}(0) + \cdots + \frac{1}{s}f^{(-n+1)}(0) \tag{2.35}$$

当初始条件为 0 时,有

$$L\left[\underbrace{\int \cdots \int}_{n} f(t)\mathrm{d}t\right] = \frac{1}{s^n}F(s) \tag{2.36}$$

(7) 初值定理

$$\lim_{t\to 0^+} f(t) = f(0^+) = \lim_{s\to\infty} sF(s) \tag{2.37}$$

证明

$$\lim_{s\to\infty} L_+\left[\frac{\mathrm{d}f(t)}{\mathrm{d}t}\right] = \lim_{s\to\infty}\int_{0^+}^\infty \left[\frac{\mathrm{d}f(t)}{\mathrm{d}t}\right]\mathrm{e}^{-st}\mathrm{d}t = \lim_{s\to\infty}\left[sF(s) - f(0^+)\right] = 0$$

即 $f(0^+) = \lim_{s\to\infty} sF(s)$.

初值定理建立了函数 $f(t)$ 在 $t = 0^+$ 处的初值与函数 $sF(s)$ 在 s 趋于无穷远处的终值间的关系.

(8) 终值定理

若 $sF(s)$ 的所有极点位于左半 s 平面,即 $\lim_{t\to\infty} f(t)$ 存在,则

$$\lim_{t\to\infty} f(t) = f(\infty) = \lim_{s\to 0} sF(s) \tag{2.38}$$

证明

$$\lim_{s\to 0} L\left[\frac{\mathrm{d}f(t)}{\mathrm{d}t}\right] = \lim_{s\to 0}\left[sF(s) - f(0)\right] = \lim_{s\to 0} sF(s) - f(0)$$

又由于

$$\lim_{s\to 0} L\left[\frac{\mathrm{d}f(t)}{\mathrm{d}t}\right] = \lim_{s\to 0}\int_0^\infty \left[\frac{\mathrm{d}f(t)}{\mathrm{d}t}\right]\mathrm{e}^{-st}\mathrm{d}t = \int_0^\infty \left[\frac{\mathrm{d}f(t)}{\mathrm{d}t}\right]\mathrm{d}t = f(\infty) - f(0)$$

即

$$f(\infty) - f(0) = \lim_{s \to 0} sF(s) - f(0)$$

$$f(\infty) = \lim_{s \to 0} sF(s)$$

终值定理不适用于周期函数,如正弦函数等,因为周期函数没有终值.

(9) 卷积定理

$$L[f(t) * g(t)] = F(s)G(s) \tag{2.39}$$

其中,$f(t) * g(t)$ 表示函数 $f(t)$ 和 $g(t)$ 的卷积.

若 $t < 0, f(t) = g(t) = 0$,则 $f(t)$ 和 $g(t)$ 的卷积可表示为

$$f(t) * g(t) \equiv \int_0^t f(t - \tau)g(\tau)\mathrm{d}\tau = \int_0^t f(\tau)g(t - \tau)\mathrm{d}\tau$$

证明

$$
\begin{aligned}
L[f(t) * g(t)] &= \int_0^\infty [f(t) * g(t)]\mathrm{e}^{-st}\mathrm{d}t \\
&= \int_0^\infty \left[\int_0^t f(\tau)g(t - \tau)\mathrm{d}\tau\right]\mathrm{e}^{-st}\mathrm{d}t \\
&= \int_0^\infty \left[\int_0^\infty f(\tau)g(t - \tau)\mathrm{d}\tau\right]\mathrm{e}^{-st}\mathrm{d}t \\
&= \int_0^\infty f(\tau)\left[\int_0^\infty g(t - \tau)\mathrm{e}^{-st}\mathrm{d}t\right]\mathrm{d}\tau \\
&= \int_0^\infty f(\tau)\mathrm{e}^{-s\tau}G(s)\mathrm{d}\tau \\
&= F(s)G(s)
\end{aligned}
$$

拉氏变换的基本性质总结见表 2.2.

表 2.2　拉氏变换的基本性质

1	线性定理	齐次性	$L[af(t)] = aF(s)$
		叠加性	$L[f_1(t) \pm f_2(t)] = F_1(s) \pm F_2(s)$
2	延迟定理		$L[f(t - T)] = \mathrm{e}^{-Ts}F(s)$
3	s 域位移定理		$L[f(t)\mathrm{e}^{-at}] = F(s + a)$
4	相似定理		$L\left[f\left(\dfrac{t}{a}\right)\right] = aF(as) \quad (a = \text{constant} > 0)$
5	微分定理	一般形式	$L\left[\dfrac{\mathrm{d}f(t)}{\mathrm{d}t}\right] = sF(s) - f(0)$ $L\left[\dfrac{\mathrm{d}^2 f(t)}{\mathrm{d}t^2}\right] = s^2 F(s) - sf(0) - f'(0)$ $\vdots$ $L\left[\dfrac{\mathrm{d}^n f(t)}{\mathrm{d}t^n}\right] = s^n F(s) - \sum_{k=1}^{n} s^{n-k} f^{(k-1)}(0)$ $f^{(k-1)}(t) = \dfrac{\mathrm{d}^{k-1} f(t)}{\mathrm{d}t^{k-1}}$
		初始条件为 0 时	$L\left[\dfrac{\mathrm{d}^n f(t)}{\mathrm{d}t^n}\right] = s^n F(s)$

6	积分定理	一般形式	$L\left[\int f(t)\mathrm{d}t\right] = \dfrac{F(s)}{s} + \dfrac{\left[\int f(t)\mathrm{d}t\right]_{t=0}}{s}$ $L\left[\iint f(t)\,(\mathrm{d}t)^2\right] = \dfrac{F(s)}{s^2} + \dfrac{\left[\int f(t)\mathrm{d}t\right]_{t=0}}{s^2} + \dfrac{\left[\iint f(t)\,(\mathrm{d}t)^2\right]_{t=0}}{s}$ $\vdots$ $L\left[\overbrace{\int\cdots\int}^{\text{共}n\text{个}} f(t)(\mathrm{d}t)n\right] = \dfrac{F(s)}{s^n} + \sum_{k=1}^{n}\dfrac{1}{s^{n-k+1}}\left[\overbrace{\int\cdots\int}^{\text{共}n\text{个}} f(t)\,(\mathrm{d}t)^n\right]_{t=0}$
		初始条件为 0 时	$L\left[\overbrace{\int\cdots\int}^{\text{共}n\text{个}} f(t)(\mathrm{d}t)^n\right] = \dfrac{F(s)}{s^n}$
7	初值定理		$\lim\limits_{t\to 0} f(t) = \lim\limits_{s\to\infty} sF(s)$
8	终值定理		$\lim\limits_{t\to\infty} f(t) = \lim\limits_{s\to 0} sF(s)$
9	卷积定理		$L\left[\int_0^t f(t-\tau)g(\tau)\mathrm{d}\tau\right] = L\left[\int_0^t f(t)g(t-\tau)\mathrm{d}\tau\right] = F(s)G(s)$

2.3.2　拉氏反变换

1. 定义

$$f(t) = L^{-1}[F(s)] = \frac{1}{2\pi\mathrm{j}}\int_{\sigma-\mathrm{j}\infty}^{\sigma+\mathrm{j}\infty} F(s)\mathrm{e}^{st}\mathrm{d}s \quad (t>0) \tag{2.40}$$

式中，σ 为大于 $F(s)$ 的所有奇异点实部的实常数；L^{-1} 为拉氏反变换的符号.

2. 计算方法

简单的变换可直接利用拉氏变换对照表查出；复杂的可采用部分分式展开法. 以下对部分分式法进行讲述.

如果 $f(t)$ 的拉氏变换 $F(s)$ 已分解成为下列分量：

$$F(s) = F_1(s) + F_2(s) + \cdots + F_n(s)$$

假定 $F_1(s), F_2(s), \cdots, F_n(s)$ 的拉氏反变换可以容易地求出，则

$$L^{-1}[F(s)] = L^{-1}[F_1(s)] + L^{-1}[F_2(s)] + \cdots + L^{-1}[F_n(s)]$$
$$= f_1(t) + f_2(t) + \cdots + f_n(t)$$

在控制理论中，通常有

$$F(s) = \frac{B(s)}{A(s)} = \frac{b_0 s^m + b_1 s^{m-1} + \cdots + b_{m-1}s + b_m}{a_0 s^n + a_1 s^{n-1} + \cdots + a_{n-1}s + a_n} \quad (n \geqslant m)$$

为了应用上述方法，将 $F(s)$ 写成下面的形式：

$$F(s) = \frac{B(s)}{A(s)} = \frac{c_0 s^m + c_1 s^{m-1} + \cdots + c_{m-1}s + c_0}{(s-s_1)(s-s_2)\cdots(s-s_n)}$$

式中，$s_1, s_2, \cdots, s_n$ 为方程 $A(s) = 0$ 的极点；$c_i = b_i/a_0 (i = 0,1,\cdots,m)$. 此时，即可将 $F(s)$ 展开成部分分式.

① $F(s)$ 只含有不同的实数极点时，有

$$F(s) = \frac{B(s)}{A(s)} = \frac{k_1}{s - s_1} + \frac{k_2}{s - s_2} + \cdots + \frac{k_n}{s - s_n} = \sum_{i=1}^{n} \frac{k_i}{s - s_i}$$

式中, k_i 为常数, 称为 $s = s_i$ 极点处的留数, $k_i = [F(s) \cdot (s - s_i)]_{s = s_i}$, 则

$$L^{-1}[F(s)] = L^{-1}\left[\sum_{i=1}^{n} \frac{k_i}{s - s_i} \right] = \sum_{i=1}^{n} k_i e^{s_i t}$$

例 2.8　求 $F(s) = \dfrac{s+2}{s^2 + 4s + 3}$ 的拉氏反变换.

解　由于

$$F(s) = \frac{s+2}{(s+1)(s+3)} = \frac{k_1}{s+1} + \frac{k_2}{s+3}$$

其中

$$k_1 = \left[\frac{s+2}{(s+1)(s+3)} (s+1) \right]_{s=-1} = \frac{1}{2}$$

$$k_2 = \left[\frac{s+2}{(s+1)(s+3)} (s+3) \right]_{s=-3} = \frac{1}{2}$$

所以

$$F(s) = \frac{\frac{1}{2}}{s+1} + \frac{\frac{1}{2}}{s+3}$$

$$f(t) = L^{-1}[F(t)] = \frac{1}{2} e^{-t} + \frac{1}{2} e^{-3t}$$

② $F(s)$ 含有共轭复数极点时, 假设 $F(s)$ 含有一对共轭复数极点 s_1、s_2 , 其余极点均为各不相同的实数极点, 则

$$F(s) = \frac{B(s)}{A(s)} = \frac{k_1 s + k_2}{(s - s_1)(s - s_2)} + \frac{k_3}{s - s_3} + \cdots + \frac{k_n}{s - s_n}$$

式中, k_1 和 k_2 的值由下式求解:

$$[F(s)(s - s_1)(s - s_2)]_{s = s_1 \text{ 或 } s = s_2} = [k_1 s + k_2]_{s = -s_1 \text{ 或 } s = -s_2}$$

上式为复数方程, 令方程两端的实部、虚部分别相等, 即可确定 k_1 和 k_2 的值.

注意, 此时 $F(s)$ 仍可分解为下列形式:

$$F(s) = \frac{B(s)}{A(s)} = \frac{k_1}{s - s_1} + \frac{k_2}{s - s_2} + \cdots + \frac{k_n}{s - s_n} = \sum_{i=1}^{n} \frac{k_i}{s - s_i}$$

由于 s_1 和 s_2 为共轭复数, 因此, k_1 和 k_2 也为共轭复数, 且 $k_i = [F(s) \cdot (s - s_i)]_{s = s_i}$.

例 2.9　求 $F(s) = \dfrac{s+1}{s(s^2 + s + 1)}$ 的原函数.

解

$$F(s) = \frac{s+1}{s\left(s + \frac{1}{2} + j\frac{\sqrt{3}}{2}\right)\left(s + \frac{1}{2} - j\frac{\sqrt{3}}{2}\right)} = \frac{k_0}{s} + \frac{k_1 s + k_2}{s^2 + s + 1}$$

其中

$$k_0 = sF(s)\big|_{s=0} = 1$$

$$(s^2 + s + 1)F(s)\big|_{s=-\frac{1}{2}-j\frac{\sqrt{3}}{2}} = (k_1 s + k_2)\big|_{s=-\frac{1}{2}-j\frac{\sqrt{3}}{2}}$$

即

$$\begin{cases} -\dfrac{1}{2}(k_1+k_2)=\dfrac{1}{2} \\ \dfrac{\sqrt{3}}{2}(k_1-k_2)=-\dfrac{\sqrt{3}}{2} \end{cases} \Rightarrow k_1=-1, k_2=0$$

所以

$$F(s)=\frac{1}{s}-\frac{s}{s^2+s+1}=\frac{1}{s}-\frac{s}{\left(s+\frac{1}{2}\right)^2+\left(\frac{\sqrt{3}}{2}\right)^2}$$

$$=\frac{1}{s}-\frac{s+\frac{1}{2}}{\left(s+\frac{1}{2}\right)^2+\left(\frac{\sqrt{3}}{2}\right)^2}+\frac{\frac{1}{2}}{\left(s+\frac{1}{2}\right)^2+\left(\frac{\sqrt{3}}{2}\right)^2}$$

$$=\frac{1}{s}-\frac{s+\frac{1}{2}}{\left(s+\frac{1}{2}\right)^2+\left(\frac{\sqrt{3}}{2}\right)^2}+\frac{1}{\sqrt{3}}\frac{\frac{\sqrt{3}}{2}}{\left(s+\frac{1}{2}\right)^2+\left(\frac{\sqrt{3}}{2}\right)^2}$$

查拉氏变换表得

$$f(t)=1-\mathrm{e}^{-t/2}\cos\frac{\sqrt{3}}{2}t+\frac{1}{\sqrt{3}}\mathrm{e}^{-t/2}\sin\frac{\sqrt{3}}{2}t=1-\frac{2}{\sqrt{3}}\mathrm{e}^{-t/2}\left(\frac{\sqrt{3}}{2}\cos\frac{\sqrt{3}}{2}t+\frac{1}{2}\sin\frac{\sqrt{3}}{2}t\right)$$

$$=1-\frac{2}{\sqrt{3}}\mathrm{e}^{-t/2}\sin\left(\frac{\sqrt{3}}{2}t+60\right)\quad(t\geqslant0)$$

③ $F(s)$含有重极点时,设 $F(s)$存在 r 重极点 s_0,其余极点均不同,则

$$F(s)=\frac{B(s)}{A(s)}=\frac{b_0s^m+b_1s^{m-1}+\cdots+b_{m-1}s+b_m}{(s-s_0)^r(s-s_{r+1})\cdots(s-s_n)}$$

$$=\frac{k_{01}}{(s-s_0)^r}+\frac{k_{02}}{(s-s_0)^{r-1}}+\cdots+\frac{k_{0r}}{(s-s_0)}+\frac{k_{r+1}}{(s-s_{r+1})}+\cdots+\frac{k_n}{(s-s_n)}$$

式中,$k_{r+1},\cdots,k_n$ 可利用前面的方法求解.

$$k_{01}=\left[F(s)(s-s_0)^r\right]_{s=s_0}$$

$$k_{02}=\left\{\frac{\mathrm{d}}{\mathrm{d}s}\left[F(s)(s-s_0)^r\right]\right\}_{s=s_0}$$

$$k_{03}=\frac{1}{2!}\left\{\frac{\mathrm{d}^2}{\mathrm{d}s^2}\left[F(s)(s-s_0)^r\right]\right\}_{s=s_0}$$

$$\cdots$$

$$k_{0r}=\frac{1}{(r-1)!}\left\{\frac{\mathrm{d}^{r-1}}{\mathrm{d}s^{r-1}}\left[F(s)(s-s_0)^r\right]\right\}_{s=s_0}$$

注意到

$$L^{-1}\left[\frac{1}{(s-s_0)^n}\right]=\frac{t^{n-1}}{(n-1)!}\mathrm{e}^{s_0t}$$

所以

$$f(t)=L^{-1}\left[F(s)\right]$$

$$=\left[\frac{k_{01}}{(r-1)!}t^{r-1}+\frac{k_{02}}{(r-2)!}t^{r-2}+\cdots+k_{0r}\right]\mathrm{e}^{s_0t}+k_{r+1}\mathrm{e}^{s_{r+1}t}+\cdots+k_n\mathrm{e}^{s_nt}\quad(t\geqslant0)$$

例 2.10　求 $F(s) = \dfrac{s+3}{(s+2)^2(s+1)}$ 的原函数.

解

$$F(s) = \frac{k_{01}}{(s+2)^2} + \frac{k_{02}}{s+2} + \frac{k_{03}}{s+1}$$

$$k_{01} = \left[F(s)(s+2)^2 \right]_{s=-2} = \left[\frac{s+3}{s+1} \right]_{s=-2} = -1$$

$$k_{02} = \left\{ \frac{\mathrm{d}}{\mathrm{d}s} \left[F(s)(s+2)^2 \right] \right\}_{s=-2} = \left\{ \frac{\mathrm{d}}{\mathrm{d}s} \left[\frac{s+3}{s+1} \right] \right\}_{s=-2}$$

$$= \left[\frac{(s+3)'(s+1) - (s+3)(s+1)'}{(s+1)^2} \right]_{s=-2} = -2$$

$$k_3 = \left[F(s)(s+1) \right]_{s=-1} = 2$$

$$F(s) = \frac{-1}{(s+2)^2} - \frac{2}{s+2} + \frac{2}{s+1}$$

于是

$$f(t) = L^{-1} \left[F(s) \right] = -(t+2)\mathrm{e}^{-2t} + 2\mathrm{e}^{-t} \quad (t \geqslant 0)$$

2.3.3　用拉氏变换解常系数线性微分方程

用拉氏变换求解微分方程的一般步骤如下：

① 对线性微分方程的每一项进行拉氏变换,使微分方程变成以 s 为变量的代数方程;

② 求解代数方程,得到输出变量像函数的表达式;

③ 将像函数展开成部分分式;

④ 对部分分式进行拉氏反变换,得到微分方程的解.

拉氏变换法求解线性微分方程的过程如图 2.15 所示.

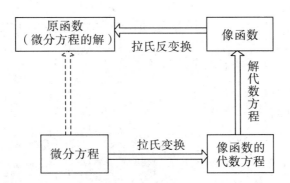

图 2.15　拉氏变换法求解线性微分方程的过程

例 2.11　设系统微分方程为 $\dfrac{\mathrm{d}^2 x_\mathrm{o}(t)}{\mathrm{d}t^2} + 5\dfrac{\mathrm{d}x_\mathrm{o}(t)}{\mathrm{d}t} + 6x_\mathrm{o}(t) = x_\mathrm{i}(t)$. 若 $x_\mathrm{i}(t) = 1(t)$,初始条件分别为 $x'_\mathrm{o}(0)$、$x_\mathrm{o}(0)$,试求 $x_\mathrm{o}(t)$.

解　对微分方程左边进行拉氏变换得

$$L\left[\frac{\mathrm{d}^2 x_\mathrm{o}(t)}{\mathrm{d}t^2}\right] = s^2 X_\mathrm{o}(s) - s x_\mathrm{o}(0) - x'_\mathrm{o}(0)$$

$$L\left[5\frac{\mathrm{d}x_\mathrm{o}(t)}{\mathrm{d}t}\right] = 5s X_\mathrm{o}(s) - 5 x_\mathrm{o}(0)$$

$$L\left[6x_\mathrm{o}(t)\right] = 6 X_\mathrm{o}(s)$$

即

$$L\left[\frac{\mathrm{d}^2 x_\mathrm{o}(t)}{\mathrm{d}t^2} + 5\frac{\mathrm{d}x_\mathrm{o}(t)}{\mathrm{d}t} + 6x_\mathrm{o}(t)\right] = (s^2 + 5s + 6)X_\mathrm{o}(s) - (s + 5)x_\mathrm{o}(0) - x'_\mathrm{o}(0)$$

对方程右边进行拉氏变换得

$$L\left[x_\mathrm{i}(t)\right] = X_\mathrm{i}(s) = L\left[1(t)\right] = \frac{1}{s}$$

则

$$(s^2 + 5s + 6)X_\mathrm{o}(s) - \left[(s + 5)x_\mathrm{o}(0) + x'_\mathrm{o}(0)\right] = \frac{1}{s}$$

$$X_\mathrm{o}(s) = \frac{1}{s(s^2 + 5s + 6)} + \frac{(s + 5)x_\mathrm{o}(0) + x'_\mathrm{o}(0)}{s^2 + 5s + 6} = \frac{k_1}{s} + \frac{k_2}{s + 2} + \frac{k_3}{s + 3} + \frac{l_1}{s + 2} + \frac{l_2}{s + 3}$$

其中

$$k_1 = \left[\frac{1}{s^2 + 5s + 6}\right]_{s=0} = \frac{1}{6}, \quad k_2 = \left[\frac{1}{s(s + 3)}\right]_{s=-2} = -\frac{1}{2}, \quad k_3 = \left[\frac{1}{s(s + 2)}\right]_{s=-3} = \frac{1}{3}$$

$$l_1 = \left[\frac{(s + 5)x_\mathrm{o}(0) + x'_\mathrm{o}(0)}{s + 3}\right]_{s=-2} = 3x_\mathrm{o}(0) + x'_\mathrm{o}(0)$$

$$l_2 = \left[\frac{(s + 5)x_\mathrm{o}(0) + x'_\mathrm{o}(0)}{s + 2}\right]_{s=-3} = -2x_\mathrm{o}(0) - x'_\mathrm{o}(0)$$

所以

$$X_\mathrm{o}(s) = \frac{\frac{1}{6}}{s} + \frac{-\frac{1}{2}}{s + 2} + \frac{\frac{1}{3}}{s + 3} + \frac{3x_\mathrm{o}(0) + x'_\mathrm{o}(0)}{s + 2} + \frac{-2x_\mathrm{o}(0) - x'_\mathrm{o}(0)}{s + 3}$$

查拉氏变换表得

$$x_\mathrm{o}(t) = \frac{1}{6} - \frac{1}{2}\mathrm{e}^{-2t} + \frac{1}{3}\mathrm{e}^{-3t} + \left[3x_\mathrm{o}(0) + x'_\mathrm{o}(0)\right]\mathrm{e}^{-2t} - \left[2x_\mathrm{o}(0) + x'_\mathrm{o}(0)\right]\mathrm{e}^{-3t} \quad (t \geqslant 0)$$

其中，$\frac{1}{6} - \frac{1}{2}\mathrm{e}^{-2t} + \frac{1}{3}\mathrm{e}^{-3t}$ 为零状态响应；$\left[3x_\mathrm{o}(0) + x'_\mathrm{o}(0)\right]e^{-2t} - \left[2x_\mathrm{o}(0) + x'_\mathrm{o}(0)\right]e^{-3t}$ 为零输入响应.

当初始条件为 0 时，有

$$x_\mathrm{o}(t) = \frac{1}{6} - \frac{1}{2}\mathrm{e}^{-2t} + \frac{1}{3}\mathrm{e}^{-3t} \quad (t \geqslant 0)$$

由例 2.11 可见：

① 应用拉氏变换法求解微分方程时，由于初始条件已自动地包含在微分方程的拉氏变换式中，因此不需要根据初始条件求积分常数的值就可得到微分方程的全解.

② 如果所有的初始条件为 0，则微分方程的拉氏变换可以简单地用 s^n 代替 $\mathrm{d}^n/\mathrm{d}t^n$ 得到.

③ 系统响应可分为两部分：零状态响应和零输入响应.

2.4　传递函数及基本环节的传递函数

控制系统的微分方程,是在时间域内描述系统动态性能的数学模型.通过求解描述系统的微分方程,可以把握其运动规律.但计算繁琐,尤其是对于高阶系统难以根据微分方程的解,找到改进控制系统品质的有效方案.在拉氏变换的基础上,引入描述系统线性定常系统(或元件)在复数域中的数学模型——传递函数,不仅可以表征系统的动态特性,而且可以借以研究系统的结构或参数变化对系统性能的影响.经典控制理论中广泛应用的频率法和根轨迹法,都是在传递函数基础上建立起来的.本节首先讨论传递函数的基本概念及其性质,在此基础上介绍典型环节的传递函数.

2.4.1　传递函数的概念和定义

1. 传递函数概念

传递函数是在零初始条件下,线性定常系统输出量的拉氏变换与引起该输出的输入量的拉氏变换之比.

这里的零初始条件满足:

① $t < 0$ 时,输入量及其各阶导数均为 0;

② 输入量施加于系统之前,系统处于稳定的工作状态,即 $t < 0$ 时,输出量及其各阶导数也均为 0;

传递函数的一般形式为(考虑线性定常系统)

$$\frac{d^n}{dt^n}x_o(t) + a_1\frac{d^{n-1}}{dt^{n-1}}x_o(t) + \cdots + a_{n-1}\frac{d}{dt}x_o(t) + a_n x_o(t)$$

$$= b_0\frac{d^m}{dt^m}x_i(t) + b_1\frac{d^{m-1}}{dt^{m-1}}x_i(t) + \cdots + b_{m-1}\frac{d}{dt}x_i(t) + b_m x_i(t) \quad (n \geqslant m)$$

当初始条件全为 0 时,对上式进行拉氏变换可得系统传递函数的一般形式为

$$G(s) = \frac{X_o(s)}{X_i(s)} = \frac{b_0 s^m + b_1 s^{m-1} + \cdots + b_{m-1}s + b_m}{a_0 s^n + a_1 s^{n-1} + \cdots + a_{n-1}s + a_n} \quad (n \geqslant m)$$

2. 传递函数的性质

传递函数的性质有以下 3 点:

① 传递函数表示系统本身的动态特性,与输入量的大小和性质无关.

② 传递函数不说明被描述系统的物理结构,只要动态特性相同,不同的物理系统可用同一传递函数表示.

③ 传递函数是复变量 s 的有理分式,对于实际系统,$m \leqslant n$.分母多项式中的最高幂次 n 代表系统的阶数,称为 n 阶系统.

3. 特征方程、零点和极点

(1) 特征方程

令 $M(s) = b_0 s^m + b_1 s^{m-1} + \cdots + b_{m-1} s + b_m$，$N(s) = a_0 s^n + a_1 s^{n-1} + \cdots + a_{n-1} s + a_n$

则

$$G(s) = \frac{X_o(s)}{X_i(s)} = \frac{M(s)}{N(s)}$$

其中，$N(s) = 0$ 称为系统的特征方程，其根称为系统的特征根. 特征方程决定着系统的动态特性. $N(s)$ 中 s 的最高阶次等于系统的阶次.

当 $s = 0$ 时，有

$$G(0) = \frac{b_m}{a_n} = K$$

式中，K 称为系统的放大系数或增益(常数). 从微分方程的角度看，此时相当于所有的导数项都为 0. 因此 K 反映了系统处于静态时，输出与输入的比值.

(2) 零点和极点

将 $G(s)$ 写成下面的形式：

$$G(s) = \frac{X_o(s)}{X_i(s)} = \frac{b_0(s - z_1)(s - z_2)\cdots(s - z_m)}{a_0(s - p_1)(s - p_2)\cdots(s - p_n)}$$

式中，$M(s) = b_0(s - z_1)(s - z_2)\cdots(s - z_m) = 0$ 的根 $s = z_i (i = 1, 2, \cdots, m)$，称为传递函数的零点；$N(s) = a_0(s - p_1)(s - p_2)\cdots(s - p_n) = 0$ 的根 $s = p_j (j = 1, 2, \cdots, n)$，称为传递函数的极点；系统传递函数的极点就是系统的特征根. 零点和极点的数值完全取决于系统的结构参数.

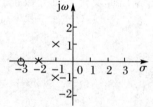

(3) 零点和极点分布图

将传递函数的零点和极点表示在复平面上的图形称为传递函数的零点、极点分布图. 图中，零点用"○"表示，极点用"×"表示.

图 2.16 零点、极点分布图 图 2.16 为 $G(s) = \dfrac{s+3}{(s+2)(s^2+2s+2)}$ 的零点、极点分布图.

2.4.2 典型环节的传递函数

由于控制系统的微分方程往往是高阶的，因此其传递函数往往也是高阶的. 不管控制系统的阶次有多高，均可化为一阶、二阶的有限个典型环节，如比例环节、惯性环节、微分环节、积分环节、振荡环节和延时环节等. 熟悉掌握这些环节的传递函数，有助于对复杂系统的分析与研究.

1. 比例环节

比例环节又称为放大环节，其输出量与输入量成正比，输出不失真也不延迟而按比例地反映输入的环节. 该环节的动力学方程为

$$x_o(t) = Kx_i(t)$$

式中，$x_o(t)$ 为输出量；$x_i(t)$ 为输入量；K 为环节的放大系数或增益.

该环节的传递函数为

$$G(s) = \frac{X_o(s)}{X_i(s)} = K$$

例如,齿轮传动副(图 2.17)和运算放大器(图 2.18)的传递函数分别为式(2.41)和式(2.42).

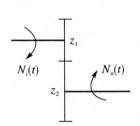

图 2.17 齿轮传动副

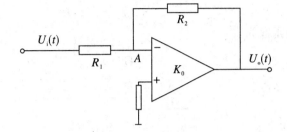

图 2.18 运算放大器

$$G(s) = \frac{N_o(s)}{N_i(s)} = \frac{z_1}{z_2} = K \tag{2.41}$$

$$G(s) = \frac{U_o(s)}{U_i(s)} = -\frac{R_2}{R_1} = K \tag{2.42}$$

2. 惯性环节(或一阶惯性环节)

惯性环节又称非周期环节.在这类环节中,因含有储能元件,所以对突变形式的输入信号不能立即输送出去.凡动力学方程为一阶微分方程 $T\dfrac{\mathrm{d}x_o(t)}{\mathrm{d}t} + x_o(t) = x_i(t)$ 形式的环节,都称为惯性环节.其传递函数为

$$G(s) = \frac{X_o(s)}{X_i(s)} = \frac{K}{Ts + 1}$$

式中,K 为放大系数;T 为时间常数,表征环节的惯性,和环节结构参数有关.

例如,弹簧-阻尼器环节(图 2.19)的动力学方程和传递函数为

$$C\frac{\mathrm{d}x_o(t)}{\mathrm{d}t} + Kx_o(t) = Kx_i(t)$$

$$G(s) = \frac{K}{Cs + k} = \frac{1}{Ts + 1}$$

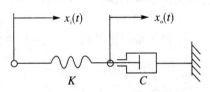

图 2.19 弹簧-阻尼器组成的环节

其中,$T = \dfrac{C}{K}$.

3. 微分环节

凡具有输出正比于输入的微分的环节,都称为微分环节,即 $x_o(t) = Tx_i(t)$.其传递函数为

$$G(s) = \frac{X_o(s)}{X_i(s)} = Ts$$

式中,T 为微分时间常数.

例如,测速发电机(图 2.20)无负载时,动力学方程为

$$u_o(t) = K_t \frac{\mathrm{d}\theta_i(t)}{\mathrm{d}t}$$

式中，K_t 为电机常数. 则其传递函数为

$$G(s) = \frac{U_o(s)}{\theta_i(s)} = K_t s$$

无源微分网络(图 2.21)动力学方程为

$$u_i(t) = \frac{1}{C} \int i(t)\, dt + i(t)R$$

$$u_o(t) = i(t)R$$

则其传递函数为

$$G(s) = \frac{RCs}{RCs + 1} = \frac{Ts}{Ts + 1}$$

其中，$T = RC$

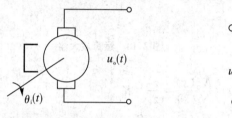
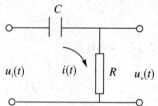

图 2.20　测速发电机　　　　　　　图 2.21　无源微分网络

　　显然，无源微分网络包括有惯性环节和微分环节，称之为惯性微分环节，当 $|Ts| \ll 1$ 时，才近似为微分环节.

　　除了上述纯微分环节外，还有一类一阶微分环节，其传递函数为

$$G(s) = \frac{X_o(s)}{X_i(s)} = K(\tau s + 1)$$

　　微分环节的输出是输入的导数，即输出反映了输入信号的变化趋势，从而给系统以有关输入变化趋势的预告. 因此，微分环节常用来改善控制系统的动态性能.

4. 积分环节

　　输出量正比于输入量的积分的环节称为积分环节，即 $x_o(t) = \frac{1}{T} \int x_i(t)\, dt$.

　　其传递函数为

$$G(s) = \frac{X_o(s)}{X_i(s)} = \frac{1}{Ts}$$

式中，T 为积分环节的时间常数.

　　积分环节特点如下：

　　① 输出量取决于输入量对时间的积累过程，且具有记忆功能；

　　② 具有明显的滞后作用.

　　当输入量为常值 A 时，由于

$$x_o(t) = \frac{1}{T} \int_0^t A\, dt = \frac{1}{T} At$$

　　输出量须经过时间 T 才能达到输入量在 $t = 0$ 时的值 A.

　　积分环节常用来改善系统的稳态性能.

　　例如，有源积分网络(图 2.22)积分环节的动力学方程为

$$RC \frac{du_o(t)}{dt} = -u_i(t)$$

则其传递函数为

$$G(s) = -\frac{1}{RCs} = -\frac{1}{Ts}$$

其中，$T = RC$.

液压缸(图 2.23)积分环节的动力学方程为

$$x_o(t) = \frac{1}{A}\int q_i(t)\mathrm{d}t$$

则其传递函数为

$$G(s) = \frac{X_o(s)}{Q_i(s)} = \frac{1}{As}$$

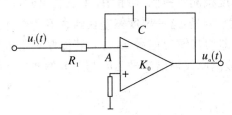

图 2.22　有源积分网络

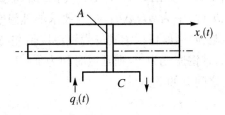

图 2.23　液压缸

5. 振荡环节

含有两个独立的储能元件，且所存储的能量能够相互转换，从而导致输出带有振荡的性质，其微分方程为

$$my''(t) + fy'(t) + ky(t) = x(t)$$

如图 2.24 所示振荡环节的传递函数为

$$G(s) = \frac{Y(s)}{X(s)} = \frac{1}{ms^2 + fs + k} = \frac{1}{k}\frac{1}{\frac{s^2}{\omega_n^2} + \frac{2\xi}{\omega_n}s + 1} = \frac{1}{k}\frac{\omega_n^2}{s^2 + 2\xi\omega_n s + \omega_n^2}$$

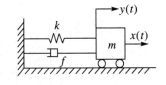

图 2.24　振荡环节

式中，ω_n 为无阻尼固有频率，$\omega_n = \sqrt{\dfrac{k}{m}}$；$\xi$ 为阻尼比，$\xi = \dfrac{f}{2}\sqrt{\dfrac{1}{mk}}$.

振荡环节为二阶环节，通常传递函数可写成

$$G(s) = \frac{\omega_n^2}{s^2 + 2\xi\omega_n s + \omega_n^2}　\text{或}　G(s) = \frac{1}{T^2 s^2 + 2\xi Ts + 1}$$

式中，ω_n 为无阻尼固有频率；T 为振荡环节的时间常数，$T = 1/\omega_n$；ξ 为阻尼比，$0 \leqslant \xi < 1$.

6. 二阶微分环节

描述该环节输出、输入间的微分方程具有形式 $x_o(t) = T^2 x_i''(t) + 2\xi T x_i'(t) + x_i(t)$，其传递函数为

$$G(s) = \frac{X_o(s)}{X_i(s)} = T^2 s^2 + 2\xi Ts + 1$$

式中，τ 为时间常数；ξ 为阻尼比，对于二阶微分环节，$0 < \xi < 1$；K 为比例系数.

7. 延时环节(或称迟延环节)

延时环节是输出滞后输入时间，且不失真地反映输入的环节. 具有延时环节的系统便称为延时系统. 延时环节的输入 $x_i(t)$ 与输出 $x_o(t)$ 之间有如下关系：

$$x_o(t) = x_i(t - \tau)$$

式中, τ 为延迟时间.

延时环节也是线性环节, 它符合叠加原理. 延时环节的传递函数为

$$G(s) = \frac{L[x_o(t)]}{L[x_i(t)]} = \frac{L[x_i(t-\tau)]}{L[x_i(t)]} = \frac{X_i(s)e^{-\tau s}}{X_i(s)} = e^{-\tau s}$$

延时环节与惯性环节不同, 惯性环节的输出需要延迟一段时间才接近于所要求的输出量, 但它从输入开始时刻起就已有了输出. 延时环节在输入开始之初的时间 t 内并无输出, 在 t 后, 输出就完全等于从一开始起的输入, 且不再有其他滞后过程; 简言之, 输出等于输入, 只是在时间上延时了一段时间间隔 t.

当延时环节受到阶跃信号作用时, 其特性如图 2.25 所示.

例 2.12　如图 2.26 所示为轧钢时的带钢厚度检测示意图. 带钢在 A 点轧出时, 产生厚度偏差 Δh_1 (图中为 $h + \Delta h_1$, h 为要求的理想厚度). 但是, 这一厚度偏差在到达 B 点时才为测厚仪所检测到. 测厚仪检测到的带钢厚度偏差 Δh_2 即为其输出信号 $x_o(t)$. 若测厚仪距机架的距离为 L, 带钢速度为 v, 则延迟时间为 $r = L/v$. 故测厚仪输出信号 Δh_2 与厚度偏差这一输入信号 Δh_1 之间有如下关系:

$$\Delta h_2 = \Delta h_1(t-r)$$

此式表示, 在 $t < r$ 时, $\Delta h_2 = 0$, 即测厚仪不反映 Δh_1 的量. 这里, Δh_1 为延时环节的输入量, Δh_2 为其输出量. 故有

$$x_o(t) = x_i(t-\tau)$$

因而有

$$G(s) = \frac{X_o(s)}{X_i(s)} = e^{-\tau s}$$

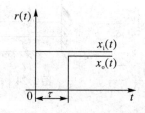

图 2.25　延时环节输入、输出关系

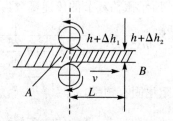

图 2.26　轧钢时带岗厚度检测示意图

小结

(1) 环节是根据微分方程划分的, 不是具体的物理装置或元件;

(2) 一个环节往往由几个元件之间的运动特性共同组成;

(3) 同一元件在不同系统中作用不同, 输入输出的物理量不同, 可起到不同环节的作用.

2.5　系统框图及其简化

一个系统由若干环节按一定的关系组成, 将这些环节以方框表示, 其间用相应的变量及信号流向联系起来, 就构成系统的方框图. 系统方框图具体而形象地表示了系统内部各环节的数学模型、各变量之间的相互关系以及信号流向. 事实上, 系统方框图是系统数学模型的一种图解

表示方法,它提供了关于系统动态性能的有关信息,并且可以揭示和评价每个组成环节对系统的影响.根据方框图,通过一定的运算变换可求得系统传递函数.故方框图对于系统的描述、分析、计算是很方便的,因而被广泛地应用.

2.5.1 方框图结构要素

1. 信号线

信号线是带有箭头的直线,箭头表示信号的传递方向,直线旁标记信号的时间函数或像函数,如图 2.27 所示.

2. 信号引出点(线)

信号引出点(线)表示信号引出或测量的位置和传递方向,如图 2.28 所示.同一信号线上引出的信号,其性质、大小完全一样.

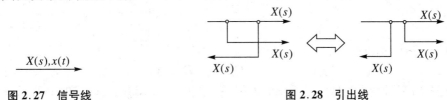

图 2.27 信号线   图 2.28 引出线

3. 函数方框

函数方框是传递函数的图解表示,如图 2.29 所示.

在图 2.29 中,指向方框的箭头表示输入,离开方框的箭头表示输出,方框中表示的是该输入输出之间的环节的传递函数.

图 2.29 函数框图

函数方框具有运算功能,即

$$X_o(s) = G(s)X_i(s)$$

4. 求和点(比较点、综合点)

求和点指信号之间代数加减运算的图解.如图 2.30 所示,用符号"⊗"及相应的信号箭头表示,每个箭头前方的"＋"或"－"表示加上此信号或减去此信号("＋"也可以省略表达两信号的相加).在相加点处加减的信号必须是同种变量,运算时的量纲也要相同.相加点可以有多个输入,但输出是唯一的.

相邻求和点可以互换、合并、分解,即满足代数运算的交换律、结合律和分配律.

任何系统都可以由信号线、函数方框、信号引出点及求和点组成的方框图来表示,如图2.31所示的例子.

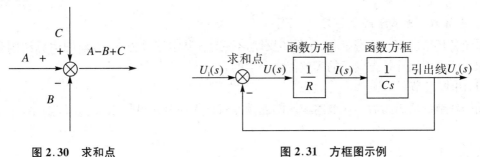

图 2.30 求和点   图 2.31 方框图示例

2.5.2 方框图的建立

方框图的建立步骤如下：

① 建立系统各元部件的微分方程,明确信号的因果关系(输入/输出);

② 对上述微分方程进行拉氏变换,绘制各部件的方框图;

③ 按照信号在系统中的传递、变换过程,依次将各部件的方框图连接起来,得到系统的方框图.

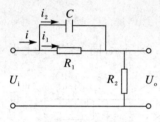

图 2.32 RC 无源网络

例 2.13 图 2.32 中,U_i、U_o 分别是 RC 电路的输入、输出电压,试建立相应的系统方框图.

解 根据克希霍夫定律,可写出以下方程:

$$U_i(s) - U_o(s) = U_1(s)$$

$$I(s) = \frac{U_1(s)}{\dfrac{R_1/(Cs)}{R_1 + 1/(Cs)}} = \frac{1 + R_1 Cs}{R_1} U_1(s)$$

$$U_o(s) = R_2 I(s)$$

根据各方程可绘出相应的子系统的方框图,分别如图 2.33(a)、(b)和(c)所示,按信号的传递顺序,将各子结构图依次连接起来,便得到无源网络的结构图,如图 2.33(d)所示.

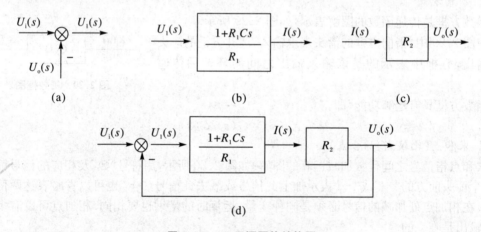

图 2.33 RC 无源网络结构图

2.5.3 方框图的等效简化

1. 方框图的运算法则

系统各环节之间一般有串联、并联和反馈连接三种基本连接方式,方框图运算法则是用于指导求取框图不同连接方式下的等效传递函数的方法.

(1) 串联环节

前一环节的输出为后一环节的输入的连接方式称为环节的串联,如图 2.34 所示.

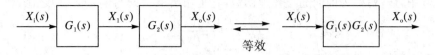

图 2.34　串联环节等效变换

当各环节之间不存在(或可忽略)负载效应时,串联连接后的传递函数为

$$G(s) = \frac{X_o(s)}{X_i(s)} = \frac{X_1(s)}{X_i(s)} \cdot \frac{X_o(s)}{X_1(s)} = G_1(s)G_2(s)$$

故环节串联时等效传递函数等于各串联环节的传递函数之积.当系统由 n 个环节串联时,系统的传递函数为

$$G(s) = \prod_{i=1}^{n} G_i(s)$$

式中,$G_i(s)$ 为第 i 个串联环节的传递函数($i = 1, 2, \cdots, n$).

(2) 并联环节

各环节的输入相同,输出为各环节输出的代数和,这种连接方式称为环节的并联,如图2.35所示.则有

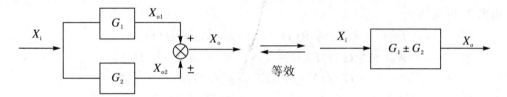

图 2.35　并联环节等效变换

$$G(s) = \frac{X_o(s)}{X_i(s)} = \frac{X_{o1}(s)}{X_i(s)} \pm \frac{X_{o2}(s)}{X_i(s)} = G_1(s) \pm G_2(s)$$

故环节并联时等效传递函数等于各并联环节的传递函数之和.

推广到 n 个环节并联,则总的传递函数等于各并联环节传递函数的代数和,即

$$G(s) = \sum_{i=1}^{n} G_i(s)$$

式中 $G_i(s)$ 为第 i 个并联环节的传递函数($i = 1, 2, \cdots, n$).

(3) 反馈连接

所谓反馈,是将系统或某一环节的输出量,全部或部分地通过反馈回路回输到输入端,又重新输入到系统中去的连接方式,如图 2.36 所示.反馈连接实际上也是闭环系统传递函数方框图的最基本形式.单输入作用的闭环系统,无论组成系统的环节有多复杂,其传递函数方框图总可以简化成图 2.36 所示的基本形式.

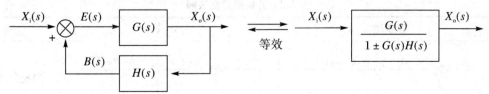

图 2.36　反馈连接的等效变换

图 2.36 中，$G(s)$ 称为前向通道传递函数，它是输出 $X_o(s)$ 与偏差 $E(s)$ 之比，即

$$G(s) = \frac{X_o(s)}{E(s)}$$

$H(s)$ 称为反馈回路传递函数，即

$$H(s) = \frac{B(s)}{X_o(s)}$$

前向通道传递函数 $G(s)$ 与反馈回路传递函数 $H(s)$ 的乘积定义为系统的开环传递函数 $G_K(s)$，它也是反馈信号 $B(s)$ 与偏差 $E(s)$ 之比，即

$$G_K(s) = \frac{B(s)}{E(s)} = G(s)H(s)$$

开环传递函数可以理解为：封闭回路在相加点断开以后，以 $E(s)$ 作为输入，经 $G(s)$、$H(s)$ 而产生输出 $B(s)$，此输出与输入的比值 $B(s)/E(s)$，可以认为是一个无反馈的开环系统的传递函数。由于 $B(s)$ 与 $E(s)$ 在相加点的量纲相同，因此，开环传递函数无量纲，而且 $H(s)$ 的量纲是 $G(s)$ 的量纲的例数。

输出信号 $X_o(s)$ 与输入信号 $X_i(s)$ 之比，定义为系统的闭环传递函数 $G_B(s)$，即

$$G_B(s) = \frac{X_o(s)}{X_i(s)}$$

由图 2.36 可知

$$E(s) = X_i(s) \mp B(s) = X_i(s) \mp X_o(s)H(s)$$
$$X_o(s) = G(s)E(s) = G(s)[X_i(s) \mp X_o(s)H(s)]$$
$$= G(s)X_i(s) \mp G(s)X_o(s)H(s)$$

由此可得

$$G_B(s) = \frac{X_o(s)}{X_i(s)} = \frac{G(s)}{1 \pm G(s)H(s)}$$

故反馈连接时，其等效传递函数等于前向通道传递函数除以 1 加（或减）前向通道传递函数与反馈回路传递函数的乘积。

闭环传递函数的量纲决定于 $X_o(s)$ 与 $X_i(s)$ 的量纲，两者可以相同也可以不同。若反馈回路传递函数 $H(s)=1$，称为单位反馈。此时有

$$G_B(s) = \frac{G(s)}{1 \pm G(s)}$$

2. 方框图的等效变换法则

两条基本原则：

① 变换前与变换后前向通道中传递函数的乘积必须保持不变；

② 变换前与变换后回路中传递函数的乘积保持不变。

表 2.3 列出了框图变换过程中，分支点与相加点的移动规则。

表 2.3　方框图变换法则

序号	原框图	等效框图	说明
1	$A \to \otimes \xrightarrow{A-B} \otimes \xrightarrow{A-B+C}$　（$-B$，C）	$A \to \otimes \xrightarrow{A-C} \otimes \xrightarrow{A-B+C}$　（C，$-B$）	加法交换律

序号	原框图	等效框图	说明
2			加法结合率
3			乘法交换律
4			乘法结合率
5			并联环节简化
6			相加点前移
7			相加点后移
8			引出点前移
9			引出点后移
10			引出点前移越过比较点
11			将并联的一路变为 1

序号	原框图	等效框图	说明
12	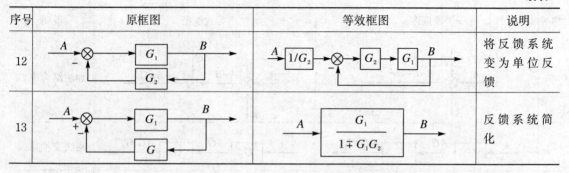		将反馈系统变为单位反馈
13			反馈系统简化

例 2.14 试化简如图 2.37 所示的系统方框图,并求其传递函数.

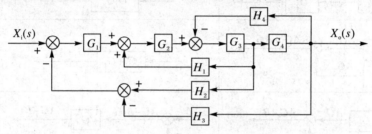

图 2.37　系统方框图

解

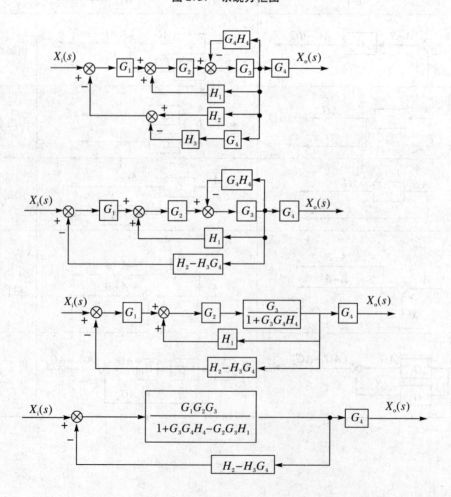

$$G_\mathrm{B}(s)=\frac{X_\mathrm{o}(s)}{X_\mathrm{i}(s)}=\frac{G_1G_2G_3G_4}{1-G_1G_2G_3G_4H_3+G_1G_2G_3H_2-G_2G_3H_1+G_3G_4H_4}$$

2.6 系统信号流图及梅森公式

2.6.1 信号流图及其术语

信号流图起源于梅森(S. J. Mason)利用图示法来描述一个或一组线性代数方程,是由节点和支路组成的一种信号传递网络.

1. 节点

节点表示变量或信号,其值等于所有进入该节点的信号之和.节点用"○"表示,如图 2.38 所示.

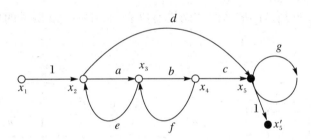

图 2.38 信号传递网络示意图

2. 支路

支路是连接两个节点的定向线段,用支路增益(传递函数)表示方程式中两个变量的因果关系.支路相当于乘法器.信号在支路上沿箭头单向传递.

$$x_2=x_1+ex_3$$
$$x_3=ax_2+fx_4$$
$$x_4=bx_3$$
$$x_5=dx_2+cx_4+gx_5$$

3. 输入节点(源节点)

输入节点是指只有输出的节点,代表系统的输入变量.如图 2.38 中所示 x_1 为源节点.

4. 输出节点(阱节点、汇节点)

输出节点是指只有输入的节点,代表系统的输出变量.如图 2.38 中所示 x'_5 为汇节点.

5. 混合节点

混合节点是指既有输入又有输出的节点.若从混合节点引出一条具有单位、增益的支路,可将混合节点变为输出节点.如图 2.38 中所示 x_2、x_3、x_4、x_5 为混合节点.

6. 通路

通路是指沿支路箭头方向穿过各相连支路的路径.

7. 前向通路

前向通路是指从输入节点到输出节点的通路上通过任何节点不多于一次的通路.前向通路上各支路增益的乘积,称前向通路总增益,一般用 P_k 表示.如图 2.38 中所示 $1d1$、$1abc1$ 为前向通路.

8. 回路(回环)

回路是指起点与终点重合且通过任何节点不多于一次的闭合通路.回路中所有支路增益之乘积称为回路增益,用 L_a 表示.如图 2.38 中所示的 ae、bf、g 为回路.

9. 不接触回路

不接触回路是指相互间没有任何公共节点的回路.

2.6.2 信号流图的绘制

信号流图的绘制有两种方法:

① 由系统微分方程绘制信号流图.根据微分方程绘制信号流图的步骤与绘制方框图的步骤类似.

② 由系统方框图绘制信号流图.

例 2.15 如图 2.39 所示的低通滤波网络可以表示为图 2.40 所示的信号流图,试求传递函数 $\dfrac{U_o(s)}{U_i(s)}$.

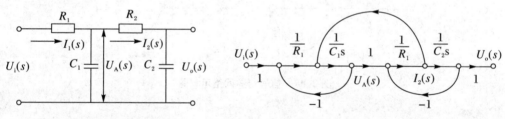

图 2.39 低通滤波网络   图 2.40 网络的信号流程

解 此系统有 3 个回环,即 $-\dfrac{1}{R_1 C_1 s}$、$-\dfrac{1}{R_2 C_1 s}$、$-\dfrac{1}{R_2 C_2 s}$,因此

$$\sum L_1 = -\frac{1}{R_1 C_1 s} - \frac{1}{R_2 C_1 s} - \frac{1}{R_2 C_2 s}$$

两个互不接触的回环只有一种组合,即

$$\left(-\frac{1}{R_1 C_1 s}\right)\left(-\frac{1}{R_2 C_2 s}\right)$$

所以

$$\sum L_2 = \frac{1}{R_1 C_1 s}\frac{1}{R_2 C_2 s}$$

由此可求特征式

$$\Delta = 1 - \sum L_1 + \sum L_2 = 1 + \frac{1}{R_1 C_1 s} + \frac{1}{R_2 C_1 s} + \frac{1}{R_2 C_2 s} + \frac{1}{R_1 R_2 C_1 C_2 s^2}$$

图 2.39 中只有 1 条前向通路($n=1$),即

$$U_i(s) \to 1 \to \frac{1}{R_1} \to \frac{1}{C_1 s} \to 1 \to \frac{1}{R_1} \to \frac{1}{C_2} \to 1 \to U_o(s)$$

它与所有的回环都接触,于是有

$$P_1 = \frac{1}{R_1 C_1 R_2 C_2 s^2}, \quad \Delta_1 = 1$$

根据梅森公式,所以有

$$\frac{U_o(s)}{U_i(s)} = \frac{1}{\Delta} \sum_{k=1}^{1} P_k \Delta_k = \frac{P_1 \Delta_1}{\Delta}$$

$$= \frac{1}{R_1 R_2 C_1 C_2 s^2 + (R_1 C_1 + R_2 C_2 + R_1 C_2)s + 1}$$

2.6.3　梅森公式

对于比较复杂的系统,当框图或信号流图的变换和简化方法都显得繁琐费事时,可根据梅森公式(Mason Formulae)直接求取框图的传递函数或信号流图的传输,梅森公式为

$$T = \frac{1}{\Delta} \sum_{k=1}^{n} P_k \Delta_k$$

式中,T 为从源节点至任何节点的传输;P_k 为第 k 条前向通路的传输;Δ 为信号流图的特征式,是信号流图所表示的方程组的系数行列式,其表达式为

$$\Delta = 1 - \sum L_1 + \sum L_2 - \sum L_3 + \cdots + (-1)^m \sum L_m$$

式中,$\sum L_1$ 为所有不同回环的传输之和;$\sum L_2$ 为任何两个互不接触回环传输的乘积之和;$\sum L_3$ 为任何 3 个互不接触回环传输的乘积之和;$\sum L_m$ 为任何 m 个互不接触回环传输的乘积之和;Δ_k 为余因子,即第 k 条前向通路的余因子,即对于信号流图的特征式,将与第 k 条前向通路接触的回环传输代以零值,余下的 Δ 即为 Δ_k.

梅森公式的推导可参阅有关文献.

习　　题

1. 试求下列函数的拉氏变换,假定 $t < 0, f(t) = 0$.

(1) $f(t) = 5(1 - \cos 3t)$;　　　　　(2) $f(t) = e^{-0.5t} \cos 10t$;

(3) $f(t) = \sin\left(5t + \dfrac{\pi}{3}\right)$;　　　　(4) $f(t) = (1 + t^2) e^{-t}$;

(5) $f(t) = \sin 2t \sin 3t$;　　　　　(6) $f(t) = t^5 e^{at} - t \sin t + t \cos 2t$.

2. 求如图 2.41 所示的信号的像函数.

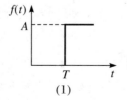
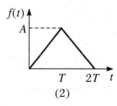

图 2.41　习题 2 附图

3. 求下列函数的拉氏反变换.

(1) $F(s) = \dfrac{1}{s(s+1)}$;

(2) $F(s) = \dfrac{s+1}{(s+2)(s+3)}$;

(3) $F(s) = \dfrac{s^2 + 5s + 2}{(s+2)(s^2 + 2s + 2)}$;

(4) $F(s) = \dfrac{s}{(s+1)^2(s+2)}$.

4. 用拉氏变换法解下列微分方程.

(1) $\dfrac{\mathrm{d}^2 x(t)}{\mathrm{d}t^2} + 6\dfrac{\mathrm{d}x(t)}{\mathrm{d}t} + 6x(t) = 1(t)$,其中 $x(0) = 1, \dfrac{\mathrm{d}x(t)}{\mathrm{d}t}\Big|_{t=0} = 0$.

(2) $\dfrac{\mathrm{d}x(t)}{\mathrm{d}t} + 10x(t) = 2$,其中 $x(0) = 0$.

5. 试求如图 2.42 所示的网络传递函数 $\dfrac{U_o(s)}{U_i(s)}$.

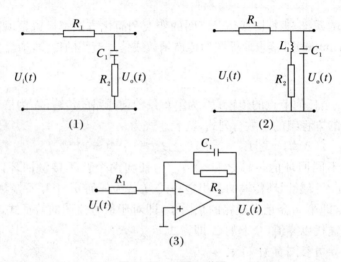

(1)　　　　　　　　　　　　　(2)

(3)

图 2.42　习题 5 附图

6. 试求如图 2.43 所示的机械系统的传递函数.

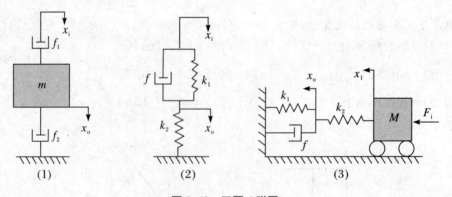

(1)　　　　　　　(2)　　　　　　　(3)

图 2.43　习题 6 附图

7. 对于如图 2.44 所示系统,试求从作用力 $F_1(t)$ 到位移 $x_2(t)$ 的传递函数.其中 f 为黏性阻尼系数.作用力 $F_2(t)$ 到位移 $x_1(t)$ 的传递函数又是什么?

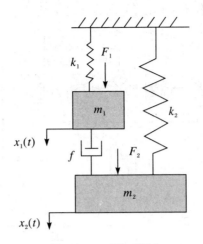

图 2.44　习题 7 附图

8. 如图 2.45 所示系统, 试求:

(1) 以 $X_i(s)$ 为输入, 分别以 $X_o(s)$、$Y(s)$、$B(s)$、$E(s)$ 为输出的传递函数.

(2) 以 $N(s)$ 为输入, 分别以 $X_o(s)$、$Y(s)$、$B(s)$、$E(s)$ 为输出的传递函数.

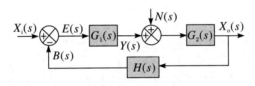

图 2.45　习题 8 附图

9. 图 2.46 为汽车在凹凸不平路面上行驶时承载系统的简化模型, 路面的高低变化形成激励源, 由此造成汽车的振动和轮胎受力. 试求以 $x_i(t)$ 为输入, 分别以汽车质量垂直距离 $x_o(t)$ 和轮胎受力 $F_2(t)$ 作为输出的传递函数.

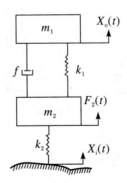

图 2.46　习题 9 附图

10. 化简图 2.47 所示的各系统框图;并求其传递函数.

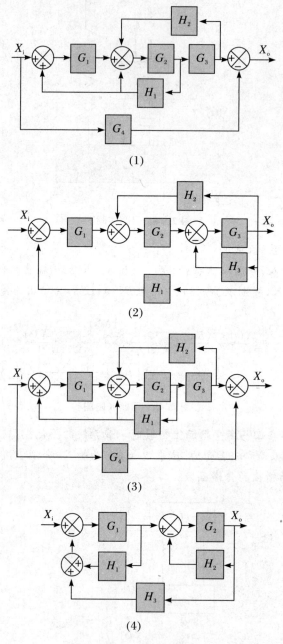

(1)

(2)

(3)

(4)

图 2.47 习题 10 附图

第 3 章   控制系统的时域分析

经典控制理论中,常用时域分析法、根轨迹法或频率分析法来分析控制系统的性能.本章介绍的时域分析法是通过传递函数、拉氏变换及反变换求出系统在典型输入下的输出表达式,从而分析系统时间响应的全部信息.与其他分析法比较,时域分析法是一种直接分析法,具有直观和准确的优点,尤其适用于一、二阶系统性能的分析和计算.对二阶以上的高阶系统则需采用频率分析法和根轨迹法.

3.1   典型输入信号和时域性能指标

1. 典型输入信号

一般,系统可能受到的外加作用有控制输入和扰动.扰动通常是随机的,即使是控制输入,有时其函数形式也不可能事先获得.在时间域进行分析时,为了比较不同系统的控制性能,需要规定一些具有典型意义的输入信号,从而建立分析比较的基础.这些信号称为控制系统的典型输入信号,见表 3.1.

表 3.1   常用的典型输入信号

名称	时域表达式	复数域表达式
单位阶跃信号	$1(t), t \geqslant 0$	$\dfrac{1}{s}$
单位速度(斜坡)信号	$t, t \geqslant 0$	$\dfrac{1}{s^2}$
单位加速度信号	$\dfrac{1}{2} t^2, t \geqslant 0$	$\dfrac{1}{s^3}$
单位脉冲信号	$\delta(t), t = 0$	1
正弦信号	$A \sin \omega t$	$\dfrac{A\omega}{s^2 + \omega^2}$

对典型输入信号的要求有以下 3 点:

① 能够使系统工作在最不利的情形下运行;

② 形式简单,便于解析分析;

③ 实际中可以实现或近似实现.

典型输入信号的选择原则是能反映系统在工作过程中的大部分实际情况.例如,若实际系统的输入具有突变性质,则可选阶跃信号;若实际系统的输入随时间逐渐变化,则可选速度信号.

注意：对于同一系统，无论采用哪种输入信号，由时域分析法所表示的系统本身的性能不会改变.

2．时域性能指标

时域中评价系统的暂态性能，通常以系统对单位阶跃输入信号的暂态响应为依据.这时系统的暂态响应曲线称为单位阶跃响应或单位过渡特性，典型的响应曲线如图 3.1 所示.为了评价系统的暂态性能，规定如下指标：

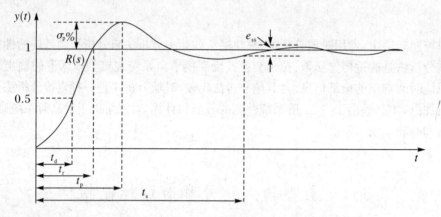

图 3.1　单位阶跃输入信号下的暂态响应

（1）延迟时间 t_d

延迟时间指输出响应第一次达到稳态值 50% 所需的时间.

（2）上升时间 t_r

上升时间指输出响应从稳态值的 10% 上升到 90% 所需的时间.对有振荡的系统，则取响应从 0 到第一次达到稳态值所需的时间.

（3）峰值时间 t_p

峰值时间指输出响应超过稳态值而达到第一个峰值（即 $y(t_p)$）所需的时间.

（4）调节时间 t_s

调节时间指当输出量 $y(t)$ 和稳态值 $y(\infty)$ 之间的偏差达到允许范围（一般取 2% 或 5%）以后不再超过此值所需的最短时间.

（5）最大超调量（或称超调量）$\sigma_p\%$

最大超调量指暂态过程中输出响应的最大值超过稳态值的百分数.即

$$\sigma_p\% = \frac{[y(t_p) - y(\infty)]}{y(\infty)} \times 100\% \tag{3.1}$$

（6）稳态误差 e_{ss}

稳态误差指系统输出实际值与希望值之差.

在上述几项指标中，峰值时间 t_p、上升时间 t_r 和延迟时间 t_d 均表征系统响应初始阶段的快慢；调节时间 t_s 表征系统过渡过程（暂态过程）的持续时间，从总体上反映了系统的快速性；而超调量 $\sigma_p\%$ 标志暂态过程的稳定性；稳态误差反映系统复现输入信号的最终精度.

3.2　一阶系统的时域分析

凡是可用一阶微分方程描述的系统称一阶系统.一阶系统的传递函数为

$$G(s) = \frac{1}{Ts+1}$$

式中 T 称为时间常数,它是表征系统惯性的一个重要参数.所以一阶系统是一个非周期的惯性环节.图 3.2 为一阶系统的结构图.

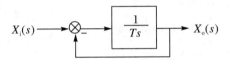

图 3.2　一阶系统的结构图

1. 一阶系统的单位阶跃响应

当输入信号 $x_i(t) = 1(t)$ 时,$x_i(s) = 1/s$,系统输出量的拉氏变换为

$$X_o(s) = \frac{1}{s(Ts+1)} = \frac{1}{s} - \frac{T}{Ts+1}$$

对上式取拉氏反变换,得单位阶跃响应为

$$x_o(t) = 1 - e^{-t/T} \quad (t \geqslant 0) \tag{3.2}$$

由此可见,一阶系统的阶跃响应是一条初始值为 0,按指数规律上升到稳态值 1 的曲线,见图 3.3.

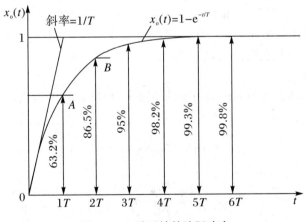

图 3.3　一阶系统的阶跃响应

一阶系统单位阶跃响应的特点如下:

① 响应分为两部分:

(a) 瞬态响应:$-e^{-t/T}$,表示系统输出量从初态到终态的变化过程(动态/过渡过程).

(b) 稳态响应:1,表示 $t \to \infty$ 时,系统的输出状态.

② $x_o(0) = 0$,随时间的推移,$x_o(t)$ 指数增大,且无振荡.$x_o(\infty) = 1$,无稳态误差.

③ $x_o(T) = 1 - e^{-1} = 0.632$，即经过时间 T，系统响应达到其稳态输出值的 63.2%，从而可以通过实验测量惯性环节的时间常数 T.

④ 单位阶跃响应曲线的初始斜率为 $\dfrac{dx_o(t)}{dt}\Big|_{t=0} = \dfrac{1}{T}$，表明一阶系统的单位阶跃响应如果以初始速度上升到稳态值 1，所需的时间恰好等于 T.

⑤ 时间常数 T 反映了系统响应的快慢. 通常工程中当响应曲线达到并保持在稳态值的 95%～98% 时，认为系统响应过程基本结束. 根据暂态性能指标的定义可以求得

调节时间：$t_s = 3T(s)$ （±5% 的误差带）

$$t_s = 4T(s) \quad （±2\% 的误差带）$$

超调量：0

⑥ 将一阶系统的单位阶跃响应式改写

为 $e^{-\frac{t}{T}} = 1 - x_o(t) \rightarrow -\dfrac{1}{T}t = \ln[1 - x_o(t)]$，

即 $\ln[1 - x_o(t)]$ 与时间 t 成线性关系，如图 3.4 所示. 该性质可用于判别系统是否为惯性环节，以及测量惯性环节的时间常数.

2. 单位斜坡响应

当输入信号 $x_i(t) = t$ 时，$x_i(s) = 1/s^2$，系统输出量的拉氏变换为

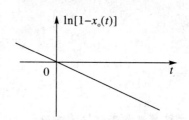

图 3.4 $\ln[1 - x_o(t)]$ 与时间 t 的线性关系

$$X_o(s) = \frac{1}{s^2(Ts+1)} = \frac{1}{s^2} - \frac{T}{s} + \frac{T^2}{Ts+1} \quad (t \geqslant 0)$$

对上式取拉氏反变换，得单位斜坡响应为

$$X_o(t) = (t - T) + Te^{-t/T} \quad (t \geqslant 0) \tag{3.3}$$

式中，$t - T$ 为稳态分量，$Te^{-t/T}$ 为暂态分量. 单位斜坡响应曲线如图 3.5 所示.

经过足够长的时间（稳态时，如 $t \geqslant 4T$），输出增长速率近似与输入相同，系统存在稳态误差. 因为 $x_i(t) = t$，输出稳态为 $t - T$，所以稳态误差为 $e_{ss} = t - (t - T) = T$. 从提高斜坡响应的精度来看，要求一阶系统的时间常数 T 要小.

3. 单位脉冲响应

当 $x_i(t) = \delta(t)$ 时，系统的输出响应为该系统的脉冲响应. 因为 $L[\delta(t)] = 1$，一阶系统的脉冲响应的拉氏变换为

$$X_o(s) = G(s) = \frac{1/T}{s + 1/T}$$

对应单位脉冲响应为

$$X_o(t) = \frac{1}{T}e^{-t/T} \quad (t \geqslant 0) \tag{3.4}$$

单位脉冲响应曲线如图 3.6 所示. 时间常数 T 越小，系统响应速度越快.

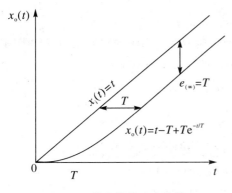

图 3.5　单位斜坡响应曲线

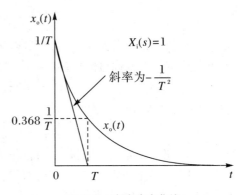

图 3.6　脉冲响应曲线

一阶系统单位脉冲响应的特点如下：

① 瞬态响应：$(1/T)\mathrm{e}^{-t/T}$；

② 稳态响应：0；

③ $x_o(0) = 1/T$，随时间的推移，$x_o(t)$ 指数衰减.

$$\left.\frac{\mathrm{d}x_o(t)}{\mathrm{d}t}\right|_{t=0} = -\frac{1}{T^2}$$

对于实际系统，通常应用具有较小脉冲宽度（脉冲宽度小于 $0.1T$）和有限幅值的脉冲代替理想脉冲信号.

4. 线性定常系统时间响应的性质

系统时域响应通常由稳态分量和瞬态分量共同组成，前者反映系统的稳态特性，后者反映系统的动态特性.

注意到

$$\begin{cases} \delta(t) = \dfrac{\mathrm{d}}{\mathrm{d}t}[1(t)] \\ 1(t) = \dfrac{\mathrm{d}}{\mathrm{d}t}[t] \end{cases} \text{对一阶系统有：} \begin{cases} x_{o\delta}(t) = \dfrac{1}{T}\mathrm{e}^{-\frac{t}{T}} \\ x_{o1}(t) = 1 - \mathrm{e}^{-\frac{t}{T}} \\ x_{ot}(t) = t - T + T\mathrm{e}^{-\frac{t}{T}} \end{cases}, \text{且有} \begin{cases} x_{o\delta}(t) = \dfrac{\mathrm{d}}{\mathrm{d}t}x_{o1}(t) \\ x_{o1}(t) = \dfrac{\mathrm{d}}{\mathrm{d}t}x_{ot}(t) \end{cases},$$

即系统对输入信号导数的响应等于系统对该输入信号响应的导数. 同样可知，系统对输入信号积分的响应等于系统对该输入信号响应的积分，其积分常数由初始条件确定. 这种输入-输出间的积分微分性质对任何线性定常系统均成立.

3.3　二阶系统的时域分析

凡是可用二阶微分方程描写的系统称为二阶系统. 在工程实践中，二阶系统不乏其例，特别是，不少高阶系统在一定条件下可用二阶系统的特性来近似表征. 因此，研究典型二阶系统的分析和计算方法，具有较大的实际意义.

1. 二阶系统

系统的闭环传递函数为

$$G(s) = \frac{\omega_n^2}{s^2 + 2\xi\omega_n s + \omega_n^2} \qquad (3.5)$$

式(3.5)称为典型二阶系统的传递函数,其中 ξ 为典型二阶系统的阻尼比(或相对阻尼比),ω_n 为无阻尼振荡频率或称自然振荡角频率.二阶系统的特征方程式为

$$s^2 + 2\xi\omega_n s + \omega_n^2 = 0$$

它的两个特征根(极点)是

$$p_{1,2} = -\xi\omega_n \pm \omega_n \sqrt{\xi^2 - 1}$$

当 $0 < \xi < 1$ 时,称为欠阻尼状态,特征根为一对实部为负的共轭复数根;

当 $\xi = 1$ 时,称为临界阻尼状态,特征根为两个相等的负实根;

当 $\xi > 1$ 时,称为过阻尼状态,特征根为两个不相等的负实根;

当 $\xi = 0$ 时,称为无阻尼状态,特征根为一对纯虚根.

当 $\xi < 0$ 时,称为负阻尼二阶系统,极点实部大于零,响应发散,系统不稳定.

ξ 和 ω_n 是二阶系统的两个重要参数,系统响应特性完全由这两个参数来描述.

2. 二阶系统的单位阶跃响应

在单位阶跃函数作用下,二阶系统输出的拉氏变换为

$$X_i(s) = \frac{1}{s}, \quad X_o(s) = G(s)X_i(s) = \frac{\omega_n^2}{s(s^2 + 2\xi\omega_n s + \omega_n^2)}$$

由于特征根 $s_{1,2}$ 与系统阻尼比有关,当阻尼比 ξ 为不同值时,单位阶跃响应有不同的形式,下面分几种情况来分析二阶系统的暂态特性.

(1) 欠阻尼($0 < \xi < 1$)状态

由于 $0 < \xi < 1$,则系统的一对共轭复数根可写为

$$p_{1,2} = -\xi\omega_n \pm j\omega_n \sqrt{1 - \xi^2} = -\xi\omega_n \pm j\omega_d$$

当输入信号为单位阶跃函数时,系统输出量的拉氏变换为

$$X_o(s) = \frac{\omega_n^2}{s^2 + 2\xi\omega_n s + \omega_n^2} \times \frac{1}{s} = \frac{1}{s} - \frac{s + \xi\omega_n}{(s + \xi\omega_n)^2 + \omega_d^2} - \frac{\xi\omega_n}{(s + \xi\omega_n)^2 + \omega_d^2}$$

式中,$\omega_d = \omega_n \sqrt{1 - \xi^2}$.对上式进行拉氏反变换,则欠阻尼二阶系统的单位阶跃响应为

$$x_o(t) = 1 - \frac{e^{-\xi\omega_n t}}{\sqrt{1 - \xi^2}} \sin(\omega_d t + \theta) \quad (t \geq 0) \qquad (3.6)$$

式中,$\theta = \arctan \dfrac{\sqrt{1 - \xi^2}}{\xi} = \arccos\xi$.典型二阶系统的单位阶跃响应如图 3.7 所示.

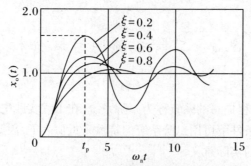

图 3.7 典型二阶系统的单位阶跃响应

欠阻尼二阶系统单位阶跃响应的特点如下:

① $x_o(\infty) = 1$，无稳态误差．

② 瞬态分量为振幅等于 $\mathrm{e}^{-\xi\omega_n t}/\sqrt{1-\xi^2}$ 的阻尼正弦振荡，其振幅衰减的快慢由 ξ 和 ω_n 决定．阻尼振荡频率 $\omega_d = \omega_n\sqrt{1-\xi^2}$．

③ 振荡幅值随 ξ 的减小而加大．

（2）临界阻尼（$\xi = 1$）状态

当 $\xi = 1$ 时，系统有两个相等的负实根

$$p_{1,2} = -\omega_n$$

在单位阶跃函数作用下，输出量的拉氏变换为

$$X_o(s) = \frac{\omega_n^2}{s(s^2 + 2\xi\omega_n s + \omega_n^2)} = \frac{1}{s} - \frac{\omega_n}{(s+\omega_n)^2} - \frac{1}{s+\omega_n}$$

其反拉氏变换为

$$x_o(t) = 1 - (1 + \omega_n t)\mathrm{e}^{-\omega_n t} \quad (t \geqslant 0) \tag{3.7}$$

临界阻尼二阶系统单位阶跃响应的特点如下：

① 单调上升，无振荡、无超调；

② $x_o(\infty) = 1$，无稳态误差，如图 3.8 所示．

（3）过阻尼（$\xi > 1$）状态

当 $\xi > 1$ 时，系统有两个不相等的负实根

$$p_{1,2} = -\xi\omega_n \pm \omega_n\sqrt{\xi^2 - 1}$$

当输入信号为单位阶跃函数时，输出量的拉氏变换为

$$X_o(s) = \frac{\omega_n^2}{(s-s_1)(s-s_2)} \times \frac{1}{s}$$

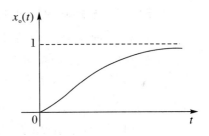

图 3.8　临界阻尼（$\xi = 1$）阶跃响应

其反变换为

$$x_o(t) = 1 - \frac{1}{2(1+\xi\sqrt{\xi^2-1}-\xi^2)}\mathrm{e}^{-(\xi-\sqrt{\xi^2-1})\omega_n t} - \frac{1}{2(1-\xi\sqrt{\xi^2-1}-\xi^2)}\mathrm{e}^{-(\xi+\sqrt{\xi^2-1})\omega_n t} \quad (t \geqslant 0)$$

$$\tag{3.8}$$

过阻尼二阶系统单位阶跃响应的特点如下：

① 单调上升，无振荡，过渡过程时间长；

② $x_o(\infty) = 1$，无稳态误差，如图 3.9 所示．

（4）无阻尼（$\xi = 0$）状态

当 $\xi = 0$ 时输出量的拉氏变换为

$$X_o(s) = \frac{\omega_n^2}{s(s^2 + \omega_n^2)}$$

其特征方程式的根为

$$p_{1,2} = \pm\mathrm{j}\omega_n$$

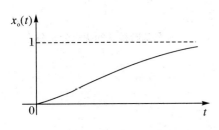

图 3.9　过阻尼（$\xi > 1$）阶跃响应

因此，二阶系统的输出响应为

$$x_o(t) = 1 - \cos\omega_n t \quad (t \geqslant 0) \tag{3.9}$$

无阻尼二阶系统单位阶跃响应的特点：无阻尼，频率为 ω_n 的等幅振荡，如图 3.10 所示.

（5）负阻尼（$\xi<0$）状态

二阶系统的极点具有正实部. 响应表达式的指数项变为正指数，随着时间 $t\to\infty$，其输出 $x_0(t)\to\infty$，系统不稳定. 其响应曲线有两种形式：振荡发散（图 3.11）和单调发散（图 3.12）.

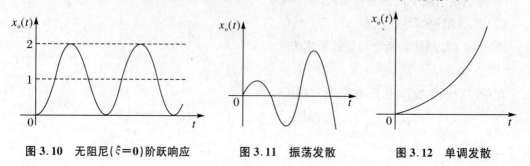

图 3.10　无阻尼（$\xi=0$）阶跃响应　　　图 3.11　振荡发散　　　图 3.12　单调发散

由上述内容可以看出，二阶系统的阻尼比 ξ 决定了其振荡特性：

① $\xi<0$ 时，阶跃响应发散，系统不稳定；

② $\xi\geqslant1$ 时，无振荡、无超调，过渡过程长；

③ $0<\xi<1$ 时，有振荡，ξ 愈小，振荡愈严重，但响应愈快；

④ $\xi=0$ 时，出现等幅振荡.

工程中除了一些不允许产生振荡的应用，如指示和记录仪表系统等，通常采用欠阻尼系统，且阻尼比通常选择在 0.4～0.8 之间，以保证系统的快速性同时又不至于产生过大的振荡.

ξ 一定时，ω_n 越大，瞬态响应分量衰减越迅速，即系统能够更快达到稳态值，响应的快速性越好.

3. 二阶系统的时域性能指标

以欠阻尼二阶系统为例，进行讲述. 该系统的极点是一对共轭复根，如图 3.13 所示.

$$s_{1,2}=-\xi\omega_n\pm j\omega_d$$

$$\omega_d=\omega_n\sqrt{1-\xi^2}$$

$$\theta=\arctan\frac{\sqrt{1-\xi^2}}{\xi}$$

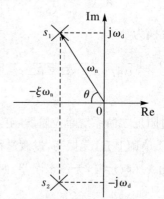

图 3.13　欠阻尼二阶系统的极点分布图

（1）上升时间 t_r

欠阻尼二阶系统的阶跃响应为

$$x_o(t)=1-\frac{e^{-\xi\omega_n t}}{\sqrt{1-\xi^2}}\sin(\omega_d t+\theta)\quad(t\geqslant0)$$

根据上升时间的定义有

$$x_o(t_r)=1-\frac{e^{-\xi\omega_n t_r}}{\sqrt{1-\xi^2}}\sin(\omega_d t_r+\theta)=1$$

即

$$\sin(\omega_d t_r+\theta)=0$$

其中，$\omega_d t_r + \theta = k\pi (k = 0, \pm 1, \pm 2, \cdots)$.

从而

$$t_r = \frac{\pi - \theta}{\omega_d} = \frac{\pi - \arctan \dfrac{\sqrt{1-\xi^2}}{\xi}}{\omega_n \sqrt{1-\xi^2}} = \frac{\pi - \arccos\xi}{\omega_n \sqrt{1-\xi^2}}$$

显然，ξ 一定时，ω_n 越大，t_r 越小；ω_n 一定时，ξ 越大，t_r 越大.

(2) 峰值时间 t_p

令 $\dfrac{\mathrm{d}x_o(t)}{\mathrm{d}t} = 0$，并将 $t = t_p$ 代入可得

$$\frac{\xi\omega_n}{\sqrt{1-\xi^2}} e^{-\xi\omega_n t_p} \sin(\omega_d t_p + \theta) - \frac{\omega_d}{\sqrt{1-\xi^2}} e^{-\xi\omega_n t_p} \cos(\omega_d t_p + \theta) = 0$$

即

$$\tan(\omega_d t_p + \theta) = \frac{\sqrt{1-\xi^2}}{\xi} = \tan\theta$$

其中，$\omega_d t_p + \theta = \theta + k\pi (k = 0, \pm 1, \pm 2, \cdots)$.

根据 t_p 的定义解上方程可得

$$t_p = \frac{\pi}{\omega_d} = \frac{\pi}{\omega_n \sqrt{1-\xi^2}} \tag{3.10}$$

可见，峰值时间等于阻尼振荡周期 $T_d = 2\pi/\omega_d$ 的一半. 且 ξ 一定，ω_n 越大，t_p 越小；ω_n 一定，ξ 越大，t_p 越大.

(3) 最大超调量 $\sigma_p\%$

$$\sigma_p\% = \frac{x_o(t_p) - x_o(\infty)}{x_o(\infty)} \times 100\% = e^{-\xi\pi/\sqrt{1-\xi^2}} \times 100\% \tag{3.11}$$

显然，$\sigma_p\%$ 仅与阻尼比 ξ 有关. 最大超调量直接说明了系统的阻尼特性. ξ 越大，$\sigma_p\%$ 越小，系统的平稳性越好，当 $\xi = 0.4 \sim 0.8$ 时，可以求得相应的 $\sigma_p\% = 25.4\% \sim 1.5\%$.

(4) 调整时间 t_s

根据调节时间的定义，t_s 应由下式求出

$$\Delta y = y(\infty) - y(t) = \left| \frac{e^{-\xi\omega_n t_s}}{\sqrt{1-\xi^2}} \sin(\omega_d t_s + \theta) \right| \leqslant \Delta$$

求解上式十分困难. 由于正弦函数存在，t_s 值与 ξ 间的函数关系是不连续的，为了简便起见，可采用近似的计算方法，忽略正弦函数的影响，认为指数函数衰减到 $\Delta = 0.05$ 或 $\Delta = 0.02$ 时，暂态过程即进行完毕. 这样得到

$$\frac{e^{-\xi\omega_n t_s}}{\sqrt{1-\xi^2}} - \Delta$$

即

$$t_s = -\frac{1}{\xi\omega_n} \ln(\Delta \sqrt{1-\xi^2}) \tag{3.12}$$

由此求得

$$t_s(5\%) = \frac{1}{\xi\omega_n}\left[3 - \frac{1}{2}\ln(1-\xi^2)\right] \approx \frac{3}{\xi\omega_n} \quad (0 < \xi < 0.9) \tag{3.13}$$

$$t_s(2\%) = \frac{1}{\xi\omega_n}\left[4 - \frac{1}{2}\ln(1-\xi^2)\right] \approx \frac{4}{\xi\omega_n} \quad (0 < \xi < 0.9) \tag{3.14}$$

通过以上分析可知，t_s 近似与 $\xi\omega_n$ 成反比．在设计系统时，ξ 通常由要求的最大超调量决定，所以调节时间 t_s 由无阻尼自然振荡频率 ω_n 所决定．也就是说，在不改变超调量的条件下，通过改变 ω_n 值来改变调节时间 t_s．

由以上内容可知：

(1) 二阶系统的动态性能由 ω_n 和 ξ 决定．

(2) 增加 ξ 可以降低振荡，减小超调量 $\sigma_p\%$ 和振荡次数 N，但系统快速性降低，t_r、t_p 增加．

(3) ξ 一定时，ω_n 越大，系统响应快速性越好，t_r、t_p、t_s 越小．

通常根据允许的最大超调量来确定 ξ．ξ 一般选择在 $0.4 \sim 0.8$ 之间，然后再调整 ω_n 以获得合适的瞬态响应时间，其中 $\xi = 0.707$ 为最佳阻尼比．

例 3.1　开环传递函数 $G(s) = \dfrac{K}{s(Ts+1)}$ 的单位反馈随动系统示于图 3.14．若 $K = 16$，$T = 0.25$ s．试求：① 典型二阶系统的特征参数 ξ 和 ω_n．② 暂态特性指标 $\sigma_p\%$ 和 t_s．③ 欲使 $\sigma_p\% = 16\%$，当 T 不变时，K 应取何值？

解　闭环系统的传递函数为

$$\varphi(s) = \frac{K}{Ts^2 + s + K} = \frac{K/T}{s^2 + \frac{1}{T}s + \frac{K}{T}}$$

令

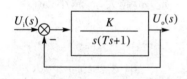

图 3.14　例 3.1 附图

$$\varphi(s) = \frac{\omega_n^2}{s^2 + 2\xi\omega_n s + \omega_n^2}$$

为一典型二阶系统，比较上述两式得

$$\omega_n = \sqrt{\frac{K}{T}}, \quad \xi = \frac{1}{2\sqrt{KT}}$$

已知 K、T 值，由上式可得

$$\omega_n = \sqrt{\frac{K}{T}} = \sqrt{\frac{16}{0.25}} = 8 \ (\text{rad/s})$$

$$\xi = \frac{1}{2\sqrt{KT}} = 0.25$$

由式(3.11)可得

$$\sigma_p\% = e^{-\frac{0.25\pi}{\sqrt{1-0.25^2}}} \times 100\% = 47\%$$

由式(3.13)和式(3.14)得

$$t_s \approx \frac{3}{\xi\omega_n} = \frac{3}{0.25 \times 8} = 1.5 \ (\text{s}) \quad (\Delta = 5\%)$$

$$t_s \approx \frac{4}{\xi\omega_n} = \frac{4}{0.25 \times 8} = 20 \ (\text{s}) \quad (\Delta = 2\%)$$

为使 $\sigma_p\% = 16\%$，由式(3.11)求得 $\xi = 0.5$，即应使 ξ 由 0.25 增大到 0.5，此时

$$K \approx \frac{1}{4T\xi} = \frac{1}{4 \times 0.25 \times 0.25} = 4$$

即 K 值应减小 4 倍．

例 3.2　为了改善图 3.14 所示系统的暂态响应指标,满足单位阶跃输入下系统的超调量 $\sigma_p\% \leqslant 5\%$ 的要求,另加入微分负反馈 τ_s,如图 3.15 所示.求微分时间常数 τ.

解　系统的开环传递函数为

$$G(s) = \frac{4}{s(s+1+4\tau)} = \frac{4}{1+4\tau} \times \frac{1}{s\left(\dfrac{1}{1+4\tau}s+1\right)}$$

由上式可看出,等效于控制对象的时间常数减小为 $\dfrac{1}{1+4\tau}$,开环放大系数由 4 降低为

$\dfrac{4}{1+4\tau}$.系统的闭环传递函数为

$$\varphi(s) = \frac{4}{s^2+(1+4\tau)s+4}$$

为使 $\sigma_p\% \leqslant 5\%$,令 $\xi = 0.707$.又由 $2\xi\omega_n = (1+4\tau)$,
$\omega_n^2 = 4$,可求得

$$\tau = \frac{2\xi\omega_n - 1}{4} = 0.457$$

并由此求得开环放大系数为

$$K = 4/(1+4\tau) = 1.414$$

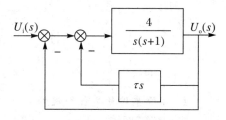

图 3.15　例 3.2 附图

可以看出,当系统加入局部微分负反馈时,相当于增加了系统的阻尼比,提高了系统的稳定性,但同时降低了系统的开环放大系数.

例 3.3　系统的结构图和单位阶跃响应曲线如图 3.16 所示,试确定 K_1、K_2 和 a 的值.

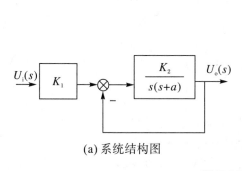

(a) 系统结构图

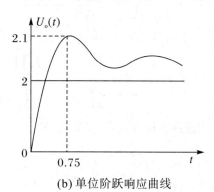

(b) 单位阶跃响应曲线

图 3.16　例 3.3 附图

解　根据系统的结构图可求其闭环传递函数为

$$\frac{U_o(s)}{U_i(s)} = \frac{K_1 K_2}{s^2+as+K_2}$$

当输入为单位阶跃信号,即 $U_i(s) = 1/s$ 时,输出 $U_o(s)$ 为

$$U_o(s) = \frac{K_1 K_2}{s(s^2+as+K_2)}$$

稳态输出为

$$U_o(\infty) = \lim_{s\to 0} s \times \frac{K_1 K_2}{s(s^2+as+K_2)} = 2$$

于是求得 $K_1 = 2$.由系统的单位阶跃响应曲线图可得

$$\sigma_{\mathrm{p}}\% = \mathrm{e}^{-\frac{\xi\pi}{\sqrt{1-\xi^2}}} = 0.09$$

$$t_{\mathrm{p}} = \frac{\pi}{\omega_{\mathrm{n}}\sqrt{1-\xi^2}} = 0.75$$

解得 $\xi = 0.6, \omega_{\mathrm{n}} = 5.6\ \mathrm{rad/s}$. 表示成二阶系统标准表示式

$$\frac{U_{\mathrm{o}}(s)}{U_{\mathrm{i}}(s)} = \frac{K_1 K_2}{s^2 + as + K_2} = \frac{K_1 \omega_{\mathrm{n}}^2}{s^2 + 2\xi\omega_{\mathrm{n}}s + \omega_{\mathrm{n}}^2}$$

由上式可得

$$K_2 = \omega_{\mathrm{n}} = 5.6^2 = 31.36, \quad a = 2\xi\omega_{\mathrm{n}} = 6.72$$

3.4 高阶系统的时域分析

1. 高阶系统的单位阶跃响应

考虑以下系统

$$G(s) = \frac{X_{\mathrm{o}}(s)}{X_{\mathrm{i}}(s)} = \frac{b_0 s^m + b_1 s^{m-1} + \cdots + b_{m-1}s + b_m}{a_0 s^n + a_1 s^{n-1} + \cdots + a_{n-1}s + a_n} \quad (n \geqslant m)$$

$$= \frac{K \prod_{i=1}^{m}(s + z_i)}{\prod_{j=1}^{n}(s + p_j)} \quad \left(K = \frac{b_0}{a_0}\right)$$

$$= \frac{K \prod_{i=1}^{m}(s + z_i)}{\prod_{j=1}^{q}(s + p_j)\prod_{k=1}^{r}(s^2 + 2\xi_k\omega_k s + \omega_k^2)} \quad (q + 2r = n)$$

假设系统极点互不相同, 当 $X_{\mathrm{i}}(s) = 1/s$ 时, 有

$$X_{\mathrm{o}}(s) = \frac{K \prod_{i=1}^{m}(s + z_i)}{s \prod_{j=1}^{q}(s + p_j)\prod_{k=1}^{r}(s^2 + 2\xi_k\omega_k s + \omega_k^2)}$$

$$= \frac{a}{s} + \sum_{j=1}^{q}\frac{a_j}{s + p_j} + \sum_{k=1}^{r}\frac{b_k(s + \xi_k\omega_k) + c_k\omega_k\sqrt{1 - \xi_k^2}}{(s + \xi_k\omega_k)^2 + (\omega_k\sqrt{1 - \xi_k^2})^2}$$

其中, a、a_j 为 $X_{\mathrm{o}}(s)$ 在极点 $s = 0$ 和 $s = -p_j$ 处的留数; b_k、c_k 是与 $X_{\mathrm{o}}(s)$ 在极点处的留数有关的常数.

$$x_{\mathrm{o}}(t) = a + \sum_{j=1}^{q}a_j\mathrm{e}^{-p_j t} + \sum_{k=1}^{r}b_k\mathrm{e}^{-\xi_k\omega_k t}\cos\omega_k\sqrt{1 - \xi_k^2}t + \sum_{k=1}^{r}c_k\mathrm{e}^{-\xi_k\omega_k t}\sin\omega_k\sqrt{1 - \xi_k^2}t$$

$$= a + \sum_{j=1}^{q}a_j\mathrm{e}^{-p_j t} + \sum_{k=1}^{r}\sqrt{b_k^2 + c_k^2}\,\mathrm{e}^{-\xi_k\omega_k t}\sin(\omega_k\sqrt{1 - \xi_k^2}t + \theta) \quad (t \geqslant 0)$$

其中, $\theta = \arctan(b_k/c_k)$.

2. 高阶系统的单位阶跃响应的特点

高阶系统的单位阶跃响应特点如下:

① 高阶系统的单位阶跃响应由一阶和二阶系统的响应函数叠加而成.

② 如果所有闭环极点都在 s 平面的左半平面内,即所有闭环极点都具有负实部(p_j、$\xi_k\omega_k$ 大于 0),则随着时间 $t\rightarrow\infty$,$x_o(\infty)=a$,即系统是稳定的.

3. 系统零点、极点分布对时域响应的影响

极点距虚轴的距离决定了其所对应的暂态分量衰减的快慢,距离越远衰减越快.如图 3.17 所示.

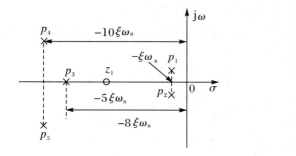 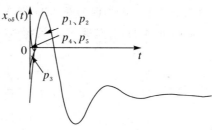

图 3.17 系统零点、极点分布图

系统零点影响各极点处的留数的大小(即各个瞬态分量的相对强度),如果在某一极点附近存在零点,则其对应的瞬态分量的强度将变小,所以一对靠得很近的零点和极点其瞬态响应分量可以忽略.这对零点、极点称为偶极子.

通常如果闭环零点和极点的距离比其模值小一个数量级,则该极点和零点构成一对偶极子,可以对消.

主导极点(距虚轴最近、实部的绝对值为其他极点实部绝对值的 1/5 或更小,且其附近没有零点的闭环极点)对高阶系统的瞬态响应起主导作用.

综上所述,对于高阶系统,如果能够找到主导极点(通常选为一对共轭复数极点,即二阶系统),就可以忽略其他远离虚轴的极点和偶极子的影响,近似为二阶系统进行处理.

习　题

1. 某控制系统如图 3.18 所示,已知 $K=125$,试求:

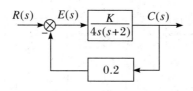

图 3.18 习题 1 附图

(1) 系统的阶次、类型.

(2) 系统的开环传递函数、开环放大倍数.

(3) 系统的闭环传递函数、闭环零点和极点.

(4) 自然振荡频率 ω_n、阻尼比 ξ 和阻尼振荡频率 ω_d.

(5) 系统的调整时间 t_s($\Delta=5\%$)、最大超调量 $\sigma_p\%$.

(6) 输入信号 $r(t)=5$ 时,系统的终值和最大值.

(7) 系统的单位脉冲响应和单位斜坡响应.

(8) 系统对输入为 $r(t) = 1 + t + t^2$ 的稳态误差.

2. 已知开环系统的传递函数如下($K > 0$),试用劳斯判据判别其闭环稳定性,并说明系统在 s 右半排名的根数和虚根数.

(1) $G(s)H(s) = \dfrac{K(s+1)}{s(s+3)(s+5)}$;

(2) $G(s)H(s) = \dfrac{0.2(s+2)}{s(s+0.5)(s+0.8)(s+0.6)}$.

3. 已知某系统的框图如图 3.19 所示,要求系统的性能指标为 $\sigma_p\% = 20\%$,$t_p = 1\,\text{s}$,试确定系统的 K 值和 A 值,并计算 t_r 和 t_s 的值.

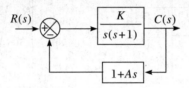

图 3.19   习题 2 附图

4. 某系统的开环传递函数为 $G(s) = \dfrac{\omega_n^2}{s^2 + 2\xi\omega_n s}$,为使单位反馈的闭环系统对单位阶跃输入的瞬态响应具有 $\sigma_p\% = 5\%$ 的超调量和 $t_s = 2\text{s}$ 的调整时间,试确定系统的 ξ 和 ω_n 的值.

5. 某一带速度反馈的位置伺服系统,其框图如图 3.20 所示.为了使系统的最大超调量 $\sigma_p\% = 0.85$,试确定增益 K_r 和 K_h 的值,并求取在此 K_r 和 K_h 数值下,系统的上升时间 t_r 和调整时间 t_s(峰值时间 $t_p = 0.1\,\text{s}$ 时).

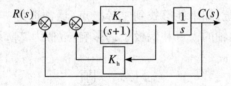

图 3.20   习题 5 附图

6. 已知系统的结构如图 3.21 所示.

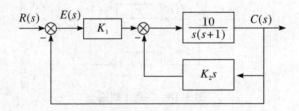

图 3.21   习题 6 附图

(1) 要求系统动态性能指标 $\sigma_p\% = 16.3\%$,$t_s = 1\,\text{s}$,试确定参数 K_1 和 K_2 的值.

(2) 计算系统在 $r(t) = t$ 作用下的稳态误差.

第 4 章　控制系统的频率分析

由于求解高阶系统时域响应十分困难,时域分析法主要适用于低阶系统的性能分析,在高阶系统的性能分析中,应用时域分析法较为困难.频域分析法主要适用于线性定常系统,是分析和设计控制系统的一种实用的工程方法,应用十分广泛.它克服了求解高阶系统时域响应十分困难的缺点,可以根据系统的开环频率特性去判断闭环系统的稳定性,分析系统参数对系统性能的影响,在控制系统的校正设计中应用尤为广泛.

频率响应分析是经典控制理论中研究和分析系统特性的主要方法.可以将传递函数从时域引到具有明确物理概念的频域来分析.与其他方法相比较,频率响应法还具有如下特点:

① 频率特性具有明确的物理意义,它可以用实验的方法来确定,这对于难以列写微分方程式的元部件或系统来说,具有重要的实际意义.

② 由于频率响应法主要通过开环频率特性的图形对系统进行分析,因而具有形象直观和计算量少的特点.

③ 频率响应法不仅适用于线性定常系统,而且还适用于传递函数不是有理数的纯滞后系统和部分非线性系统的分析.

本章介绍频率特性、典型环节和系统的开环频率特性、乃奎斯特稳定判据和系统的相对稳定性、由系统开环频率特性求闭环频率特性的方法、系统性能的频域分析方法以及频率特性的实验确定方法.

4.1　频 率 特 性

1. 频率特性的基本概念

(1) 频率响应

频率响应是指线性定常系统对正弦(谐波)输入的稳态响应.

对线性定常系统,输入一正弦信号 $x_i(t) = X_i \sin \omega t$,根据微分方程解的理论,系统稳态输出也为正弦信号,频率相同,幅值变小,相位滞后.稳态响应则为

$$X_o(t) = X_o(\omega)\sin[\omega t + \varphi(\omega)] \tag{4.1}$$

如图 4.1 所示.式(4.1)中的 $x_o(t)$ 即为系统的频率响应.

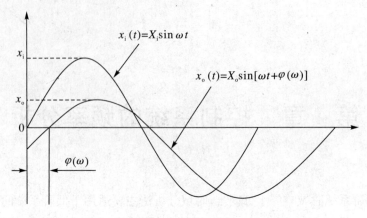

图 4.1　输入输出响应

若系统的传递函数为

$$G(s) = \frac{k}{Ts + 1}$$

设输入信号 $x_i(t) = X_i \sin \omega t$，则经拉氏变换为

$$X_i(s) = \frac{X_i \omega}{s^2 + \omega^2}$$

因而有系统输出：

$$X_o(s) = G(s) X_i(s) = \frac{k}{Ts + 1} \cdot \frac{X_i \omega}{s^2 + \omega^2}$$

再经拉普拉斯反变换得到时间域的输出响应为

$$X_o(t) = \frac{X_i k T \omega}{1 + T^2 \omega^2} e^{-t/T} + \frac{X_i k}{\sqrt{1 + T^2 \omega^2}} \sin(\omega t - \arctan T\omega)$$

右边第一项是瞬态分量，第二项是稳态分量．$G(s)$ 的极点或特征根 s_i 为 $-1/T$，所以系统是稳定的，随着时间的推移，$t \to \infty$ 时，瞬态分量迅速衰减至零，瞬态响应迅速变为 0，所以系统的输出 $x_o(t)$ 即为稳态响应，稳态响应输出为

$$X_o(t) = \frac{X_i k}{\sqrt{1 + T^2 \omega^2}} \sin(\omega t - \arctan T\omega) \tag{4.2}$$

幅值 $X_o(\omega) = \dfrac{X_i k}{\sqrt{1 + T^2 \omega^2}}$，相位 $\varphi(\omega) = -\arctan T\omega$．与输入信号频率相同的正弦信号，$\omega$ 变化时，$X_o(\omega)$ 与 $\varphi(\omega)$ 也随之变化．

（2）幅频特性和相频特性

幅频特性：输出信号与输入信号幅值之比，反映幅值的衰减与增大特性，记作 $A(\omega)$．

$$A(\omega) = \frac{X_o(\omega)}{X_i}$$

相频特性：输出信号与输入信号相位之差，反映相位的超前与滞后特性，记作 $\varphi(\omega)$．

$$\varphi(\omega) = -\arctan T\omega$$

所以

$$\varphi(\omega) \begin{cases} \geqslant 0 & （超前） \\ < 0 & （滞后） \end{cases}$$

规定 $\varphi(\omega)$ 按逆时针方向旋转为正值,按顺时针方向旋转为负值.对于物理系统,相位一般是滞后的,即 $\varphi(\omega)$ 一般为负值.

频率特性:幅频特性和相频特性总称,记作:$A(\omega) \cdot \angle \varphi(\omega)$ 或 $A(\omega) \cdot e^{j\varphi(\omega)}$(频率特性是 ω 的复变函数,幅值为 $A(\omega)$,相位为 $\varphi(\omega)$).

2. 频率特性与传递函数的关系

设线性定常系统微分方程:

$$a_n x_o^{(n)}(t) + a_{n-1} x_o^{(n-1)}(t) + \cdots + a_1 x_o'(t) + a_0 x_o(t) \tag{4.3}$$
$$= b_m x_i^{(m)}(t) + b_{m-1} x_i^{m-1}(t) + \cdots + b_1 x_i'(t) + b_0 x_i(t)$$

则系统传递函数为

$$G(s) = \frac{X_o(s)}{X_i(s)} = \frac{b_m s^m + b_{m-1} s^{m-1} + \cdots + b_1 s + b_0}{a_n s^n + a_{n-1} s^{n-1} + \cdots + a_1 s + a_0} \tag{4.4}$$

当输入为 $x_i(t) = X_i \sin \omega t$ 谐波信号时,其拉氏变换为

$$X_i(s) = \frac{X_i \omega}{s^2 + \omega^2} \tag{4.5}$$

由式(4.4)和式(4.5)得到

$$X_o(s) = X_i(s) G(s) = \frac{b_m s^m + b_{m-1} s^{m-1} + \cdots + b_1 s + b_0}{a_n s^n + a_{n-1} s^{n-1} + \cdots + a_1 s + a_0} \cdot \frac{X_i \omega}{s^2 + \omega^2} \tag{4.6}$$

若系统无重极点,则式(4.6)可写成

$$X_o(s) = \sum_{i=1}^{n} \frac{A_i}{s - s_i} + \left(\frac{B}{s - j\omega} + \frac{B^*}{s + j\omega} \right) \tag{4.7}$$

式中,s_i 为系统特征方程的根;A_i、B、B^*(B^* 为 B 的共轭复数)为待定系数.对式(4.7)进行拉普拉斯逆变换可得系统的输出为

$$x_o(t) = \sum_{i=1}^{n} A_i e^{s_i t} + (B e^{j\omega t} + B^* e^{-j\omega t}) \tag{4.8}$$

对稳定系统而言,系统的特征根均具有负的实部,则式(4.8)中的瞬态分量,当 $t \to \infty$ 时,将衰变为 0,系统的输出 $x_o(t)$ 即为稳态响应,故系统的稳态响应为

$$x_o(t) = B e^{j\omega t} + B^* e^{-j\omega t} \tag{4.9}$$

若系统含有 k 个重极点 s_i,则 $x_o(t)$ 将含有 $t^k e^{s_i t}$ 这样一项.对于稳定的系统,由于特征根均具有负的实部,t^k 的增长没有 $e^{s_i t}$ 衰减的快,所以 $t^k e^{s_i t}$ 的各项随 $t \to \infty$ 也都趋于零.因此,对于稳定的系统,不管是否有重极点,其稳态响应都如式(4.9)所示.式(4.9)中的待定系数 B 及 B^* 可由式(4.7)来确定,即

$$B = G(s) \frac{X_i \omega}{(s - j\omega)(s + j\omega)} (s - j\omega) \bigg|_{s=j\omega} = G(s) \frac{X_i \omega}{(s + j\omega)} \bigg|_{s=j\omega}$$
$$= G(j\omega) \cdot \frac{X_i}{2j} = |G(j\omega)| e^{j\angle G(j\omega)} \cdot \frac{X_i}{2j}$$

同理可得

$$B^* = G(-j\omega) \cdot \frac{X_i}{-2j} = |G(j\omega)| e^{-j\angle G(j\omega)} \cdot \frac{X_i}{-2j}$$

将 B、B^* 带入式(4.9)中,则得到系统的稳态响应为

$$x_{o,s}(t) = \lim_{t \to \infty} x_o(t) = |G(j\omega)| \frac{e^{j[\omega t + \angle G(j\omega)]} - e^{-j[\omega t + \angle G(j\omega)]}}{2j} \tag{4.10}$$
$$= |G(j\omega)| X_i \sin[\omega t + \angle G(j\omega)]$$

根据频率特性的定义可知,系统的幅频特性和相频特性分别为

$$
\begin{cases}
A(\omega) = \dfrac{X_{\mathrm{o}}(\omega)}{X_{\mathrm{i}}} = |G(\mathrm{j}\omega)| \\[2mm]
\varphi(\omega) = \angle G(\mathrm{j}\omega)
\end{cases}
\tag{4.11}
$$

所以 $G(\mathrm{j}\omega) = |G(\mathrm{j}\omega)| \mathrm{e}^{\mathrm{j}\angle G(\mathrm{j}\omega)}$ 就是系统的频率特性,它是将 $G(s)$ 中的 s 用 $\mathrm{j}\omega$ 取代后的结果,是 ω 的复变函数.显然,频率特性的量纲就是传递函数的量纲,也是输出信号与输入信号的量纲之比,这是一个十分重要的结论.

由于 $G(\mathrm{j}\omega)$ 是一个复变函数,故可以写成实部和虚部之和,即

$$
G(\mathrm{j}\omega) = \mathrm{Re}[G(\mathrm{j}\omega)] + \mathrm{Im}[G(\mathrm{j}\omega)] = u(\omega) + \mathrm{j}v(\omega)
\tag{4.12}
$$

式中,$u(\omega)$ 为频率特性的实部,称为实频特性;$v(\omega)$ 为频率特性的虚部,称为虚频特性.

3. 频率特性的求取方法

从前面的分析中可以总结出频率特性的三种求法.

(1) 根据频率响应求取

因为

$$
X_{\mathrm{i}}(s) = L[X_{\mathrm{i}}\sin\omega t] = \frac{X_{\mathrm{i}}\omega}{s^2 + \omega^2}
$$

所以

$$
x_{\mathrm{o}}(t) = L^{-1}\left[G(s)\frac{X_{\mathrm{i}}\omega}{s^2 + \omega^2}\right]
$$

从 $x_{\mathrm{o}}(t)$ 的稳态项中可得到频率响应的幅值和相位.然后,按幅频特性和相频特性的定义,就可分别求出幅频特性和相频特性.

(2) 根据传递函数求取

直接将传递函数 $G(s)$ 中的 s 换成 $\mathrm{j}\omega$ 进行求取,就可以得到系统的频率特性 $G(\mathrm{j}\omega)$.因此 $G(\mathrm{j}\omega)$ 也称为谐波传递函数.

(3) 用实验法求取

实验法是对实际系统求取频率特性的一种常见而又重要的方法.因为如果不知道系统的微分方程或者传递函数等数学模型,频率特性就无法用以上两种方法求取.在此情况下,只有通过实验法求取频率特性后才能求出传递函数.这正是频率特性的一个极为重要的作用.

根据频率特性的定义,首先改变输入谐波信号 $X_{\mathrm{i}}\mathrm{e}^{\mathrm{j}\omega t}$ 的频率 ω,并测出与此相应的输出幅值 $X_{\mathrm{o}}(\omega)$ 与相位 $\varphi(\omega)$,然后作出幅值比 $X_{\mathrm{o}}(\omega)/X_{\mathrm{i}}$ 对频率 ω 的函数曲线,此即为相频特性曲线.

由此可见,一个控制系统可以用传递函数或微分方程来描述,也可用频率特性来描述.它们之间的关系如图4.2所示.将微分方程中的微分

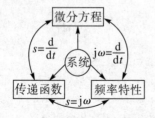

图 4.2　系统数学模型的三种形式及相互转换

算子 $\dfrac{\mathrm{d}}{\mathrm{d}t}$ 换成 s 后，由此方程就可获得传递函数；而将传递函数中的 s 再换成 $\mathrm{j}\omega$，传递函数就变成了频率特性；反之亦然.

<h1 style="text-align:center">4.2　极 坐 标 图</h1>

复变函数 $G(\mathrm{j}\omega)$ 在复平面上用矢量表示，矢量的长度 $|G(\mathrm{j}\omega)|$，与正实轴的夹角为 $\varphi(\omega)$，逆时针方向为正，在实轴和虚轴上的投影分别为 $u(\omega)$ 和 $v(\omega)$. 频率特性的极坐标图又称 Nyquist(奈奎斯特)图，也称为幅相频特性图. $G(\mathrm{j}\omega)$ 可用幅值 $|G(\mathrm{j}\omega)|$ 和相角 $\varphi(\omega)$ 的向量表示. 当输入信号的频率 ω 由 $0 \to \infty$ 变化时，向量 $G(\mathrm{j}\omega)$ 的幅值和相位也随之作相应的变化，其端点在复平面上移动的轨迹称为极坐标图，如图 4.3 所示.

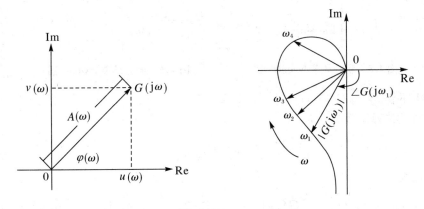

图 4.3　频率特性的矢量图及其极坐标表示方法

极坐标图的优点：同时表示了幅频特性、相频特性、实频特性和虚频特性. 缺点：ω 为隐坐标.

1. 典型环节的 Nyquist 图

（1）比例环节

比例环节的传递函数为

$$G(s) = K$$

故其频率特性为

$$G(\mathrm{j}\omega) = K, \quad |G(\mathrm{j}\omega)| = K, \quad \angle G(\mathrm{j}\omega) = 0°$$

所以 Nyquist 图为实轴上的一个定点 $(K, \mathrm{j}0)$，如图 4.4 所示.

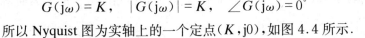

图 4.4　比例环节 Nyquist 图

（2）积分环节

积分环节的传递函数为

$$G(s) = \frac{1}{s}$$

故其频率特性为

$$G(\mathrm{j}\omega) = \frac{1}{\mathrm{j}\omega}, \quad |G(\mathrm{j}\omega)| = \frac{1}{\omega}, \quad \angle G(\mathrm{j}\omega) = -90°$$

　　可见,积分环节的极坐标图为负虚轴.频率 ω 从 $0\to\infty$ 变化时,特性曲线由虚轴的负无穷大趋向原点,如图 4.5 所示.可以看出,积分环节具有恒定的相位滞后.

　　(3) 微分环节

　　微分环节的传递函数为

$$G(s) = s$$

故其频率特性为

$$G(\mathrm{j}\omega) = \mathrm{j}\omega, \quad |G(\mathrm{j}\omega)| = \frac{1}{\omega}, \quad \angle G(\mathrm{j}\omega) = 90°$$

可见,微分环节的极坐标图为正虚轴.频率 ω 从 $0\to\infty$ 变化时,特性曲线由虚轴的原点趋向正无穷大,如图 4.6 所示.可以看出,微分环节具有恒定的相位超前.

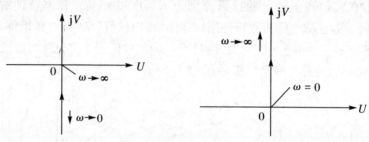

图 4.5　积分环节 Nyquist 图　　　　图 4.6　微分环节 Nyquist 图

　　(4) 惯性环节

　　惯性环节的传递函数为

$$G(s) = \frac{1}{Ts + 1}$$

故其频率特性为

$$G(\mathrm{j}\omega) = \frac{1}{\mathrm{j}T\omega + 1}, \quad |G(\mathrm{j}\omega)| = \frac{1}{\sqrt{(T\omega)^2 + 1}}, \quad \angle G(\mathrm{j}\omega) = -\arctan T\omega$$

　　因此有:

　　① 当 $\omega = 0$ 时,$|G(\mathrm{j}\omega)| = 1$,$\angle G(\mathrm{j}\omega) = 0°$;

　　② 当 $\omega = 1/T$ 时,$|G(\mathrm{j}\omega)| = 1/\sqrt{2}$,$\angle G(\mathrm{j}\omega) = -45°$;

　　③ 当 $\omega = \infty$ 时,$|G(\mathrm{j}\omega)| = 0$,$\angle G(\mathrm{j}\omega) = -90°$.

　　可以证明,当 ω 从 $0\to\infty$ 变化时,惯性环节频率特性的极坐标图是正实轴下的一个半圆,圆心在 $(0.5, \mathrm{j}0)$,半径为 0.5,如图 4.7 所示.从图中可以看出,惯性环节频率特性的幅值随着频率 ω 的增大而减小,因而具有低通滤波的作用.它存在相位滞后,且滞后相位角随频率的增大而增大,最大相位滞后为 90°.

　　(5) 一阶微分环节

　　一阶微分环节的传递函数为

$$G(s) = Ts + 1$$

故其频率特性为

$$G(\mathrm{j}\omega) = \mathrm{j}T\omega + 1, \quad |G(\mathrm{j}\omega)| = \sqrt{(T\omega)^2 + 1}, \quad \angle G(\mathrm{j}\omega) = \arctan T\omega$$

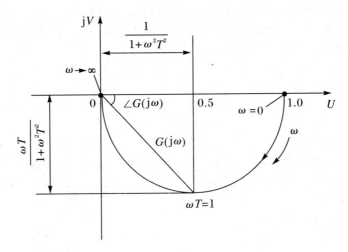

图 4.7　惯性环节的 Nyquist 图

因此有：

① 当 $\omega = 0$ 时，$|G(j\omega)| = 1$，$\angle G(j\omega) = 0°$；

② 当 $\omega = 1/T$ 时，$|G(j\omega)| = \sqrt{2}$，$\angle G(j\omega) = 45°$；

③ 当 $\omega = \infty$ 时，$|G(j\omega)| = \infty$，$\angle G(j\omega) = 90°$.

可见，当 ω 从 $0 \rightarrow \infty$ 变化时，惯性环节的幅值由 $1 \rightarrow \infty$ 变化，其相位由 $0° \rightarrow 90°$ 变化. 一阶微分环节频率特性的极坐标图是经过点 $(1, j0)$，且平行于虚轴的一条垂线，如图 4.8 所示，它与惯性环节的极坐标图截然不同.

（6）二阶振荡环节

二阶振荡环节的传递函数为

$$G(s) = \frac{\omega_n^2}{s^2 + 2\xi\omega_n s + \omega_n^2} \quad (0 < \xi < 1)$$

故其频率特性为

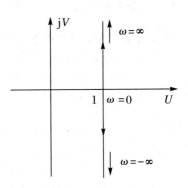

图 4.8　一阶微分环节的 Nyquist 图

$$G(j\omega) = \frac{\omega_n^2}{-\omega^2 + \omega_n^2 + j2\xi\omega_n\omega} = \frac{1}{1 - \left(\dfrac{\omega}{\omega_n}\right)^2 + j2\xi\dfrac{\omega}{\omega_n}}$$

令 $\omega/\omega_n = \lambda$，所以有

$$G(j\omega) = \frac{1}{1 - \lambda^2 + j2\xi\lambda} = \frac{1 - \lambda^2}{(1 - \lambda^2)^2 + 4\xi^2\lambda^2} - j\frac{2\xi\lambda}{(1 - \lambda^2)^2 + 4\xi^2\lambda^2}$$

所以幅频特性和相频特性分别为

$$|G(j\omega)| = \frac{1}{\sqrt{(1 - \lambda^2)^2 + 4\xi^2\lambda^2}}, \quad \angle G(j\omega) = -\arctan\frac{2\xi\lambda}{1 - \lambda^2}$$

由此有：

① 当 $\lambda = 0$，即 $\omega = 0$ 时，$|G(j\omega)| = 1$，$\angle G(j\omega) = 0°$；

② 当 $\lambda = 1$，即 $\omega = \omega_n$ 时，$|G(j\omega)| = \dfrac{1}{2\xi}$，$\angle G(j\omega) = -90°$；

③ 当 $\lambda = \infty$，即 $\omega = \infty$ 时，$|G(j\omega)| = 0$，$\angle G(j\omega) = -180°$.

可见，当 ω 从 $0 \rightarrow \infty$（$\lambda = \infty$ 由 $0 \rightarrow \infty$）变化时，$|G(j\omega)|$ 由 $1 \rightarrow 0$ 变化，$\angle G(j\omega)$ 由 $0° \rightarrow$

$-180°$变化.振荡环节频率特性的极坐标图始于点$(1,j0)$,而终于点$(0,j0)$,曲线与虚轴交点的频率就是无阻尼固有频率ω_n,此时的幅值为$1/2\xi$,曲线在第三、四象限.ξ取值不同,$G(j\omega)$的极坐标图的形状也不同,如图 4.9 所示.

（7）延时环节

延时环节的传递函数为

$$G(s)=e^{-\tau s}$$

故其频率特性为

$$G(j\omega)=e^{-j\tau\omega},\quad |G(j\omega)|=1,\quad \angle G(j\omega)=-\tau\omega$$

可见,延迟环节的极坐标图是一个圆心在原点,半径为 1 的圆.其幅值恒为 1,而相位$\angle G$$(j\omega)$则随$\omega$顺时针方向的变化成正比变化,即端点在单位圆上无限循环,如图 4.10 所示.

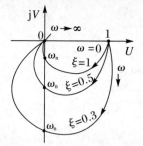

图 4.9　二阶振荡环节的 Nyquist 图　　　　图 4.10　延时环节的 Nyquist 图

2. Nyquist 图的一般绘制方法

（1）绘制 Nyquist 图的步骤

绘制 Nyquist 图的一般步骤如下：

① 写出频率特性$G(j\omega)$的幅频特性$|G(j\omega)|$和相频特性$\angle G(j\omega)$表达式；

② 分别求出$\omega=0$和$\omega\to+\infty$时的频率特性$G(j\omega)$；

③ 求 Nyquist 图与实轴的交点,可以利用$\mathrm{Im}[G(j\omega)]=0$的关系式求出,也可以利用关系式$\angle G(j\omega)=n\cdot180°$（其中$n$为整数）求出；

④ 求 Nyquist 图与虚轴的交点,可以利用$\mathrm{Re}[G(j\omega)]=0$的关系式求出,也可以利用关系式$\angle G(j\omega)=n\cdot90°$（其中$n$为奇数）求出；

⑤ 必要时画出 Nyquist 图的中间几点；

⑥ 根据$G(j\omega)$的变化趋势,画出 Nyquist 图的大致曲线.

下面举例说明绘制 Nyquist 图的一般方法和 Nyquist 图的一般形状.

例 4.1　已知系统传递函数为$G(s)=\dfrac{K}{s^2(T_1 s+1)(T_2 s+1)}$,试绘制其 Nyquist 图.

解　该系统由比例环节、两个积分环节和两个惯性环节组成,其频率特性为

$$G(j\omega)=\frac{K}{(j\omega)^2(jT_1\omega+1)(jT_2\omega+1)}$$

$$=\frac{K(1-T_1 T_2\omega^2)}{-\omega^2(T_1^2\omega^2+1)(T_2^2\omega^2+1)}-j\frac{K(T_1+T_2)}{\omega(T_1^2\omega^2+1)(T_2^2\omega^2+1)}$$

所以

$$|G(j\omega)|=\frac{K}{\omega^2\sqrt{(T_1\omega)^2+1}\sqrt{(T_2\omega)^2+1}},$$

$$\angle G(j\omega)=-180°-\arctan T_1\omega-\arctan T_2\omega$$

① 当$\omega=0$时,$|G(j\omega)|=\infty$,$\angle G(j\omega)=-180°$；

② 当$\omega=\infty$时,$|G(j\omega)|=0$,$\angle G(j\omega)=-360°$.

又令 $\mathrm{Re}[G(\mathrm{j}\omega)]=0$，得 $\omega=1/\sqrt{T_1 T_2}$，$\mathrm{Im}[G(\mathrm{j}\omega)]$

$=\dfrac{K(T_1 T_2)^{\frac{3}{2}}}{T_1+T_2}$，此即 Nyquist 曲线与正虚轴的交点．因此，

根据以上这些特征点，大致绘出其 Nyquist 曲线如图 4.11
所示．

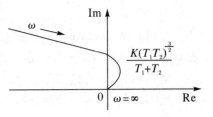

图 4.11　例 4.1 的 Nyquist 图

例 4.2　已知系统传递函数为

$$G(s)=\frac{K(T_1 s+1)}{s(T_2 s+1)} \quad (T_1>T_2)$$

试绘制其 Nyquist 图．

解　该系统由比例环节、积分环节、一阶微分环节与惯性环节组成，其频率特性为

$$G(\mathrm{j}\omega)=\frac{K(\mathrm{j}T_1\omega+1)}{\mathrm{j}\omega(\mathrm{j}T_2\omega+1)}=\frac{K(T_1-T_2)}{(T_2^2\omega^2+1)}-\mathrm{j}\frac{K(1+T_1 T_2\omega^2)}{\omega(T_2^2\omega^2+1)}$$

故

$$|G(\mathrm{j}\omega)|=\frac{K\sqrt{(T_1\omega)^2+1}}{\omega\sqrt{(T_2\omega)^2+1}}$$

$$\angle G(\mathrm{j}\omega)=\arctan T_1\omega-90°-\arctan T_2\omega$$

① 当 $\omega=0$ 时，$|G(\mathrm{j}\omega)|=\infty$，$\angle G(\mathrm{j}\omega)=-90°$；

② 当 $\omega=\infty$ 时，$|G(\mathrm{j}\omega)|=0$，$\angle G(\mathrm{j}\omega)=-90°$；

③ 当 $\omega\to 0$ 时，$\mathrm{Re}[G(\mathrm{j}\omega)]\to K(T_1-T_2)>0$，$\mathrm{Im}[G(\mathrm{j}\omega)]\to\infty$．

因此，根据以上这些特征点，大致绘出其 Nyquist 曲线如图 4.12 所示．若传递函数含有一阶微分环节，Nyquist 曲线发生弯曲，即相位可能非单调变化．

（2）Nyquist 图的一般形状

由以上两例可知，系统的频率特性可以表示为

$$G(\mathrm{j}\omega)=\frac{K(1+\mathrm{j}\tau_1\omega)(1+\mathrm{j}\tau_2\omega)\cdots(1+\mathrm{j}\tau_m\omega)}{(\mathrm{j}\omega)^v(1+\mathrm{j}T_1\omega)(1+\mathrm{j}T_2\omega)\cdots(1+\mathrm{j}T_{n-v}\omega)} \quad (n>m)$$

其中，v 为积分环节个数，$v=0$，表积分环节，称为 O 型系统；$v=1$ 称为 I 型系统；$v=2$ 称为 II 型系统．

对于 0 型系统，Nyquist 图的一般形状有如下特点：

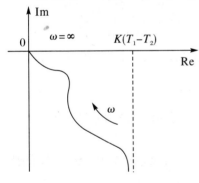

图 4.12　例 4.2 的 Nyquist 图

① 当 $\omega=0$ 时，$|G(\mathrm{j}\omega)|=K$，$\angle G(\mathrm{j}\omega)=0°$；

② 当 $\omega\to\infty$ 时，$|G(\mathrm{j}\omega)|=0$，$\angle G(\mathrm{j}\omega)=-(n-m)\times 90°$．

0 型系统 Nyquist 曲线起始于正实轴上的 K 点，终止于原点，由第几象限趋于原点取决于 $\angle G(\mathrm{j}\omega)=-(n-m)\times 90°$．

对于 I 型系统，Nyquist 图的一般形状有如下特点：

① 当 $\omega=0$ 时，$|G(\mathrm{j}\omega)|=\infty$，$\angle G(\mathrm{j}\omega)=-90°$；

② 当 $\omega\to\infty$ 时，$|G(\mathrm{j}\omega)|=0$，$\angle G(\mathrm{j}\omega)=-(n-m)\times 90°$．

I 型系统 Nyquist 曲线的渐近线低频段趋于负虚轴，高频段趋于原点，由第几象限趋于原点取决于 $\angle G(\mathrm{j}\omega)=-(n-m)\times 90°$．

对于 II 型系统，Nyquist 图的一般形状有如下特点：

① 当 $\omega=0$ 时，$|G(\mathrm{j}\omega)|=\infty$，$\angle G(\mathrm{j}\omega)=-180°$；

② 当 $\omega \to \infty$ 时,$|G(\mathrm{j}\omega)| = 0$,$\angle G(\mathrm{j}\omega) = -(n - m) \times 90°$.

Ⅱ型系统 Nyquist 曲线的渐近线低频段趋于负实轴,高频段趋于原点,由第几象限趋于原点取决于 $\angle G(\mathrm{j}\omega) = -(n - m) \times 90°$.

当 $G(s)$ 包含有振荡环节时,上述结论不变.

当 $G(s)$ 包含有一阶微分环节时,相位非单调下降,Nyquist 曲线发生弯曲.

4.3　Bode 图

1. 基本概念

对数坐标图由对数幅频特性图和对数相频特性图组成,分别表示幅频特性和相频特性,又称为 Bode 图.

(1) 对数坐标图的横坐标

横坐标(对数分度)表示频率 ω,但按对数 $\lg \omega$ 分度,标注 ω,单位为 rad/s,如图 4.13 所示.ω 的数值每变化 10 倍,在对数坐标上变化一个单位,称为十倍频程,以"dec"表示.若 $\omega_1 = 10\omega_0$,称从 $\omega_0 \to \omega_1$ 为十倍频程.

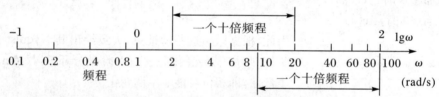

图 4.13　Bode 图横坐标

(2) 对数幅频特性图的纵坐标

纵坐标(线性分度)表示 $G(\mathrm{j}\omega)$ 的幅值,用对数 $20\lg|G(\mathrm{j}\omega)|$ 表示,单位为分贝(dB).

(3) 对数相频特性图的纵坐标

纵坐标(线性分度)表示 $\angle G(\mathrm{j}\omega)$,单位:度(°),也是按线性分度.图 4.14 为 Bode 图坐标系.

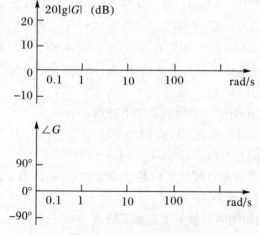

图 4.14　Bode 图坐标系

（4）单位（分贝）

电信技术表示功率信号相对于基准信号的衰减程度，功率 N_2 相对于功率 N_1 的衰减程度表示为 $\lg(N_2/N_1)$．$\lg(N_2/N_1) = -1$，表示 N_2 相对于 N_1 衰减了 1 分贝（B）；$\lg(N_2/N_1) = 0$，表示 N_2 相对于 N_1 没有衰减；$\lg(N_2/N_1) = 1$，表示 N_2 相对于 N_1 增加了 1 分贝（B）；$10\lg(N_2/N_1) = 1$，表示 N_2 相对于 N_1 增加了 1 dB．

将其意义推广：两数值 p_2 和 p_1（p_2、p_1 可分别表示电压、电流，与功率称正比）满足等式 $20\lg(p_2/p_1) = 10\lg(p_2^2/p_1^2) = 1$，则称 p_2 相对于 p_1 增加了 1 dB．推广到科学领域，任何一个数 N 都可以用分贝值 n 表示，定义为

$$n(\mathrm{dB}) = 20\lg N(\mathrm{dB})$$

用 Bode 图表示频率特性的优点：

① 可将串联环节幅值的乘除化为幅值的加减，简化作图过程；

② 可用近似方法作图．用渐近线近似曲线，再修正；

③ 分别做出各环节 Bode 图，然后用叠加得到系统 Bode 图，并可以看出各个环节对系统总特性的影响．

2. 典型环节的 Bode 图

（1）比例环节

比例环节的频率特性为

$$G(\mathrm{j}\omega) = K$$

其对数频率特性为

$$L(\omega) = 20\lg K(\mathrm{dB})$$
$$\angle G(\mathrm{j}\omega) = 0°$$

可见，频率特性的对数幅频特性曲线是一条高度为 $20\lg K$ 的水平直线；其对数相频特性曲线是一条与 $0°$ 重合的直线，如图 4.15 所示．K 值改变时，对数幅频特性上下移动，相频特性不变．

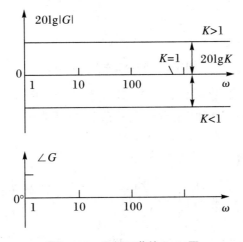

图 4.15 比例环节的 Bode 图

（2）积分环节

积分环节的频率特性为

$$G(j\omega) = \frac{1}{j\omega}$$

其对数频率特性为

$$L(\omega) = 20\lg\frac{1}{\omega} = -20\lg\omega$$

$$\angle G(j\omega) = -90°$$

当 $\omega = 1, L(\omega) = 0$,曲线为过$(1,0)$点,斜率为$-20$ dB/dec 的直线. 积分环节的对数相频特性曲线在整个频率范围内为一条$-90°$的水平直线,如图 4.16 所示.

(3) 微分环节

积分环节的频率特性为

$$G(j\omega) = j\omega$$

其对数频率特性为

$$L(\omega) = 20\lg\omega$$

$$\angle G(j\omega) = 90°$$

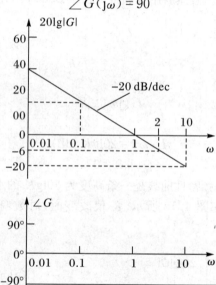

图 4.16 积分环节的 Bode 图

当 $\omega = 1, L(\omega) = 0$ 时,曲线为过$(1,0)$点,斜率为20 dB/dec 的直线,如图 4.17 所示. 微分环节的对数相频特性曲线在整个频率范围内为一条 $90°$的水直线.

(4) 惯性环节

惯性环节的频率特性为

$$G(j\omega) = \frac{1}{j\omega T + 1} = \frac{\omega_T}{\omega_T + j\omega} \quad (\omega_T = 1/T, 转角频率)$$

其对数频率特性为

$$L(\omega) = 20\lg|G(j\omega)| = 20\lg\omega_T - 20\lg\sqrt{\omega_T^2 + \omega^2}$$

$$\angle G(j\omega) = -\arctan^{-1}\left(\frac{\omega}{\omega_T}\right)$$

当 $\omega \ll \omega_T$ 时,$L(\omega) \approx 20\lg\omega_T - 20\lg\omega_T = 0$,所以,对数频率特性在低频段近似为 0 dB 水

平线,它止于点$(\omega_T,0)$.0 dB 水平线称为低频渐近线.

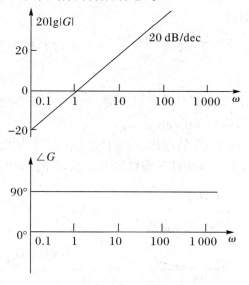

图 4.17 微分环节的 Bode 图

当 $\omega \gg \omega_T$ 时,$L(\omega) \approx 20\lg\omega_T - 20\lg\omega_T$,$\angle G(j\omega) = 0°$.高频段为过$(\omega_T,0)$点,斜率为 -20 dB/dec的渐近线.

惯性环节的 Bode 图如图 4.18 所示.惯性环节有低通滤波器的特性,当输入频率 $\omega > \omega_T$ 时,输出很快衰减,即滤掉输入信号的高频部分.

由惯性环节的相频特性$\angle G(j\omega) = -\arctan(\omega/\omega_T)$,有:

① 当 $\omega = 0$ 时,$\angle G(j\omega) = 0°$;

② 当 $\omega = \omega_T$ 时,$\angle G(j\omega) = -45°$;

③ 当 $\omega = \infty$ 时,$\angle G(j\omega) = -90°$.

从图 4.18 可知,对数相频特性对称于点$(\omega_T, -45°)$,而且在 $\omega \leqslant \omega_T$ 时,$\angle G(j\omega) \to 0°$;在 $\omega \geqslant 10\omega_T$ 时,$\angle G(j\omega) \to -90°$.

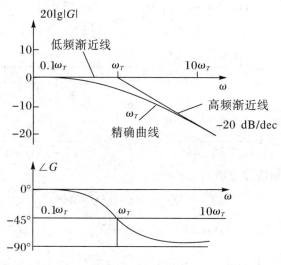

图 4.18 惯性环节的 Bode 图

（5）一阶微分环节

一阶微分环节的频率特性为

$$G(j\omega) = j\omega T + 1 = \frac{\omega_T + j\omega}{\omega_T} \quad (\omega_T = 1/T, 转角频率)$$

其对数频率特性为

$$L(\omega) = 20\lg|G(j\omega)| = 20\lg\sqrt{\omega_T^2 + \omega^2} - 20\lg\omega_T$$

$$\angle G(j\omega) = \arctan(\omega/\omega_T)$$

显然，它与惯性环节的对数频率特性比较，仅相差一个符号. 所以一阶微分环节的对数频率特性与惯性环节的对数频率特性呈镜像关系对称于 ω 轴，如图 4.19 所示.

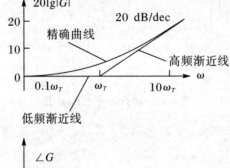

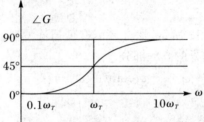

图 4.19 一阶微分环节的 Bode 图

（6）振荡环节

振荡环节的传递函数为

$$G(s) = \frac{\omega_n^2}{s^2 + 2\xi\omega_n s + \omega_n^2} \quad (0 < \xi < 1)$$

故其频率特性为

$$G(j\omega) = \frac{\omega_n^2}{-\omega^2 + \omega_n^2 + j2\xi\omega_n\omega} = \frac{1}{1 - \left(\frac{\omega}{\omega_n}\right)^2 + j2\xi\frac{\omega}{\omega_n}}$$

令 $\omega/\omega_n = \lambda$，故有

$$G(j\omega) = \frac{1}{1 - \lambda^2 + j2\xi\lambda}, \quad |G(j\omega)| = \frac{1}{\sqrt{(1-\lambda^2)^2 + 4\xi^2\lambda^2}}$$

故其对数幅频特性和相频特性分别为

$$L(\omega) = -20\lg\sqrt{(1-\lambda^2)^2 + 4\xi^2\lambda^2}$$

$$\angle G(j\omega) = -\arctan\frac{2\xi\lambda}{1-\lambda^2}$$

当 $\omega \ll \omega_n(\lambda \approx 0)$ 时，$L(\omega) = -20\lg\sqrt{(1-\lambda^2)^2 + 4\xi^2\lambda^2} \approx 0$，即低频渐近线是 0 dB 的水平线.

当 $\omega \gg \omega_n (\lambda \gg 1)$ 时, $L(\omega) = -20 \lg \sqrt{(1-\lambda^2)^2 + 4\xi^2 \lambda^2} \approx -40 \lg \lambda = -40 \lg \omega + 40 \lg \omega_n$, 即高频段为过 $(\omega_n, 0)$ 点, 斜率为 -40 dB/dec 的渐近线.

由以上可知, 振荡环节的渐近线是由一段 0 dB 线和一条始于点 $(1,0)$（即在 $\omega = \omega_n$ 处）, 斜率为 -40 dB/dec 的直线所组成. ω_n 是振荡环节的转角频率, 如图 4.20 所示, 其中, 横坐标为 $\lg \lambda$ 或 $\lg \dfrac{\omega}{\omega_n}$.

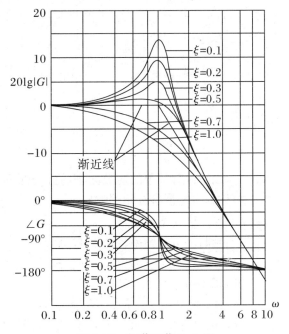

图 4.20 振荡环节 Bode 图

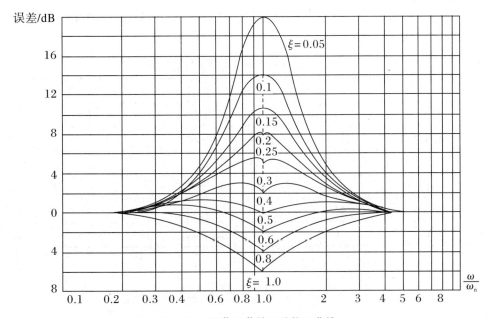

图 4.21 振荡环节的误差修正曲线

由于振荡环节的对数幅频特性不仅与 ω/ω_n 有关,还与阻尼比 ξ 有关.因此,当 $\xi>0.9$ 与 $\xi<0.4$ 时,一般不能在转角频率附近简单地用渐近线近似,否则会引起较大的误差,需用图 4.21 所示的误差修正曲线进行修正.图 4.21 给出了 ξ 为不同值时振荡环节对数幅频特性的渐近曲线和修正曲线.由图可见,在 $\xi<0.707$ 后,曲线出现峰值,ξ 值越小,峰值越大,它与渐近线之间的误差也越大.

由振荡环节的相频特性 $\angle G(j\omega) = -\arctan\dfrac{2\xi\lambda}{1-\lambda^2}$,有:

① 当 $\omega = 0$(即 $\lambda = 0$)时,$\angle G(j\omega) = 0$;

② 当 $\omega = \omega_n$(即 $\lambda = 1$)时,$\angle G(j\omega) = -90°$;

③ 当 $\omega = \infty$(即 $\lambda = \infty$)时,$\angle G(j\omega) = -180°$.

由图 4.20 可知,振荡环节的对数相频特性对称于 $(1, -90°)$ 点.

（7）二阶微分环节

二阶微分环节的频率特性为

$$G(j\omega) = \frac{-\omega^2 + \omega_n^2 + j2\xi\omega_n\omega}{\omega_n^2} = 1 - \lambda^2 + j2\xi\lambda$$

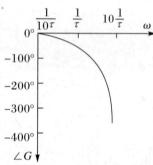

二阶微分环节的对数频率特性与振荡环节相反,在此不再赘述,详细内容请参看相关教材.

（8）延时环节

延时环节的频率特性为 $G(j\omega) = e^{-Tj\omega}$,幅频特性为 $|G(j\omega)| = 1$,相频特性为 $\angle G(j\omega) = -\tau\omega$.其对数频率特性为 $L(\omega) = 20\lg|G(j\omega)| = 0$,$\angle G(j\omega) = \arctan(-\tau\omega)$,对数幅频特性为 0 dB线.相频特性随 ω 的增加而线性增加,在线性坐标中 $\angle G(j\omega)$ 应是一直线,但对数相频特性是一条曲线,如图 4.22 所示.

图 4.22　延时环节的 Bode 图

通过对以上典型环节的对数频率特性的分析与归纳,得到各个环节的频率特性如表 4.1 所示.

表 4.1　各种典型环节的频率特性归纳

	$L(\omega)$ 或渐近线	$\angle G(j\omega)$
积分环节	过 $(1,0)$ 点,-20 dB/dec 直线	$-90°$
惯性环节	过 $(\omega_T,0)$ 点,$0 \to -20$ dB/dec 折线	$0 \to -90°$
微分环节	过 $(1,0)$ 点,20 dB/dec 直线	$90°$
一阶微分环节	过 $(\omega_T,0)$ 点,$0 \to 20$ dB/dec 折线	$0 \to 90°$
振荡环节	过 $(\omega_n,0)$ 点,$0 \to -40$ dB/dec 折线	$0 \to -180°$
二阶微分环节	过 $(\omega_n,0)$ 点,$0 \to 40$ dB/dec 折线	$0 \to 180°$

3. 绘制 Bode 图的方法及步骤

绘制 Bode 图的方法一般有环节曲线叠加法和顺序频率法两种.

（1）环节曲线叠加法

环节曲线叠加法的一般步骤如下:

① 由 $G(s)$ 求出 $G(j\omega)$,并化为若干个标准形式环节的传递函数的乘积形式;

② 确定各典型环节的转角频率(惯性、一阶微分、振荡和二阶微分环节);

③ 作出各环节的对数幅频特性的渐近线;

④ 误差修正(必要时);

⑤ 各环节对数幅频特性叠加(不包括系统的总增益 K);

⑥ 将叠加后的曲线垂直移动 $20\lg K$,得到系统的对数幅频特性;

⑦ 作各环节的对数相频特性,叠加而得到系统总的对数相频特性;

⑧ 有延时环节时,对数幅频特性不变,对数相频特性则应加上 $-\tau\omega$.

例 4.3 已知 $G(s) = \dfrac{24(0.25s + 0.5)}{(5s + 2)(0.05s + 2)}$,绘制系统的 Bode 图.

解 ① 将 $G(j\omega)$ 化为标准形式 $G(j\omega) = \dfrac{3(1 + 0.5s)}{(1 + 2.5s)(1 + 0.025s)}$,该系统由比例环节、一阶微分环节(导前环节)、两个惯性环节组成.

② 系统的频率特性为:$G(j\omega) = \dfrac{3(1 + j0.5\omega)}{(1 + j2.5\omega)(1 + j0.025\omega)}$.

③ 各环节的转角频率 ω_T:$\omega_{T1} = 0.4$,$\omega_{T2} = 40$,$\omega_{T3} = 2$.

④ 根据各环节的特点作出其对数频率特性渐近线,如图 4.23 所示.

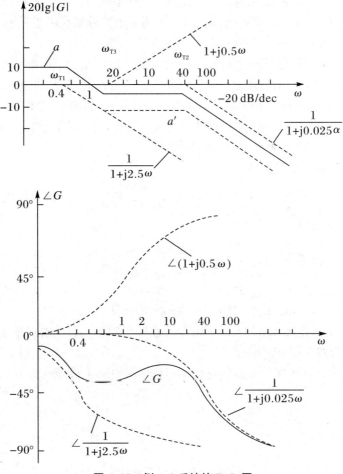

图 4.23　例 4.3 系统的 Bode 图

⑤ 比例环节除外,将各环节的对数幅频特性叠加得到 a'.

⑥ 将 a' 上移 9.5 dB(系统的总增益的分贝数 $L(\omega)=20\lg 3=9.5$),得到系统的对数频率特性 a.

⑦ 依次作出各环节的对数相频特性曲线,叠加后得到系统的对数相频特性,如图 4.23 所示.

(2) 顺序频率法

如前所述,系统的频率特性可以表示为

$$G(\mathrm{j}\omega)=\frac{K(1+\mathrm{j}\tau_1\omega)(1+\mathrm{j}\tau_2\omega)\cdots(1+\mathrm{j}\tau_m\omega)}{(\mathrm{j}\omega)^v(1+\mathrm{j}T_1\omega)(1+\mathrm{j}T_2\omega)\cdots(1+\mathrm{j}T_{n-v}\omega)}\quad(n>m)$$

该频率特性具有以下特点:

① 系统在低频段 $\omega\ll\min\left(\dfrac{1}{\tau_1},\dfrac{1}{\tau_2},\cdots,\dfrac{1}{T_1},\dfrac{1}{T_2},\cdots\right)$ 的频率特性为 $\dfrac{K}{(\mathrm{j}\omega)^v}$,因此,其对数幅频特性在低频段表现为过点 $(1,20\lg K)$,斜率为 $-20v$ dB/dec 的直线.

② 在各环节的转角频率处,系统的对数幅频特性渐近线的斜率发生变化,其变化量等于相应的环节在其转角频率的变化量(即其高频渐近线的斜率).

③ 当 $G(\mathrm{j}\omega)$ 包含振动环节或二阶微分环节时,不改变上述结论.

根据上述特点,可以直接按照以下步骤绘制系统的对数幅频特性:

① 由 $G(s)$ 求出 $G(\mathrm{j}\omega)$,并化为若干个标准形式环节的传递函数的乘积形式.

② 确定各典型环节的转角频率,把 ω_T 按由小到大顺序标注在横坐标轴上.

③ 过点 $(1,20\lg K)$,斜率为 $-20v$ dB/dec 的直线.

④ 延长该直线,并且每遇到一个转角频率便改变一次斜率.其原则是:如遇惯性环节的转角频率则斜率增加 -20 dB/dec;如遇一阶微分环节的转角频率,斜率增加 $+20$ dB/dec;如遇振荡环节的转角频率,斜率增加 -40 dB/dec;如遇二阶微分环节,斜率增加 40 dB/dec.

⑤ 如果需要,可根据误差修正曲线对渐近线进行修正,其办法是在同一频率处将各个环节误差值叠加,即可得到精确的对数幅频特性曲线.

仍然以例 4.3 为例求解其过程:

① 将 $G(\mathrm{j}\omega)$ 化为标准形式 $G(\mathrm{j}\omega)=\dfrac{3(1+0.5s)}{(1+2.5s)(1+0.025s)}$,该系统由比例环节、一阶微分环节(导前环节)、两个惯性环节组成.

② 系统的频率特性为:$G(\mathrm{j}\omega)=\dfrac{3(1+\mathrm{j}0.5\omega)}{(1+\mathrm{j}2.5\omega)(1+\mathrm{j}0.025\omega)}$.

③ 各环节的转角频率 ω_T:$\omega_{T1}=0.4$,$\omega_{T2}=40$,$\omega_{T3}=2$.

④ 过点 $(1,20\lg K)$,作斜率为 $-20v$ dB/dec 的直线($K=3$,$v=0$).

⑤ 在转角频率 ω_{T1} 处斜率增加 -20 dB/dec,在转角频率 ω_{T3} 处斜率增加 20 dB/dec,在转角频率 ω_{T2} 处斜率增加 -20 dB/dec,

按照上述内容可以直接作出系统的对数幅频特性图如图 4.23 所示.

4.4 系统的开环频率特性

若系统开环传递函数由典型环节串联而成,即
$$G(s)H(s) = G_1(s)G_2(s)\cdots G_n(s)$$
则开环频率特性为
$$
\begin{aligned}
G(j\omega)H(j\omega) &= G_1(j\omega)G_2(j\omega)\cdots G_n(j\omega) \\
&= |G_1(j\omega)|e^{j\varphi_1(\omega)}|G_2(j\omega)|e^{j\varphi_2(\omega)}\cdots|G_n(j\omega)|e^{j\varphi_n(\omega)} \\
&= \prod_{i=1}^{n}|G_i(j\omega)|e^{j\sum_{i=1}^{n}\varphi_i(\omega)}
\end{aligned}
$$
可见,系统开环幅频特性为
$$|G(j\omega)H(j\omega)| = \prod_{i=1}^{n}|G_i(j\omega)|$$
开环相频特性为
$$\varphi(\omega) = \angle G(j\omega)H(j\omega) = \sum_{i=1}^{n}\varphi_i(\omega)$$
而系统开环对数幅频特性为
$$L(\omega) = 20\lg|G(j\omega)H(j\omega)| = 20\lg\prod_{i=1}^{n}|G_i(j\omega)| = \sum_{i=1}^{n}20\lg|G_i(j\omega)|$$

由此可见,系统开环对数幅频特性等于各串联环节的对数幅频特性之和;系统开环相频特性等于各环节相频特性之和.

综上所述,应用对数频率特性,可使幅值乘、除的运算转化为幅值加、减的运算,且典型环节的对数幅频又可用渐近线来近似,对数相频特性曲线又具有奇对称性质,再考虑到曲线的平移和互为镜像特点,这样,一个系统的开环对数频率特性曲线是比较容易绘制的.

例 4.4 已知系统开环传递函数为 $G(s) = \dfrac{100}{s(s+10)(s+1)}$,试绘制该系统的开环对数频率特性曲线.

解 ① 首先将系统开环传递函数写成典型环节串联的形式,即 $G(s) = \dfrac{10}{s(0.1s+1)(s+1)}$.

可见,系统开环传递函数由以下三种典型环节串联而成:

(a) 放大环节:$G_1(s) = 10$;

(b) 积分环节:$G_2(s) = 1/s$;

(c) 惯性环节:$G_3(s) = 1/s+1$ 和 $G_4(s) = 1/0.1s+1$.

② 分别作出各典型环节的对数幅频、相频特性曲线,如图 4.24 所示.为了图形清晰,有时略去直线斜率单位.

③ 分别将各典型环节的对数幅频、相频特性曲线相加,即得系统开环对数幅频、相频特性曲线,如图 4.24 中实线所示.

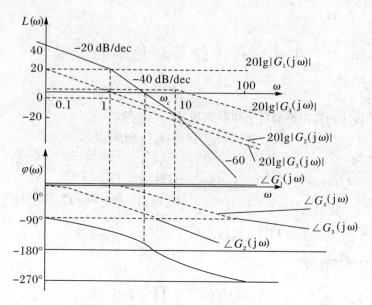

图 4.24　例 4.4 的对数频率特性曲线

　　由系统开环对数幅频特性曲线可以看出,系统开环对数频率特性渐近线由 3 段直线组成,其斜率分别为 $-20\,\text{dB/dec}$、$-40\,\text{dB/dec}$、$-60\,\text{dB/dec}$,直线与直线之间的交点频率按 ω 增加的顺序分别为两个惯性环节的交接频率 1 和 10. 系统开环对数幅频特性曲线与零分贝线的交点频率称为系统的截止频率,并用 ω_c 表示. 相频特性曲线由 $-90°$ 开始,随 ω 增加逐渐趋近于 $-270°$.

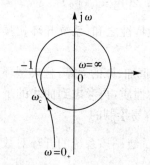

图 4.25　例 4.4 的 Nyquist 图

　　根据上述特点,实际绘制开环对数幅频特性曲线时,尤其在比较熟练的情况下,不必绘出各典型环节的对数幅频特性曲线,而可以直接绘制系统开环对数幅频特性曲线.

　　另外,绘制系统开环幅相频率特性曲线是比较麻烦的,因为开环幅频特性是各串联典型环节幅频特性的乘积. 为了绘制开环幅相频率特性曲线,可以先作出开环对数频率特性曲线,然后再根据幅值、相角变化情况绘制开环幅相频率特性曲线. 例 4.4 的幅相频率特性曲线如图 4.25 所示. 图中箭头方向表示参变量 ω 增加的方向.

4.5　系统的闭环频率特性及其特征量

1. 闭环频率特性

若闭环控制系统的传递函数为 $G_\text{B}(s) = \dfrac{G(s)}{1 + G(s)H(s)}$,则 $G_\text{B}(j\omega)$ 称为闭环频率特性.

对于单位反馈系统. 若已知 $G_\text{K}(j\omega)$(开环频率特性),则 $G_\text{B}(j\omega) = \dfrac{G_\text{K}(j\omega)}{1 + G_\text{K}(j\omega)}$.

对于一般的反馈控制系统($H(s) \neq 1$),则 $G_\text{B}(j\omega) = \dfrac{G_\text{K}(j\omega)}{1 + G_\text{K}(j\omega)H(j\omega)}$.

我们称 $A(\omega) = |G_B(j\omega)| = \dfrac{|G_K(j\omega)|}{|1 + G_K(j\omega)H(j\omega)|}$ 为闭环幅频特性,$\angle G_B(j\omega) =$

$\angle G_K(j\omega) - \angle[1 + G_K(j\omega)H(j\omega)] = \varphi_B(j\omega)$ 为闭环相频特性.

又 $G_B(j\omega) = \dfrac{G_K(j\omega)}{1 + G_K(j\omega)H(j\omega)} = \dfrac{1}{H(j\omega)} \cdot \dfrac{G_K(j\omega)H(j\omega)}{1 + G_K(j\omega)H(j\omega)}$ 可视 $G_K(j\omega)H(j\omega)$ 为单位反馈系统,因此研究开环频率即可得到闭环特性.

2. 闭环频域特性的特征量

频域特性特征量是表征系统动态特性的频域性能指标.而频域性能指标是用系统的频率特性曲线在数值和形状上某些特征点来评价系统的性能的,如图 4.26 所示.

(1) 零频幅值 $A(0)$

$A(0)$表示当频率 ω 接近 0 时,闭环系统输出的幅值与输入幅值之比.在频率极低时,对单位反馈系统而言,若输出幅值能完全准确地反映输入幅值,则 $A(0) = 1$.$A(0)$越接近于 1,系统的稳态误差越小.所以 $A(0)$的数值与 1 相差的大小,反映了系统的稳态精度.

(2) 复现频率 ω_M 与复现带宽 $0 \sim \omega_M$

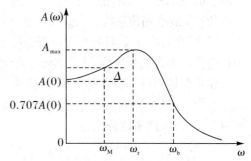

图 4.26　频域特性特征量

若事先规定一个 Δ 作为反映低频输入信号的允许误差,那么,ω_M 就是幅频特性值与 $A(0)$的差第一次达到 Δ 时的频率值,称为复现频率.当频率超过 ω_M 时,输出就不能"复现"输入,所以,$0 \sim \omega_M$ 表征复现低频输入信号的频带宽度,称为复现带宽.

(3) 谐振频率 ω_r 及相对谐振峰值 $M_r[A_{max}/A(0)]$

幅频特性 $A(\omega)$出现最大值 A_{max} 时的频率称为谐振频率 ω_r.$\omega = \omega_r$ 时的幅值 $A(\omega_r) = A_{max}$ 与 $\omega = 0$ 时的幅值 $A(0)$之比 $\dfrac{A_{max}}{A(0)}$ 称为谐振比或相对谐振峰值 M_r.

显然,在 $A(0) = 1$ 时,M_r 与 A_{max} 在数值上相同.

M_r 反映了系统的相对平稳性.一般而言,M_r 越大,系统阶跃响应的超调量也越大,这意味着系统的平稳性较差.在二阶系统中,希望选取 $M_r < 1.4$,因为这时阶跃响应的最大超调量 $\sigma_p\% < 25\%$,系统有较满意的过渡过程.

谐振频率 ω_r 在一定程度上反映了系统瞬态响应的速度.ω_r 越大,则瞬态响应越快.一般来说,ω_r 与上升时间 t_r 成反比.

(4) 截止频率 ω_b 和截止带宽 $0 \sim \omega_b$

一般规定幅频特性 $A(\omega)$的数值由零频幅值 $A(0)$下降 3 dB 时的频率,亦即 $A(\omega)$由 $A(0)$下降到 $0.707A(0)$时的频率称为系统的截止频率 ω_b.

频率 $0 \sim \omega_b$ 的范围称为系统的截止带宽或带宽.它表示超过此频率后,输出就急剧衰减,跟不上输入,形成系统响应的截止状态.对于随动系统来说,系统的带宽表征系统允许工作的最高频率范围,若此带宽大,则系统的动态性能好.对于低通滤波器,只允许频率较低的输入信号通过系统,而频率稍高的输入信号均被滤掉.对系统响应的快速性而言,带宽越大,响应的快速性越好,即过渡过程的上升时间越小.

4.6 最小相位系统与非最小相位系统

1. 最小相位系统与非最小相位系统的概念

（1）最小相位系统

在右半 s 平面内既无极点也无零点的传递函数,称为最小相位传递函数;具有最小相位传递函数的系统称为最小相位系统.

（2）非最小相位系统

反之,在右半 s 平面内有极点和（或）零点的传递函数,称为非最小相位传递函数.具有非最小相位传递函数的系统,称为非最小相位系统.

在具有相同幅值特性的系统中,最小相位传递函数（系统）的相角范围,在所有这类系统中是最小的.任何非最小相位传递函数的相角范围,都大于最小相位传递函数的相角范围.例如,有两个系统,传递函数分别为

$$G_1(s) = \frac{1+Ts}{1+T_1 s}, \quad G_2(s) = \frac{1-Ts}{1+T_1 s}$$

其中,$0 < T < T_1$. 故

$$|G_1(j\omega)| = |G_2(j\omega)|$$

$$\angle G_1(j\omega) = \arctan T\omega - \arctan T_1\omega$$

$$\angle G_2(j\omega) = -\arctan T\omega - \arctan T_1\omega$$

$G_1(s)$ 零点、极点均为负,为最小相位传递函数,$G_2(s)$ 零点位于 s 右半平面,极点为负,为非最小相位传递函数.所以,$\angle G_1(j\omega) < \angle G_2(j\omega)$,如图 4.27 所示.

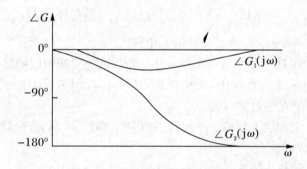

图 4.27 最小相位系统与非最小相位系统的相频特性

由上述比较,可以得出如下结论：

① 当 $\omega = 0 \to \infty$ 变化时,最小相位系统的相角变化最小,而非最小相位系统的相角变化一般较大;

② 最小相位系统的对数幅频 $L(\omega)$ 的斜率变化趋势与对数相频 $\varphi(\omega)$ 的变化趋势一致,而非最小相位系统则不然.

由于最小相位系统的幅频与相频的一一对应关系,因此可以仅由系统的开环幅频特性来确定系统的频率特性（或传递函数）,而不会引起歧意.

例 4.5 已知系统的开环对数幅频特性如图 4.28 所示,试确定系统的开环传递函数.

解 由图 4.28 可见,低频段的斜率为 -20 dB/dec,所以开环传递函数有一个积分环节.由于在低频段 $\omega = 1$ 时,$L(\omega) = 15$ dB,所以系统的开环放大倍数为满足 $20\lg K = 15$,从而求得 $K = 10^{15/20} = 10^{0.75} = 5.6$.

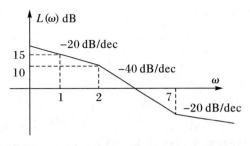

图 4.28 例 4.5 系统开环对数幅频特性图

由此可以写出系统的开环传递函数为

$$G(s) = \frac{5.6(\frac{1}{7}s + 1)}{s(\frac{1}{2}s + 1)} = \frac{5.6(0.14s + 1)}{s(0.5s + 1)}$$

频率特性为

$$G(\mathrm{j}\omega) = \frac{5.6(\mathrm{j}\frac{\omega}{7} + 1)}{\mathrm{j}\omega(\mathrm{j}\frac{\omega}{2} + 1)}$$

相频特性为

$$\varphi(\omega) = -90° + \arctan\frac{\omega}{7} - \arctan\frac{\omega}{2}$$

2. 产生最小相位与非最小相位的一些环节

(1) 产生最小相位的环节

产生最小相位的环节有:

① 比例环节 $K(K > 0)$;

② 惯性环节 $1/(Ts + 1)(T > 0)$;

③ 一阶微分环节 $Ts + 1(T > 0)$;

④ 振荡环节 $1/(s^2/\omega_n^2 + 2\xi s/\omega_n + 1)(\omega_n > 0, 0 \leqslant \xi < 1)$;

⑤ 二阶微分环节 $s^2/\omega_n^2 + 2\xi s/\omega_n + 1(\omega_n > 0, 0 \leqslant \xi < 1)$;

⑥ 积分环节 $1/s$;

⑦ 微分环节 s.

(2) 产生非最小相位的环节

产生非最小相位的环节有:

① 比例环节 $K(K < 0)$;

② 惯性环节 $1/(-Ts + 1)(T > 0)$;

③ 一阶微分环节 $-Ts + 1(T > 0)$;

④ 振荡环节 $1/(s^2/\omega_n^2 - 2\xi s/\omega_n + 1)(\omega_n > 0, 0 < \xi < 1)$;

⑤ 二阶微分环节 $s^2/\omega_n^2 - 2\xi s/\omega_n + 1(\omega_n > 0, 0 < \xi < 1)$.

4.7 基于 MATLAB 的频域分析

在自动控制系统的设计中,绘制 Nyquist 图非常重要,但手工绘制较为繁琐,因此非常适合计算机进行绘制. MATLAB 提供了 Nyquist 和 Bode 函数,通过这些函数,不仅可以得到系统的频率特性图,而且可以得到系统的幅频特性、相频特性、实频特性和虚频特性,从而可以通过计算机得到系统的频域特征量.

1. 利用 MATLAB 绘制 Nyquist 图

控制系统工具箱中提供了一个 MATLAB 函数 Nyquist(),该函数可以用来直接求解 Nyquist 阵列或绘制 Nyquist 图. 当命令中不包含左端返回变量时,Nyquist()函数仅在屏幕上产生 Nyquist 图,命令调用格式为

    nyquist(num,den);

    nyquist(num,den,w);

或者

    nyquist(G);

    nyquist(G,w);

该命令将画出下列传递函数 $G(s) = \dfrac{\text{num}(s)}{\text{den}(s)}$ 的 Nyquist 图,式中,num 和 den 包含以 s 的降幂排列的多项式系数.

当命令中包含了左端的返回变量时,即

    [re,im,w] = nyquist(G)

或者

    [re,im,w] = nyquist(G,w)

函数运行后不在屏幕上产生图形,而是将计算结果返回到矩阵 re、im 和 w 中. 矩阵 re 和 im 分别表示频率响应的实部和虚部,它们都是由向量 w 中指定的频率点计算得到的.

在运行结果中,w 数列的每一个值分别对应 re、im 数列的每一个值.

例 4.6 考虑二阶典型环节 $G(s) = \dfrac{1}{s^2 + 0.8s + 1}$ 试利用 MATLAB 画出 Nyquist 图.

利用下面的命令,可以得出系统的 Nyquist 图,如图 4.29 所示.

```
num = [0,0,1];
den = [1,0.8,1];
nyquist(num,den)
v = [-2,2,-2,2];%设置坐标显示范围
axis(v)
grid
title('NyquistPlotofG(s) = 1/(s^2 + 0.8s + 1)')
```

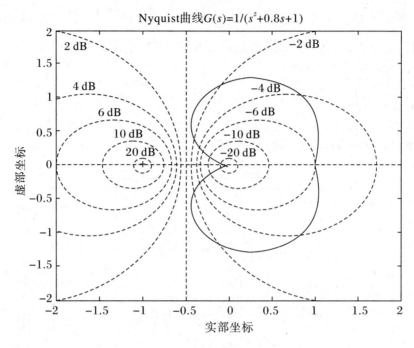

图 4.29　二阶环节 Nyquist 图

2. 利用 MATLAB 绘制 Bode 图

控制系统工具箱里提供的 Bode() 函数可以直接求取、绘制给定线性系统的伯德图.

当命令不包含左端返回变量时,函数运行后会在屏幕上直接画出伯德图.如果命令表达式的左端含有返回变量,Bode() 函数计算出的幅值和相角将返回到相应的矩阵中,这时屏幕上不显示频率响应图.命令的调用格式为

　　　　[mag,phase,w] = bode(num,den)

　　　　[mag,phase,w] = bode(num,den,w)

或者

　　　　[mag,phase,w] = bode(G)

　　　　[mag,phase,w] = bode(G,w)

矩阵 mag、phase 包含系统频率响应的幅值和相角,这些幅值和相角是在用户指定的频率点上计算得到的.用户如果不指定频率 w,MATLAB 会自动产生 w 向量,并根据 w 向量上各点计算幅值和相角.这时的相角是以度来表示的,幅值为增益值,在画 Bode 图时要转换成分贝值,因为分贝是作幅频图时常用单位.可以由以下命令把幅值转变成分贝:

　　　　magdb = 20 * log10(mag)

绘图时的横坐标是以对数分度的.为了指定频率的范围,可采用以下命令格式:

　　　　logspace(d1,d2,n)

例如,要在 $\omega_1 = 1$ 与 $\omega_2 = 1\,000$ 之间产生 100 个对数等分点,可输入以下命令:

　　　　w = logspace(0,3,100)

在画 Bode 图时,利用以上各式产生的频率向量 w,可以很方便地画出希望频率的Bode 图.

例 4.7　给定单位负反馈系统的开环传递函数为 $G(s) = \dfrac{10(s+1)}{s(s+7)}$，试画出 Bode 图.

解　利用以下 MATLAB 程序，可以直接在屏幕上绘出伯德图如图 4.30 所示.

```
num = 10 * [1,1];
den = [1,7,0];
bode(num,den)
grid
title('BodeDiagramofG(s) = 10 * (s+1)/[s(s+7)]')
```

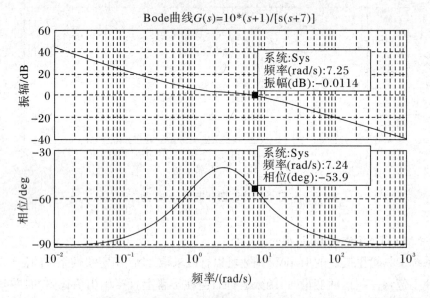

图 4.30　例 4.7 系统的 Bode 图

3. 利用 MATLAB 求系统的频域特征量

应用带输出参数的 Nyquist 函数和 Bode 函数，可以分别求出系统的实频特性、虚频特性、幅频特性和相频特性，从而可以得到系统的频域特征量.

例如，对于开环传递函数为 $G(s) = \dfrac{300}{s(s+20)(s+5)}$，用 MATLAB 编程求解频域特征量和运行结果如下：

```
%MATLAB PROGRAM
%Create system model
sys = zpk([],[0 -20 -5],300);
sysclose = feedback(sys,1);
%Get frequency response of the system
w = logspace(-1,2);
bode(sysclose,w)
[mag,phase,W] = bode(sysclose,w);
[l,c] = size(mag);
mag1 = zeros(c,1);
for i = 1:c
    mag1(i) = 20 * log10(mag(1,1,i));
end
```

```
%显示系统闭环的幅值穿越频率
disp('crossover frequency:');
Wc = interp1(mag1,W,0,'spline')
%显示谐振频率
disp('Resonance frequency:');
[mag2,i] = max(mag1);
Wr = W(i)
%显示谐振峰值
disp('Resonancemagnitude:')
Magmax = mag2
%显示 - 3dB 截止频率
disp(' - 3dB frequency:');
W_3dB = interp1(mag1,W, - 3,'spline')
[l,c] = size(phase);
pha1 = zeros(c,1);
for i = 1:c
    pha1(i) = phase(1,1,i);
end
%显示 - 90 度截止频率
disp(' - 90 phase frequency:');
W_90 = interp1(pha1,W, - 90,'spline')
运行结果:
Wc = 0.1763
Wr = 2.5595
Magmax = 0.7477
W_3dB = 9.5479
W_90 = 3.4641
```

习　　题

1. 若系统输入为不同频率 w 的正弦函数 $A\sin wt$,其稳态输出相应为 $B\sin(wt + \varphi)$.求该系统的频率特性.

2. 已知系统的单位阶跃响应为 $x_0(t) = 1 - 1.8\mathrm{e}^{-4t} + 0.8\mathrm{e}^{-9t}$,试求系统的幅频特性与相频特性.

3. 由质量、弹簧、阻尼器组成的机械系统如图 4.31 所示. 已知, $m = 1\ \mathrm{kg}$, k 为弹簧的刚度, c 为阻尼系统.若外力 $f(t) = 2\sin 2t\ \mathrm{N}$, 由实际得到系统稳态响应为 $x_{\mathrm{oss}} = \sin\left(2t - \dfrac{\pi}{2}\right)$,试确定 k 和 c.

4. 试求下列系统的幅频 $A(\omega)$、相频 $\varphi(\omega)$、实频 $u(\omega)$ 和虚频特性 $\upsilon(\omega)$.

(1) $G(s) = \dfrac{5}{30s + 1}$;　　　　(2) $G(s) = \dfrac{1}{s(0.1s + 1)}$.

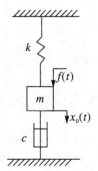

图 4.31　习题 3 附图

5. 设系统的传递函数为 $\dfrac{K}{Ts+1}$,式中,时间常数 $T=0.5$ s,放大系数 $K=10$.求在频率 $f=1$ Hz,幅值 $R=10$ 的正弦输入信号作用下,系统稳态输出 $x_o(t)$ 的幅值与相位.

6. 已知系统传递函数方框图如图 4.32 所示,现作用于系统输入信号 $x_i(t)=\sin 2t$,试求系统的稳态输出.系统的传递函数如下:

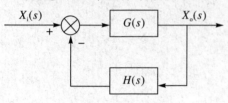

图 4.32　习题 6 附图

(1) $G(s)=\dfrac{5}{s+1},H(s)=1$;

(2) $G(s)=\dfrac{5}{s},H(s)=1$;

(3) $G(s)=\dfrac{5}{s+1},H(s)=2$.

7. 已知系统传递函数如下,试绘出它们的 Nyquist 图.

(1) $G(s)=\dfrac{K}{s}$;

(2) $G(s)=\dfrac{K}{s^2}$;

(3) $G(s)=\dfrac{1\,000(s+1)}{s(s^2+8s+100)}$;

(4) $G(s)=\dfrac{1}{1+0.01s}$;

(5) $G(s)=\dfrac{1}{s(1+0.1s)}$;

(6) $G(s)=\dfrac{50(0.6s+1)}{s^2(4s+1)}$;

(7) $G(s)=10e^{-0.1s}$.

8. 试画出下列传递函数的 Bode 图.

(1) $G(s)=\dfrac{2}{(2s+1)(8s+1)}$;

(2) $G(s)=\dfrac{200}{s^2(s+1)(10s+1)}$;

(3) $G(s)=\dfrac{50}{s^2(s^2+s+1)(10s+1)}$;

(4) $G(s)=\dfrac{10(s+0.2)}{s^2(s+0.1)}$;

(5) $G(s)=\dfrac{8(s+0.1)}{s(s^2+s+1)(s^2+4s+25)}$.

9. 设单位反馈系统的开环传递函数为 $G(s)=\dfrac{K}{s(0.1s+1)(s+1)}$,试确定使系统谐振峰值 $M(\omega_r)=1.4$ 的 K 值.

10. 对于如图 4.33 所示的最小相位系统,试写出其传递函数.

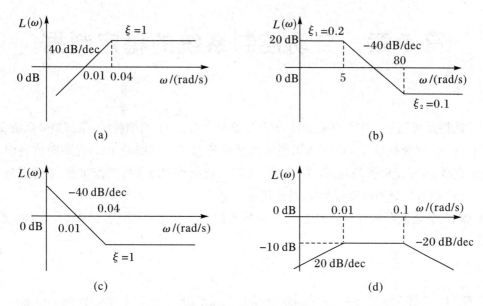

图 4.33　习题 10 附图

11. 已知某控制系统开环传递函数

$$G_K(s) = \frac{5.5}{s^2 + 3s + 5}$$

试用 MATLAB 编程求此系统的谐振振幅 M_r 和谐振频率 ω_r.

第 5 章　自动控制系统的稳定判据

　　一个线性系统正常工作的首要条件,就是它必须是稳定的.所谓稳定,是指如果系统受到瞬时扰动的作用,使被控量 $x_c(t)$ 偏离了原始的平衡状态而产生偏差 Δx_c,当瞬时扰动消失后,Δx_c 逐渐衰减,经过足够长的时间,Δx_c 趋近于零,系统恢复到原来的平衡状态,系统是稳定的.反之,若 Δx_c 随着时间的推移而发散,系统是不稳定的.

　　用代数的方法判断线性系统的稳定性,分析系统参数变化对稳定性的影响,是本章要介绍的内容.

5.1　线性系统稳定性的概念和稳定的充分必要条件

　　线性系统的稳定性取决于系统本身固有的特性,而与扰动信号无关,它取决于瞬时扰动消失后暂态分量的衰减与否.暂态分量的衰减与否,取决定系统闭环传递函数的极点(系统的特征根)在 s 平面的分布:如果所有极点都分布在 s 平面的左侧,系统的暂态分量将逐渐衰减为 0,则系统是稳定的;如果有共轭极点分布在虚轴上,则系统的暂态分量做简谐振荡,系统处于临界稳定状态;如果有闭环极点分布在 s 平面的右侧,系统具有发散振荡的分量,则系统是不稳定的.

　　根据上述分析,线性系统稳定的充分必要条件是:系统特征方程的根(即系统闭环传递函数的极点)全部为负实数或具有负实部的共轭复数,也就是所有的闭环特征根分布在 s 平面虚轴的左侧.该条件又可表示为

$$\mathrm{Re}\lfloor -p_j\rfloor <0 \quad (j=1,2,\cdots,n)$$

本书在 3.3 节讨论了典型二阶系统的动态特性.从讨论结果可知:$\xi>0$ 时,系统的极点均位于 s 左半平面,系统的动态过程呈现指数衰减或衰减振荡,系统是稳定的;$\xi\leqslant 0$ 时,系统的极点位于虚轴或 s 右半平面,系统的动态过程呈现等幅振荡或发散振荡,系统是不稳定的.

　　既然线性系统的稳定性完全取决于特征方程的根,那么只要解出特征方程来就可以判定系统是否稳定了.然而当特征方程的次数较高时,求解十分困难.因此在实践中人们需要一种方法,不必解出特征方程就能判别它是否有 s 右半平面的根以及根的个数.这是代数中一个已经解决的问题.我们用它来研究控制系统的稳定性,就称之为稳定性的代数判据.

　　本章叙述的代数判据(劳斯判据和赫尔维茨判据以及谢绪恺判据)就是不用直接求解代数方程,就可判断一个代数多项式有几个零点位于复平面的右半平面的方法.劳斯(E. J. Routh)判据和赫尔维茨(A. Hurwitz)判据是 Routh 于 1877 年和 Hurwitz 于 1895 年分别独立提出的稳定性判据,常常称为 Routh-Hurwitz 判据;谢绪恺判据是 1957 年提出的.

5.2　劳斯判据

首先,将系统的特征方程式写成如下标准形式:

$$a_0 s^n + a_1 s^{n-1} + \cdots + a_{n-1} s + a_n = 0 \tag{5.1}$$

式中,a_0 为正(如果原方程首项系数为负,可先将方程两端同乘以 -1).

为判断系统稳定与否,将系统特征方程式中的 s 各次项系数排列成如下的劳斯表(Routh Array).

$$
\begin{array}{c|cccccc}
s^n & a_0 & a_2 & a_4 & a_6 & \cdots \\
s^{n-1} & a_1 & a_3 & a_5 & a_7 & \cdots \\
s^{n-2} & b_1 & b_2 & b_3 & b_4 & \cdots \\
s^{n-3} & c_1 & c_2 & c_3 & c_4 & \cdots \\
\vdots & \vdots & \vdots & \vdots & \vdots & \vdots \\
s^2 & e_1 & e_2 \\
s^1 & f_1 \\
s^0 & g_1
\end{array}
$$

劳斯表共 $n+1$ 行;最下面的两行各有 1 列,其上两行各有 2 列,再上面两行各有 3 列,依此类推.最高一行应有 $(n+1)/2$ 列(n 为奇数)或 $(n+2)/2$ 列(n 为偶数).表中的有关系数为

$$b_1 = \frac{-1}{a_1} \begin{vmatrix} a_0 & a_2 \\ a_1 & a_3 \end{vmatrix}, \quad b_2 = \frac{-1}{a_1} \begin{vmatrix} a_0 & a_4 \\ a_1 & a_5 \end{vmatrix}, \quad b_3 = \frac{-1}{a_1} \begin{vmatrix} a_0 & a_6 \\ a_1 & a_7 \end{vmatrix} \quad \cdots$$

$$c_1 = \frac{-1}{b_1} \begin{vmatrix} a_1 & a_3 \\ b_1 & b_2 \end{vmatrix}, \quad c_2 = \frac{-1}{b_1} \begin{vmatrix} a_1 & a_5 \\ b_1 & b_3 \end{vmatrix}, \quad c_3 = \frac{-1}{b_1} \begin{vmatrix} a_1 & a_7 \\ b_1 & b_4 \end{vmatrix} \quad \cdots$$

这一计算过程,一直进行到 s^0 行,计算到每行其余的系数全部等于 0 为止.为简化数值运算,可以用一个正整数去除或乘某一行的各项,这时并不改变稳定性的讨论.

劳斯判据:方程式的全部根都在 s 左边平面的充分必要条件是劳斯判据的第 1 列系数全部是正数.

劳斯判据还可以指出方程在 s 右半平面根的个数.它等于劳斯表中第 1 列各系数改变符号的次数.

例 5.1　系统的特征方程为

$$2s^6 + 5s^5 + 3s^4 + 4s^3 + 6s^2 + 14s + 7 = 0 \tag{5.2}$$

试用劳斯判据判断系统的稳定性.

解　① 建立劳斯表.计算劳斯表中各系数的值,并排列成下表

$$
\begin{array}{llll}
s^6 & 2 & 3 & 6 \quad 7 \\
s^5 & 5 & 4 & 14 \\
s^4 & \dfrac{7}{5} & \dfrac{2}{5} & 7 \\
s^3 & \dfrac{18}{7} & -11 \\
s^2 & \dfrac{115}{18} & 7 \\
s^1 & -\dfrac{1\,589}{115} \\
s^0 & 7
\end{array}
$$

② 根据劳斯判据判断系统的稳定性及根的分布.

由于表中的第 1 列出现了负数,可以判定方程的根并非都在 s 左半平面,因此,该系统是不稳定的.

又由表中第 1 列系数符号改变 2 次,即可判定方程有 2 个根在 s 右半平面. 事实上,方程的根是 -2.182、-0.599、$-0.691\pm\mathrm{j}1.059$ 和 $+0.832\pm\mathrm{j}0.992$,确有 2 个根在 s 右半平面.

在使用劳斯判据时,可能遇到如下的特殊情况.

1. 劳斯表中第 1 列出现零

如果劳斯表第 1 列出现 0,那么可以用一个小的正数 ε 代替它,而继续计算其余各系数. 例如,方程

$$s^4 + 2s^3 + s^2 + 2s + 1 = 0 \tag{5.3}$$

的劳斯表如下:

$$
\begin{array}{lccc}
s^4 & 1 & 1 & 1 \\
s^3 & 2 & 2 \\
s^2 & \varepsilon(\approx 0) & 1 \\
s^1 & 2-\dfrac{2}{\varepsilon} \\
s^0 & 1
\end{array}
$$

现在观察劳斯表第 1 列的各系数,当 ε 趋近于零时,$2-\dfrac{2}{\varepsilon}$ 的值是一个很大的负值,因此可以认为第 1 列的各系数的符号改变了两次. 由此得出结论,该系统特征方程式有两个根具有正实部,位于 s 右半平面,系统是不稳定的.

如果 ε 上面一行的首列和 ε 下面一行的首列符号相同,这表明有一对纯虚根存在. 例如下列方程式

$$s^3 + 2s^2 + s + 2 = 0 \tag{5.4}$$

的劳斯表为

$$
\begin{array}{lcc}
s^3 & 1 & 1 \\
s^2 & 2 & 2 \\
s^1 & \varepsilon \\
s^0 & 2
\end{array}
$$

可以看出,第 1 列各系数中 ε 的上面和下面的系数符号不变,故有一对虚根. 将特征方程式

分解,有

$$(s^2 + 1)(s + 2) = 0$$

解得根为

$$p_{1,2} = \pm j1, \quad p_3 = 2$$

2. 劳斯表的某一行中,所有系数都等于零

如果在劳斯表的某一行中,所有系数都等于 0,则表明方程有一些大小相等且对称于原点的根.在这种情况下,可利用全 0 行的上一行各系数构造一个辅助多项式(称为辅助方程),式中 s 均为偶次.以辅助方程的导函数的系数代替劳斯表中的这个全 0 行,然后继续计算下去.这些大小相等而关于原点对称的根也可以通过求解这个辅助方程得出.

例 5.2　系统特征方程式为

$$s^6 + 2s^5 + 8s^4 + 12s^3 + 20s^2 + 16s + 16 = 0 \tag{5.5}$$

试用劳斯判据判断系统的稳定性.

解　劳斯表中得 $s^6 \sim s^3$ 各系数为

$$
\begin{array}{lcccc}
s^6 & 1 & 8 & 20 & 16 \\
s^5 & 2 & 12 & 16 & 0 \\
s^4 & 1 & 6 & 8 & \\
s^3 & 0 & 0 & 0 & \\
\end{array}
$$

由劳斯表可以看出,s^3 行的各项全部为 0.为了求出 $s^3 \sim s^0$ 各项系数,用 s^4 行的各系数构成辅助方程式

$$p(s) = s^4 + 6s^2 + 8$$

它的导函数为

$$\frac{\mathrm{d}p(s)}{\mathrm{d}s} = 4s^3 + 12s$$

用导函数的系数 4 和 12 代替 s^3 行相应的系数继续算下去,得劳斯表为

$$
\begin{array}{lcccc}
s^6 & 1 & 8 & 20 & 16 \\
s^5 & 2 & 12 & 16 & 0 \\
s^4 & 1 & 6 & 8 & \\
s^3 & 4 & 12 & & \\
s^2 & 3 & 8 & & \\
s^1 & \dfrac{4}{3} & & & \\
s^0 & 8 & & & \\
\end{array}
$$

可以看出,在新得到的劳斯表中第 1 列没有变号,因此可以确定在 s 右半平面没有特征根.另外,由于 s^3 的各系数均为 0,这表示有共轭虚根.这些根可由辅助方程式求出.本例的辅助方程式

$$p(s) = s^4 + 6s^2 + 8$$

求得特征方程式的大小相等符号相反的虚根为

$$p_{1,2} = \pm j\sqrt{2}, \quad p_{3,4} = \pm j2, \quad p_{5,6} = -1 \pm j2$$

应用劳斯判据分别研究一阶、二阶和三阶微分方程

$$a_0 s + a_1 = 0$$
$$a_0 s^2 + a_1 s + a_2 = 0$$
$$a_0 s^3 + a_1 s^2 + a_2 s + a_3 = 0$$

容易得到以下的简单结论:

① 一阶和二阶系统稳定的充分必要条件是:特征方程所有系数为正.

② 三阶系统稳定的充分必要条件是:特征方程所有系数均为正,且 $a_1 a_2 > a_0 a_3$.

值得注意的是,如果系统稳定,那么它的微分方程(不论是几阶的)的特征方程的所有系数必须同号.这是因为,若系统稳定,特征方程的根无非是负实数或实部为负的共轭复数.因此,把特征方程左端的多项式分解因式时,只会有两种类型的因式,即对应于负实根 p 的因式 $(s + p)$ 与对应于负实部复根 $-\alpha \pm j\beta$ 的因式 $(s^2 + 2bs + c)$.这里 α 和 β 均为正,所以这两类因式中各项的系数均为正.因此,这些因式相乘时,所得多项式的各系数都是一些正数的乘积之和,所以也都是正数,不可能是负数或 0,从而它们是同号的.注意,这只是系统稳定的必要条件,而不是充分条件.

5.3　赫尔维茨判据

设所研究的代数方程仍为标准形式,即

$$a_0 s^n + a_1 s^{n-1} + \cdots + a_{n-1} s + a_n = 0 \tag{5.6}$$

构造赫尔维茨行列式 $\boldsymbol{D}$

$$\boldsymbol{D} = \begin{vmatrix} a_1 & a_3 & a_5 & \cdots & 0 \\ a_0 & a_2 & a_4 & \cdots & 0 \\ 0 & a_1 & a_3 & \cdots & 0 \\ 0 & a_0 & a_2 & \cdots & 0 \\ 0 & 0 & 0 & \cdots & 0 \\ 0 & \cdots & \cdots & a_{n-1} & 0 \\ 0 & \cdots & \cdots & a_{n-2} & a_n \end{vmatrix}$$

这个行列式的构造方法如下:行列式的维数为 $n \times n$,在主对角线上,从 a_1 开始依次写入式的系数,直至 a_n 为止,然后在每一列内从上到下按下标递减的顺序填入其他系数,最后用 0 补齐.

赫尔维茨稳定判据:特征方程式的全部根都在左半复平面的充分必要条件是上述行列式的各阶主子式均大于 0,即

$$D_1 = a_1 > 0, \quad D_2 = \begin{vmatrix} a_1 & a_3 \\ a_0 & a_2 \end{vmatrix} > 0, \quad D_3 = \begin{vmatrix} a_1 & a_3 & a_5 \\ a_0 & a_2 & a_4 \\ 0 & a_1 & a_3 \end{vmatrix} > 0, \cdots, D_n = D > 0$$

我们把这些主子行列式于劳斯表中第 1 列的系数比较,就会发现它们于劳斯表中第 1 列的各元素 b_1、c_1、$\cdots$、g_1 之间存在如下关系:

$$b_1 = D_2 / D_1, \quad c_1 = D_3 / D_2, \quad \cdots, \quad g_1 = D_n / D_{n-1}$$

若 b_1、c_1、…、g_1 均为正,则 D_1、D_2、…、D_n 自然也都为正;反之亦然.可见劳斯稳定判据和赫尔维茨稳定判据实质是一致的.当 n 较大时,赫尔维茨判据计算量急剧增加,所以它通常只用于 $n \leqslant 6$ 的系统.

需要指出,劳斯-赫尔维茨判据用于分析次数较高的方程时会出现数值计算稳定性的问题.

5.4　谢绪恺判据

根据多项式系数来判断系统的稳定性虽然早已由 Routh 和 Hurwitz 等人解决,但其判据的充分必要条件都由多个子式组成,尤其是阶次高时,式子多且繁.中国学者谢绪恺于 1957 年研究系统稳定性时得到如下结论:

设系统的特征方程仍为式,即

$$a_0 s^n + a_1 s^{n-1} + \cdots + a_{n-1} s + a_n = 0 \quad (n \geqslant 3) \tag{5.7}$$

式(5.7)的根全部具有负实部的必要条件为

$$a_i a_{i+1} > a_{i-1} a_{i+2} \quad (i = 1, 2, \cdots, n-2) \tag{5.8}$$

式(5.8)的根全部具有负实部的充分条件为

$$\frac{1}{3} a_i a_{i+1} > a_{i-1} a_{i+2} \quad (i = 1, 2, \cdots, n-2) \tag{5.9}$$

1976 年中国学者聂义勇进一步证明,可将此充分条件放宽为

$$0.465 a_i a_{i+1} > a_{i-1} a_{i+2} \quad (i = 1, 2, \cdots, n-2) \tag{5.10}$$

此判据被称为谢绪恺判据.

谢绪恺判据完全避免了除法,且节省了计算量.

需指出,式(5.10)有过量的稳定性储备,即有些不满足式(5.10)的系统仍可能稳定.

5.5　参数对稳定性的影响

如上所述,线性系统的稳定性完全取决于系统的特征方程.但特征方程的各系数完全是由系统本身的结构和参数决定的,与初始条件和输入量无关.这就是说,系统本身的结构和参数将直接影响系统的稳定性.

代数稳定判据可以用来判定系统是否稳定,还可以方便地用于分析系统参数变化对系统稳定性的影响,从而给出使系统稳定的参数范围.

例 5.3　系统的闭环传递函数为

$$W_{\mathrm{B}}(s) = \frac{K_{\mathrm{K}}}{(T_1 s + 1)(T_2 s + 1)(T_3 s + 1) + K_{\mathrm{K}}}$$

式中,K_{K} 为系统的开环放大系数.试给出使系统稳定的 K_{K} 与系统其他参数间的关系.

解　系统特征方程为

$$T_1 T_2 T_3 s^3 + (T_1 T_2 + T_1 T_3 + T_2 T_3) s^2 + (T_1 + T_2 + T_3) s + 1 + K_{\mathrm{K}} = 0$$

根据代数稳定判据,稳定的充要条件是

$$a_0 > 0, \quad a_1 > 0, \quad a_3 > 0, \quad a_4 > 0, \quad (a_1 a_2 - a_0 a_3) > 0$$

所以得 $(T_1 T_2 + T_1 T_3 + T_2 T_3)(T_1 + T_2 + T_3) > T_1 T_2 T_3 (1 + K_{\mathrm{K}})$,经整理得

$$0 < K_{\mathrm{K}} < \frac{T_1}{T_2} + \frac{T_2}{T_3} + \frac{T_3}{T_1} + \frac{T_2}{T_1} + \frac{T_3}{T_2} + \frac{T_1}{T_3} + 2$$

在本例中,假设取 $T_1 = T_2 = T_3$,则使系统稳定的临界放大系数 $K_{\mathrm{K}} = 8$. 如果取 $T_2 = T_3$, $T_1 = 10 T_2$,则使系统稳定的临界放大系数 $K_{\mathrm{K}} = 24.2$. 由此可见,将各时间常数的数值错开,可以允许较大的开环放大系数.

利用代数判据也可以给出使系统稳定的参数范围.

例 5.4　如图 5.1 所示系统,其闭环传递函数为

$$W_{\mathrm{B}}(s) = \frac{K_y(\tau_1 s + 1)(T_{\mathrm{f}} s + 1)}{T_{\mathrm{i}} T_{\mathrm{a}} T_{\mathrm{f}} \tau_1 s^4 + T_{\mathrm{i}} \tau_1 (T_{\mathrm{a}} + T_{\mathrm{f}}) s^3 + T_{\mathrm{i}} \tau_1 s^2 + K \tau_1 s + K}$$

式中,$K_y = K_{\mathrm{c}} K_{\mathrm{s}}$,$K = K_{\mathrm{c}} K_{\mathrm{s}} K_{\mathrm{f}}$.

(1) 设参数为 $\tau_1 = 0.15, T_{\mathrm{a}} = 0.2, T_{\mathrm{i}} = 0.2, T_{\mathrm{f}} = 0.01, K = 5$,试判断该系统是否稳定;

(2) 试确定使系统稳定的参数 τ_1 的范围.

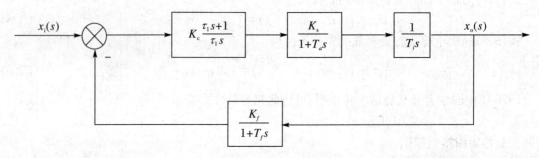

图 5:1　例 5.7 附图

解　① 特征方程式为

$$T_{\mathrm{i}} T_{\mathrm{a}} T_{\mathrm{f}} \tau_1 s^4 + T_{\mathrm{i}} \tau_1 (T_{\mathrm{a}} + T_{\mathrm{f}}) s^3 + T_{\mathrm{i}} \tau_1 s^2 + K \tau_1 s + K = 0$$

可以算得

$$a_0 = T_{\mathrm{i}} T_{\mathrm{a}} T_{\mathrm{f}} \tau_1 = 6 \times 10^{-5}, \quad a_1 = T_{\mathrm{i}} \tau_1 (T_{\mathrm{a}} + T_{\mathrm{f}}) = 6.3 \times 10^{-3}$$

$$a_2 = T_{\mathrm{i}} \tau_1 = 3 \times 10^{-2}, \quad a_3 = K \tau_1 = 0.75, \quad a_4 = K = 5$$

各子行列式为

$$\Delta_1 = a_1 a_2 - a_0 a_3 = 1.44 \times 10^{-5}$$

$$\Delta_2 = a_3 \Delta_1 - a_1^2 a_4 = -1.8 \times 10^{-5}$$

由稳定条件可知,该系统不稳定.

② 将特征方程式改写为

$$T_{\mathrm{i}} T_{\mathrm{a}} T_{\mathrm{f}} s^4 + T_{\mathrm{i}} (T_{\mathrm{a}} + T_{\mathrm{f}}) s^3 + T_{\mathrm{i}} s^2 + K s + \frac{K}{\tau_1} = 0$$

可以算得

$$a_0 = T_{\mathrm{i}} T_{\mathrm{a}} T_{\mathrm{f}} = 4 \times 10^{-4}, \quad a_1 = T_{\mathrm{i}} (T_{\mathrm{a}} + T_{\mathrm{f}}) = 4.2 \times 10^{-2}$$

$$a_2 = T_{\mathrm{i}} = 0.2, \quad a_3 = K = 5, \quad a_4 = \frac{K}{\tau_1} = \frac{5}{\tau_1}$$

各子行列式为

$$\Delta_1 = a_1 a_2 - a_0 a_3 = 6.4 \times 10^{-3}$$

$$\Delta_2 = a_3 \Delta_1 - a_1^2 a_4 = 5 \left(6.4 \times 10^{-3} - \frac{1.764 \times 10^{-3}}{\tau_1} \right)$$

系统稳定的条件是

$$6.4 \times 10^{-3} - \frac{1.764 \times 10^{-3}}{\tau_1} > 0$$

由此可得

$$\tau_1 > 0.275$$

所以,参数 τ_1 的整定范围为 $\tau_1 > 0.275$.

　　另外,如果调节器时间常数为已知量,也可以根据稳定条件来确定放大系数的范围.应指出,代数稳定判据只能应用于特征方程式是代数方程,并且其系数是实系数的情况.如果任一系数为复数,或者方程中包含了 s 的指数项,就不能应用代数判据.

5.6　相对稳定性和稳定裕度

　　应用代数判据只能给出系统是稳定还是不稳定,即只解决了绝对稳定性的问题.在处理实际问题时,只判断系统是否稳定是不够的.因为,对于实际的系统,所得到参数值往往是近似的,并且有的参数随着条件的变化而变化,这就给得到的结论带来了误差.考虑这些因素,往往希望知道系统距离稳定边界有多少余量,这就是相对稳定性或稳定裕度的问题.

　　我们可以用闭环特征方程式每一对复数根的阻尼比的大小来定义相对稳定性,这是以响应速度和超调量来代表相对稳定性的;我们也可以用每个根的负实部来定义相对稳定性,这是以每个根的相对调节时间来代表相对稳定性的.在 s 平面,用根的负实部的位置来表示相对稳定性是很方便的.例如,要检查系统是否具有 σ_1 的稳定裕度(图),相当于把纵坐标轴向左位移距离 σ_1,然后在判断系统是否仍然稳定.这就是说,以 $s = z - \sigma_1$ 代入系统特征方程,写出 z 的多项式,然后用代数判据判断 z 的多项式的根是否都在新的虚轴的左侧.

　　例 5.5　系统特征方程式为

$$s^3 + 5s^2 + 8s + 6 = 0$$

试检查上述系统是否有裕度 $\sigma_1 = 1$.

　　解　劳斯表为

$$
\begin{array}{c|cc}
s^3 & 1 & 8 \\
s^2 & 5 & 6 \\
s^1 & \dfrac{34}{5} & \\
s^0 & 6 &
\end{array}
$$

可以看出,第一列中各项符号没有改变,所以没有根在 s 平面的右侧,系统是稳定的.

将 $s = z - 1$ 代入原特征方程式,得

$$(z-1)^3 + 5(z-1)^2 + 8(z-1) + 6 = 0$$

新的特征方程为

$$z^3 + 2z^2 + z + 2 = 0$$

列出劳斯表

$$
\begin{array}{lll}
s^3 & 1 & 1 \\
s^2 & 2 & 2 \\
s^1 & \varepsilon(\approx 0) & \\
s^0 & 2 &
\end{array}
$$

由于 $0(\varepsilon)$ 上面的系数符号与 $0(\varepsilon)$ 下面的系数符号相同,表明没有在 s 右半平面的根,但由于 z^1 行的系数为 0,故有一对虚根.这说明,原系统刚好有 $\sigma_1 = 1$ 的稳定裕度.

5.7　稳　态　误　差

在稳态条件下输出量的期望值于稳态值之间存在的误差,称为系统稳态误差.稳态误差的大小是衡量系统稳态性能的重要指标.影响系统稳态误差的因素很多,如系统的结构、系统的参数以及输入量的形式等.必须指出的是,这里所说的稳态误差并不考虑由于元件的不灵敏区、零点漂移、老化等原因所造成的永久性的误差.

为了分析方便,把系统的稳态误差分为扰动稳态误差和给定稳态误差.扰动稳态误差是由于外部扰动而引起的,常用这一误差来衡量恒值系统的稳态品质,因为对于恒值系统,给定量是不变的.而对于随动系统,给定量是变化的,要求输出量以一定的精度跟随给定量的变化,因此给定稳态误差就成为衡量随动系统稳态品质的指标.本节将讨论计算和减少稳态误差的方法.

5.7.1　扰动稳态误差

如图 5.2 所示为有给定作用和扰动作用的系统动态结构图.当给定量不变,即 $\Delta X_i(s) = 0$,而扰动量变化,即 $\Delta X_d(s) \neq 0$ 时,输出量 $x_o(t)$ 的变化量 $\Delta x_o(t)$ 即为扰动误差.扰动误差的拉氏变换为

$$
\Delta X_o(s) = \frac{W_2(s) \Delta X_d(s)}{1 + W_1(s) W_2(s) W_f(s)} \tag{5.11}
$$

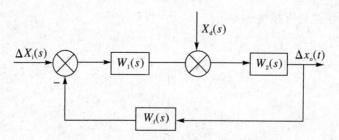

图 5.2　扰动作用下的反馈系统的动态结构图

由此求出扰动误差的传递函数为

$$
W_e(s) = \frac{\Delta X_o(s)}{\Delta X_d(s)} = \frac{W_2(s)}{1 + W_1(s) W_2(s) W_f(s)} \tag{5.12}
$$

式中 $W_e(s)$ 称为误差传递函数.根据拉式变换的终值定理,求得扰动作用下的稳态误差为

$$e_{ss} = \lim_{t \to \infty} \Delta x_o(t) = \lim_{s \to 0} W_e(s) \Delta X_d(s) = \lim_{s \to 0} \frac{s W_2(s) \Delta X_d(s)}{1 + W_1(s) W_2(s) W_f(s)} \tag{5.13}$$

由式(5.13)知,系统扰动误差决定于系统的误差传递函数和扰动量.

对于恒值系统,典型的扰动量为单位阶跃函数,$\Delta X_d(s) = \dfrac{1}{s}$,则扰动稳态误差为

$$e_{ss} = \lim_{t \to \infty} \Delta x_o(t) = \lim_{s \to 0} \frac{W_2(s)}{1 + W_1(s) W_2(s) W_f(s)} \tag{5.14}$$

下面举例进行说明.

图 5.3 为具有比例调节器的速度负反馈系统的动态结构图.

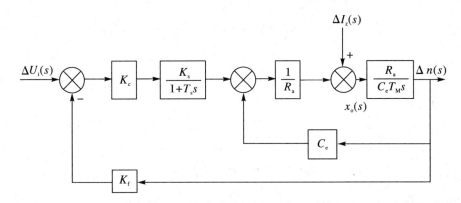

图 5.3　速度负反馈系统的动态结构图

图 5.3 中,$\Delta I_z(s)$ 为负载电流的拉式变化;K_c 为比例调节器的比例系数;K_s 为晶闸管整流装置的电压放大系数;T_s 为晶闸管整流装置的时间常数;T_M 为电动机的机电时间常数;R_a 为电动机电枢回路电阻;C_e 为电动机的电势常数;K_f 为速度反馈系数.

图 5.4 为给定量 $\Delta U_i(s) = 0$ 时,以扰动量为输入量的系统结构图.在负载电流作用下转速误差的拉氏变换为

$$\Delta n(s) = \frac{(T_s s + 1) \dfrac{R_a}{C_e} \Delta I_z(s)}{(T_M s + 1)(T_s s + 1) + K_K} \tag{5.15}$$

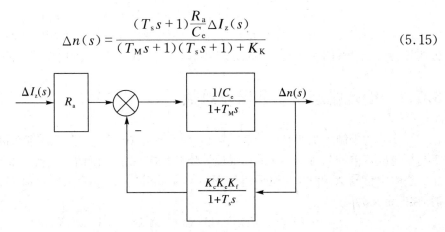

图 5.4　负载作用下的结构图

式中,$K_K = K_c K_a K_f \dfrac{1}{C_e}$,为系统开环放大系数.

当负载为阶跃函数时,$\Delta I_z(s) = \dfrac{1}{s} \Delta I_z$,转速的稳态误差为

$$\lim_{t \to \infty}\Delta n(t)=\lim_{s \to 0}\frac{(T_s s+1)\dfrac{R_a}{C_e}\Delta I_z}{(T_M s+1)(T_s s+1)+K_K}=\frac{\Delta I_z R_a}{C_e(1+K_K)} \tag{5.16}$$

K_K 越大,则稳态误差越小,因此提高 K_K 值是这一系统减小稳态误差的主要方法. K_K 值决定于调节器的比例系数 K_c 和速度负反馈系数 K_f 等参量,因此提高 K_c 或增加速度负反馈强度都可以减小稳态误差,但是, K_K 值太大容易使系统不稳定.

由于这一系统在负载扰动下存在稳态误差,所以成为有差系统.将上述调速系统中的比例调节器换成积分调节器,构成图 5.3 所示的系统.

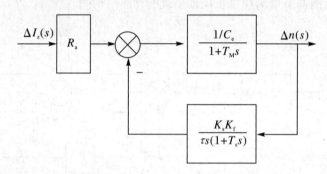

图 5.5　负载作用下系统结构图

积分调节器的传递函数为 $W_1(s)=\dfrac{1}{\tau s}$,则速度误差的拉式变换为

$$\Delta n(s)=\frac{s(T_s s+1)\Delta I_z R_a}{C_e[s(T_s s+1)(T_M s+1)+K]} \tag{5.17}$$

式中, $K=\dfrac{K_s K_f}{C_e \tau}$.

当负载电流作阶跃变化时,有

$$\lim_{t \to \infty}\Delta n(t)=\lim_{s \to 0}\frac{s(T_s s+1)\Delta I_z R_a}{C_e[s(T_s s+1)(T_M s+1)+K]}=0 \tag{5.18}$$

由式(5.18)知,具有积分调节器的速度负反馈系统,当扰动量为阶跃函数时,其稳态误差为0,为无差系统.因此,在扰动作用点之前串联积分环节,可以消除阶跃扰动的稳态误差.

5.7.2　给定稳态误差和误差系数

图 5.6 为控制系统的典型动态结构图.图 5.6(a)中 $W_f(s)$ 为主反馈检测元件的传递函数,不包括为改善被控制对象性能的局部反馈环节在内.系统的期望值是给定信号 $X_i(s)$.

当给定信号 $X_i(s)$ 与主反馈信号 $W_f(s)$ 不相等时,一般定义其差值 $E(s)$ 为误差信号.这时,误差定义为

$$E(s)=X_i(s)-X_f(s)=X_i(s)-W_f(s)X_o(s) \tag{5.19}$$

这个误差是可以测量的,但是这个误差并不一定反映输出量的实际值于期望值之间的偏差.

另一种定义误差的方法是取系统输出量的实际值与期望值的差,但这一误差在实际系统中有时无法测量.

对于如图 5.6(b)所示单位反馈系统,上述两种误差定义是相同的.

根据前一种误差定义方法,可得误差传递函数为

$$W_{\rm e}(s) = \frac{E(s)}{X_{\rm i}(s)} = 1 - \frac{X_{\rm f}(s)}{X_{\rm i}(s)} = \frac{1}{1 + W_{\rm g}(s)\,W_{\rm f}(s)} = \frac{1}{1 + W_{\rm K}(s)} \qquad (5.20)$$

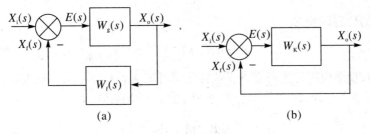

图 5.6　典型动态结构图

由此得误差的拉氏变换为

$$E(s) = \frac{X_{\rm i}(s)}{1 + W_{\rm K}(s)} \qquad (5.21)$$

给定稳态误差为

$$e_{\rm ss} = \lim_{t \to \infty} e(t) = \lim_{s \to 0} \frac{sX_{\rm i}(s)}{1 + W_{\rm K}(s)} \qquad (5.22)$$

由此可知,有两个因素决定给定稳态误差,即系统的开环传递函数 $W_{\rm K}(s)$ 和给定量 $X_{\rm i}(s)$. 现在讨论这两个因素对给定稳态误差的影响.

根据开环传递函数中串联的积分环节个数,可将系统分为几种不同类型. 单位反馈系统的开环传递函数可以表示为

$$W_{\rm K}(s) = \frac{K_{\rm K}\prod_{i=1}^{m}(T_i s + 1)}{s^N \prod_{j=1}^{n-N}(T_j s + 1)} \qquad (5.23)$$

式中,N 为开环传递函数中串联的积分环节的阶次,或称系统的无差阶数;$1/s^N$ 为 N 个串联积分环节的等效传递函数.

$N = 0$ 时的系统称为 0 型系统;$N = 1$ 时的系统称为 Ⅰ 型系统;相应地,$N = 2$ 时,称为 Ⅱ 型系统. N 越高,系统的稳态精度越高,但系统的稳定性越差. 一般采用的是 0 型、Ⅰ 型和 Ⅱ 型系统.

1. 典型输入情况下系统的给定误差分析

下面对于不同的输入函数,分析系统的稳态误差.

(1) 单位阶跃函数输入

在这种情况下,$X_{\rm i}(s) = \dfrac{1}{s}$,故得稳态误差为

$$e_{\rm ss} = e_{\rm p}(\infty) = \lim_{s \to 0} sE(s) = \lim_{s \to 0} \frac{1}{1 + W_{\rm K}(s)} \qquad (5.24)$$

令 $K_{\rm p} = \lim_{s \to 0} W_{\rm K}(s)$,$K_{\rm p}$ 称为位置稳态误差系数,则

$$e_{\rm p}(\infty) = \frac{1}{1 + K_{\rm p}} \qquad (5.25)$$

因此在单位阶跃输入下,给定稳态误差决定于为止稳态误差系数.

对于 0 型系统,因 $N = 0$,则位置稳态误差系数为

$$K_{\mathrm{p}} = \lim_{s \to 0} \frac{K_{\mathrm{K}} \prod\limits_{i=1}^{m} (T_i s + 1)}{\prod\limits_{j=1}^{n-N} (T_j s + 1)} = K_{\mathrm{K}} \tag{5.26}$$

因此,0 型系统的位置误差为

$$e_{\mathrm{p}}(\infty) = \lim_{s \to 0} s E(s) = \frac{1}{1 + K_{\mathrm{p}}} = \frac{1}{1 + K_{\mathrm{K}}} \tag{5.27}$$

由此而知,0 型系统的位置稳态误差决定于开环放大系统 K_{K}: K_{K} 越大, $e_{\mathrm{p}}(\infty)$ 越小.

对于Ⅰ型或Ⅱ型系统,因 $N = 1$ 或 2,则为止稳态误差系数为

$$K_{\mathrm{p}} = \lim_{s \to 0} \frac{K_{\mathrm{K}} \prod\limits_{i=1}^{m} (T_i s + 1)}{s^N \prod\limits_{j=1}^{n-N} (T_j s + 1)} = \infty \tag{5.28}$$

故Ⅰ型或Ⅱ型系统的位置稳态误差为

$$e_{\mathrm{p}}(\infty) = \frac{1}{1 + K_{\mathrm{p}}} = 0 \tag{5.29}$$

由此而知,对于单位阶跃输入,Ⅰ型以上各型系统的位置稳态误差系数均为无穷大,稳态误差均为 0.

(2) 单位斜坡函数输入

在这种情况下,输入量的拉氏变换为

$$X_{\mathrm{i}}(s) = \frac{1}{s^2} \tag{5.30}$$

因此给定稳态误差为

$$e_{\mathrm{ss}} = e_{\mathrm{v}}(\infty) = \lim_{s \to 0} \frac{1}{s [1 + W_{\mathrm{K}}(s)]} = \lim_{s \to 0} \frac{1}{s W_{\mathrm{K}}(s)} \tag{5.31}$$

令 $K_{\mathrm{v}} = \lim\limits_{s \to 0} s W_{\mathrm{K}}(s)$, K_{v} 称为速度稳态误差系数.由此得各型系统在斜坡输入时的稳态误差为:

① 对于 0 型系统, $K_{\mathrm{v}} = 0$, $e_{\mathrm{v}}(\infty) = \infty$;

② 对于Ⅰ型系统, $K_{\mathrm{v}} = K_{\mathrm{K}}$, $e_{\mathrm{v}}(\infty) = \dfrac{1}{K_{\mathrm{K}}}$;

③ 对于Ⅱ型系统, $K_{\mathrm{v}} = \infty$, $e_{\mathrm{v}}(\infty) = 0$.

由此可知,在斜坡输入情况下,0 型系统的稳态误差为 ∞,也就是说,被控制量不能跟随按时间变换的斜坡函数.而对Ⅰ型系统,有跟踪误差;Ⅱ型系统则能准确地跟踪斜坡输入,稳态误差为 0,如图 5.7 所示.

(3) 单位抛物线函数输入

这时输入量的拉氏变换为

$$X_{\mathrm{i}}(s) = \frac{1}{s^2} \tag{5.32}$$

稳态误差为

$$e_{\mathrm{ss}} = e_{\mathrm{a}}(\infty) = \lim_{s \to 0} \frac{s}{1 + W_{\mathrm{K}}(s)} \cdot \frac{1}{s^3} = \lim_{s \to 0} \frac{1}{s^2 W_{\mathrm{K}}(s)} \tag{5.33}$$

令 $K_{\mathrm{a}} = \lim\limits_{s \to 0} s^2 W_{\mathrm{K}}(s)$, K_{a} 称为加速度稳态误差系数,则:

① 对于 0 型和Ⅰ型系统, $K_{\mathrm{a}} = 0$, $e_{\mathrm{a}}(\infty) = \infty$;

② 对于Ⅱ型系统,$K_a = K_K$,故 $e_a(\infty) = \dfrac{1}{K_K}$.

由此可知,0 型和Ⅰ型系统都不能跟踪抛物线输入,只有Ⅱ型系统可以跟踪抛物线输入,但是有稳态误差,如图 5.6 所示.现将各型系统在不同输入情况下的稳态误差系数和给定误差系数汇总列于表 5.1.

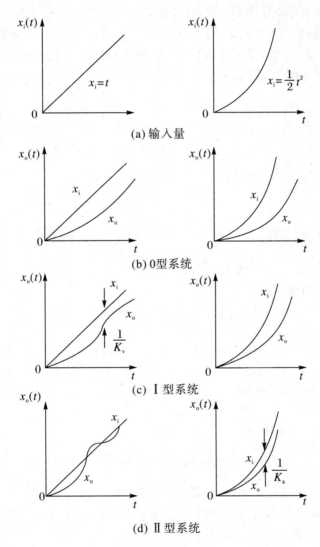

图 5.7　输出量示意图

表 5.1　稳态误差系数与稳态误差

$x_i(t)$	1		t		$\dfrac{1}{2}t^2$	
系数/误差	K_p	$e_p(\infty)$	K_v	$e_v(\infty)$	K_a	$e_a(\infty)$
0 型	K_K	$\dfrac{1}{1+K_K}$	0	∞	0	∞
Ⅰ型	∞	0	K_K	$\dfrac{1}{K_K}$	0	∞
Ⅱ型	∞	0	∞	0	K_K	$\dfrac{1}{K_K}$

由此可知,为了使系统具有较小的稳态误差,必须针对不同的输入量选择不同类型的系统,并且选取较高的 K_K 值.但是,考虑系统的稳定性,一般选择Ⅱ型以内的系统,并且 K_K 值也要满足系统稳定性的要求.

2. 动态误差系数

上面所介绍的计算稳态误差的方法,只能根据终值定理求得稳态误差值,而不能了解进入稳态后误差的变化规律.下面介绍另一计算稳态误差的方法,根据这一方法不但可以求出稳态值,而且不必通过解微分方程,就可以简便地了解到进入稳态后,误差随时间变化的规律.

由式(5.20)所给出的单位反馈系统的误差传递函数为

$$\frac{E(s)}{X_i(s)} = \frac{1}{1 + W_K(s)} = \frac{s^N \prod_{j=1}^{n-N} (T_j s + 1)}{s^N \prod_{j=1}^{n-N} (T_j s + 1) + K_K \prod_{i=1}^{m} (T_i s + 1)} \tag{5.34}$$

如果将分子和分母中的幂次相同的各项合并,则可写成

$$\frac{E(s)}{X_i(s)} = \frac{\alpha_0 + \alpha_1 s + \alpha_2 s^2 + \cdots + \alpha_n s^n}{\beta_0 + \beta_1 s + \beta_2 s^2 + \cdots + \beta_n s^n} \tag{5.35}$$

用分母多项式除分子多项式,可把上式写成如下的 s 的升幂级数:

$$\frac{E(s)}{X_i(s)} = \frac{1}{k_0} + \frac{1}{k_1} s + \frac{1}{k_2} s^2 + \cdots \tag{5.36}$$

由此可得误差的拉氏变换为

$$E(s) = \frac{1}{k_0} X_i(s) + \frac{1}{k_1} s X_i(s) + \frac{1}{k_2} s^2 X_i(s) + \cdots \tag{5.37}$$

通过上式可以看出,系统的动态误差是由给定量及其各阶导数所引起的.该式描述了动态过程的误差,因此 k_0、k_1、k_2 等各项系数定义为动态误差系数.为了与前面的为止稳态误差系数、速度稳态误差系数等相对应,将 k_0、k_1、k_2 分别定义为动态位置误差系数、动态速度误差系数、动态加速度误差系数.

由式(5.38)可以求得稳态误差值

$$e_{ss} = \lim_{s \to 0} s E(s) = \lim_{s \to 0} \left(\frac{s}{k_0} + \frac{s^2}{k_1} + \frac{s^3}{k_2} + \cdots \right) X_i(s) \tag{5.38}$$

由式(5.38)知,该级数是在 $s \to 0$ 的邻域中收敛,相当于在时间域 $t \to \infty$ 收敛,因此对应该式的反变换是 $t \to \infty$,即系统进入稳态时稳态误差的时间函数关系式.设初始条件为0,并忽略 $t = 0$ 时系统的脉冲值,则进入稳态时的系统误差为

$$\lim_{t \to \infty} e(t) = \lim_{t \to \infty} \left[\frac{1}{k_0} x_i(t) + \frac{1}{k_1} x_i'(t) + \frac{1}{k_2} x_i''(t) + \frac{1}{k_3} x_i'''(t) + \cdots \right] \tag{5.39}$$

如果已知各动态误差系数和输入量的各阶导数,即可求出 $t \to \infty$ 时误差的变换规律.

例 5.6 有一单位反馈系统,其开环传递函数为

$$W_K(s) = \frac{K_K}{T_m T_d s^2 + T_m s + 1} \tag{5.40}$$

试计算输入量 $x_i(t) = 1(t)$ 和 $x_i(t) = t$ 时的稳态误差及其时间函数.

解 该系统为0型系统,系统的误差传递函数为

$$\frac{E(s)}{X_i(s)} = \frac{1 + T_m s + T_m T_d s^2}{1 + K_K + T_m s + T_m T_d s^2} \tag{5.41}$$

将上式展开成 s 的升幂级数,得

$$\frac{E(s)}{X_i(s)} = \frac{1}{1+K_K} + \frac{K_K T_m}{(1+K_K)^2}s + \frac{K_K T_m T_d}{(1+K_K)^2}\left[1 - \frac{T_m}{T_d(1+K_K)}\right]s^2 + \cdots \quad (5.42)$$

故动态误差系数为

$$k_0 = 1 + K_K, \quad k_1 = \frac{(1+K_K)^2}{K_K T_m}, \quad k_3 = \frac{(1+K_K)^3}{K_K T_m[T_d(1+K_K) - T_m]} \quad (5.43)$$

当给定量为阶跃函数时

$$x_i(t) = 1(t), \quad X_i(s) = \frac{1}{s} \quad (5.44)$$

稳态误差为

$$e_{ss} = e_p(\infty) = \lim_{s\to 0} s W_e(s) X_i(s) = \lim_{s\to 0}\left(\frac{1}{k_0} + \frac{1}{k_1}s + \frac{1}{k_2}s^2 + \cdots\right) = \frac{1}{k_0} = \frac{1}{1+K_K} \quad (5.45)$$

稳态误差的时间函数为

$$e(t) = \frac{1}{k_0}x_i(t) + \frac{1}{k_1}x_i'(t) + \frac{1}{k_2}x_i''(t) + \frac{1}{k_3}x_i'''(t) \quad (5.46)$$

因为 $x_i(t) = 1(t)$, $x_i'(t) = x_i''(t) = x_i'''(t) = 0$(不计时间等于零时的脉冲值),故得

$$\lim_{t\to\infty} e(t) = \frac{1}{k_0} = \frac{1}{1+K_K} \quad (5.47)$$

当给定量为单位斜坡函数时,$x_i(t) = t$, $x_i'(t) = 1$, $x_i''(t) = x_i'''(t) = 0$,稳态误差值为

$$e_{ss} = e_v(\infty) = \lim_{s\to 0}\left(\frac{1}{k_0 s} + \frac{1}{k_1} + \frac{1}{k_2}s + \cdots\right) = \infty \quad (5.48)$$

稳态误差的时间函数为

$$e(t) = \frac{t}{k_0} + \frac{1}{k_1} \quad (5.49)$$

例 5.7　一单位反馈系统的开环传递函数为

$$W_K(s) = \frac{10(1+5s)}{s^2(1+s)}$$

试求输入量为 $x_i(t) = g_0 + g_1 t + \frac{1}{2}g_2 t^2$ 时,系统的稳态误差时间函数和稳态误差.

解　系统给定值的传递函数为

$$\frac{E(s)}{X_i(s)} = \frac{s^2 + s^3}{10 + 50s + s^2 + s^3}$$

用分子多项式除以分母多项式,可得 s 的升幂级数

$$\frac{E(s)}{X_i(s)} = \frac{1}{10}s^2 - \frac{2}{5}s^3 + \cdots$$

故 $k_0 = k_1 = 0$, $k_2 = 10$, $k_3 = -5/2$,误差的拉氏变换为

$$E(s) = \frac{1}{10}s^2 X_i(s) - \frac{2}{5}s^3 X_i(s) + \cdots$$

已知给定输入量为

$$x_i(t) = g_0 + g_1 t + \frac{1}{2}g_2 t^2$$

则

$$x_i'(t) = g_1 + g_2 t, \quad x_i''(t) = g_2, \quad x_i'''(t) = 0$$

稳态误差的时间函数为

$$e_{ss}(t) = e(t) = \frac{1}{10}x''_i(t) - \frac{2}{5}x'''_i(t) + \cdots = \frac{g_2}{10}$$

系统稳态误差为

$$\lim_{t \to \infty}e(t) = \lim_{t \to \infty}\left(\frac{g_2}{10}\right) = \frac{g_2}{10}$$

5.7.3　减小稳态误差的方法

　　为了减小系统的给定或扰动稳态误差,一般经常采用的方法是提高开环传递函数中的串联积分环节的阶次 N,或增大系统的开环放大系统 K_K.但是 N 值一般不超过 2,K_K 值也不能任意增大,否则系统不稳定.为了进一步减小给定和扰动误差,可以采用补偿的方法.所谓补偿是指作用于控制对象的控制信号中,除了偏差信号外,还引入与扰动或给定量有关的补偿信号,以提高系统的控制精度,减小误差.这种控制称为复合控制或前馈控制.

　　在如图 5.8 所示的控制系统中,给定量 $X_i(s)$ 通过补偿校正装置 $W_c(s)$,对系统进行开环控制.这样,引入的补偿信号 $X_b(s)$ 与偏差信号 $E(s)$ 一起,对控制对象进行复合控制.这种系统的闭环传递函数为

$$W_B(s) = \frac{X_o(s)}{X_i(s)} = \frac{[W_1(s) + W_c(s)]W_2(s)}{1 + W_1(s)W_2(s)} \tag{5.50}$$

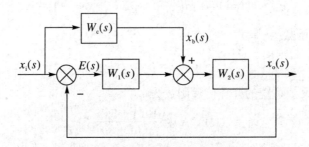

图 5.8　复合控制系统结构图(1)

由此得到给定误差的拉氏变换为

$$E(s) = \frac{1 - W_c(s)W_2(s)}{1 + W_1(s)W_2(s)}X_i(s) \tag{5.51}$$

　　如果补偿校正装置的传递函数为

$$W_c(s) = \frac{1}{W_2(s)} \tag{5.52}$$

即补偿环节的传递函数为控制对象的传递函数的倒数,则系统补偿后的误差

$$E(s) = 0 \tag{5.53}$$

　　闭环传递函数为

$$W_B(s) = \frac{X_o(s)}{X_i(s)} = 1 \tag{5.54}$$

即

$$X_o(s) = X_i(s) \tag{5.55}$$

　　这时,系统的给定误差为 0,输出量完全再现输入量.这种将误差完全补偿的作用称为全补

偿.式(5.55)称为按给定作用的不变性条件.

又如在图 5.9 所示的结构图中,为了补偿外部扰动 $X_d(s)$ 对系统产生的作用,引入了扰动的补偿信号,补偿校正装置为 $W_o(s)$.此时,系统的扰动误差就是给定量为 0 时系统的输出量

$$X_o(s) = \frac{[1 - W_1(s)W_o(s)]W_2(s)}{1 + W_1(s)W_2(s)}X_d(s) \tag{5.56}$$

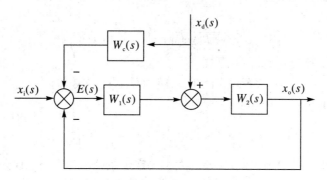

图 5.9　复合控制系统结构图(2)

如果选取

$$W_c(s) = \frac{1}{W_1(s)} \quad 或 \quad 1 - W_1(s)W_c(s) = 0 \tag{5.57}$$

则得到

$$X_o(s) = 0 \tag{5.58}$$

这种作用是对外部扰动的完全补偿,式(5.58)称为按扰动的不变性条件.实际上实现完全补偿是很困难的,但即使采取部分补偿也可以取得显著的效果.

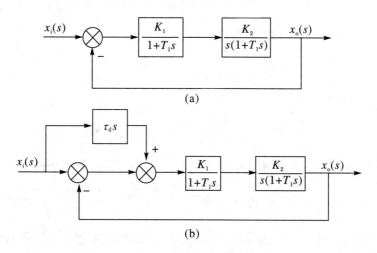

图 5.10　随动系统结构图

如图 5.10 所示为一随动系统,补偿前的开环传递函数为

$$W_K(s) = \frac{K_1 K_2}{s(T_1 s + 1)(T_M s + 1)}$$

闭环传递函数为

$$W_B(s) = \frac{K_K}{s(T_1 s + 1)(T_M s + 1) + K_K}$$

式中, $K_K = K_1 K_2$.

误差传递函数为

$$W_c(s) = \frac{s(T_1 s + 1)(T_M s + 1)}{s(T_1 s + 1)(T_M s + 1) + K_K}$$

当输入量为单位斜坡函数时, $X_i(s) = \frac{1}{s^2}$, 系统的给定误差拉氏变换为

$$E(s) = \frac{s(T_1 s + 1)(T_M s + 1)}{s(T_1 s + 1)(T_M s + 1) + K_K} \frac{1}{s^2}$$

速度稳态误差系数为

$$K_v = \lim_{s \to 0} s W_K(s) = K_1 K_2 = K_K$$

系统的稳态误差为

$$e_{ss} = e_v(\infty) = \lim_{s \to \infty} E(s) = \frac{1}{K_v} = \frac{1}{K_K}$$

这时系统将产生速度稳态误差, 误差的大小决定于系统的速度稳态误差系数 $K_v = K_K$.

为了补偿系统的速度误差, 引进了给定量的微分信号, 如图 5.10(b) 所示. 补偿校正装置 $W_c(s)$ 的传递函数为

$$W_c(s) = \tau_d s$$

由此求得系统的闭环传递函数为

$$W_B(s) = \frac{[1 + W_c(s)] W_K(s)}{1 + W_K(s)} = \frac{K_K(1 + \tau_d s)}{s(T_1 s + 1)(T_M s + 1) + K_K}$$

复合控制的给定误差传递函数为

$$W_e(s) = 1 - W_B(s) = \frac{s^2(T_1 T_M s + T_1 + T_M) + s(1 - K_K \tau_d)}{s(T_1 s + 1)(T_M s + 1) + K_K}$$

今选取 $\tau_d = \frac{1}{K_K}$, 则误差传递函数为

$$W_e(s) = \frac{s^2(T_1 T_M s + T_1 + T_M)}{s(T_1 s + 1)(T_M s + 1) + K_K}$$

误差的拉氏变换为

$$E(s) = \frac{s^2(T_1 T_M s + T_1 + T_M)}{s(T_1 s + 1)(T_M s + 1) + K_K} X_i(s)$$

在输入量为单位斜坡函数的情况下, $X_i(s) = \frac{1}{s^2}$, 系统的给定稳态误差为

$$e_{ss} = e_v(\infty) = \lim_{s \to 0} s E(s) = \lim_{s \to 0} \frac{x(T_1 T_M s + T_1 + T_M)}{s(T_1 s + 1)(T_M s + 1) + K_K} = 0$$

由此可知, 当加入补偿校正装置 $W_c(s) = \frac{1}{K_K} s$ (也称为前馈控制) 时, 可以使系统的速度稳态误差为 0, 将原来的 I 型系统提高为 II 型系统. 此时其等效单位反馈系统的开环传递函数为

$$W_K'(s) = \frac{1}{W_e(s)} - 1 = \frac{s + K_K}{s^2(T_1 T_M s + T_1 + T_M)}$$

应特别指出的是, 加入前馈控制时, 系统的稳定性与未加前馈相同, 因为这两个系统的特征方程式是相同的. 这样, 提高了稳态精度, 但系统稳定性不变.

实现上述补偿是很容易的,从输入端引入一理想的微分环节即可,该环节的微分时间常数为 $\tau = \dfrac{1}{K_{\mathrm{K}}}$.

5.8　用 MATLAB 进行系统的稳定性分析

在 MATLAB 中,可以利用 tf2zp() 函数将系统的传递函数形式变换为零点、极点增益形式,利用 zp2tf() 函数将系统零点、极点形式变换为传递函数形式,还可利用 pzmap() 函数绘制连续系统的零点、极点图,MATLAB 中的调用格式分别为

　　　　$[z,p,k]$ = tf2zp(num,den)

　　　　$[\mathrm{num,den}]$ = zp2tf(z,p,k)

　　　　pzmap(num,den)

式中,z 为系统的零点;p 为系统的极点;k 为增益.

例 5.8　考虑连续系统 $W(s) = \dfrac{3s^4 + 2s^3 + 5s^2 + 4s + 6}{s^5 + 3s^4 + 4s^3 + 2s^2 + 7s + 2}$,求系统的零点、极点及增益,并绘制其零点、极点图.

解　输入以下 MATLAB 命令:

```
%L0305.m
num = [32546];
den = [134272];
[Z,P,K] = tf2zp(num,den);
pzmap(num,den);%绘制连续系统的零点、极点图
title('系统的零点、极点图')
```

运行结果为

```
Z =
    0.4019 + 1.1956i
    0.4019 - 1.1965i
   -0.7352 + 0.8455i
   -0.7352 - 0.8455i
P =
   -1.7680 + 1.2673i
   -1.7680 - 1.2673i
    0.4176 + 1.1130i
    0.4176 - 1.1130i
   -0.2991
K =
    3
```

系统的零点、极点分布如图 5.11 所示.

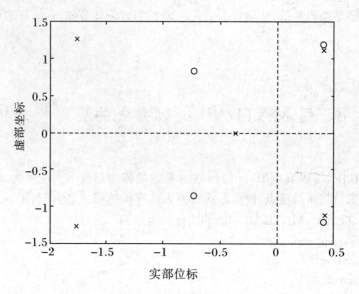

图 5.11　运行结果

　　还可以利用 root(den) 函数求分母多项式的根来确定系统的极点,从而确定系统的稳定性.在自动控制系统稳定性分析中,den 就是系统闭环特征多项式降幂排列的系数向量.若能够求得 den,则其根就可以求出,并进而判断所有根的实部是否小于 0.若闭环系统特征方程的所有根的实部都小于 0,系统闭环是稳定的,只要有一个根的实部不小于 0,则系统闭环不稳定.

　　上例中,判断其稳定性,MATLAB 的程序如下:

　　　　root(den);

运行结果为

　　　　ans =

　　　　　　 − 1.7680 + 1.2673i

　　　　　　 − 1.7680 − 1.2673i

　　　　　　 0.4176 + 1.1130i

　　　　　　 0.4176 − 1.1130i

　　　　　　 − 0.2991

计算结果表明,特征根中有 2 个根的实部是正,所以闭环系统是不稳定的.

　　例 5.9　已知系统开环传递函数为 $W(s) = \dfrac{100(s+2)}{s(s+1)(s+20)}$,试判断闭环系统的稳定性.

　　解　输入以下 MATLAB 命令:

```
%L0306.m
k = 100;
z = [−2];
p = [0,−1,−20];
[n1,d1] = zp2tf(z,p,k);
p = n1 + d1;
roots(p)
```

运行结果为

　　　　ans =

　　　　　－12.8990
　　　　　－5.0000
　　　　　－3.1010
计算数据表明所有特征根的实部均为负值,所以闭环系统是稳定的.

5.9　MATLAB 在求解系统给定稳态误差中的应用

　　对于如图 5.12 所示的线性系统,应用拉氏变换终值定理,可以很容易地得出系统给定稳态误差:

$$e_{ss} = \lim_{t \to \infty} e(t) = \lim_{s \to 0} sE(s) = \lim_{s \to 0} s[U_i(s) - U_o(s)]$$
$$= \lim_{s \to 0} s[U_i(s) - W_B(s)U_i(s)]$$
$$= \lim_{s \to 0} sU_i(s)[1 - W_B(s)]$$

式中,$W_B(s) = \dfrac{W(s)}{HW(s)}$.

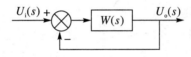

$U_i(s)$　＋　　　　$W(s)$　　　$U_o(s)$
　　　　　　　　　　－

图 5.12　系统框图

　　在 MATLAB 中,利用函数 dcgain() 可求取系统给定稳态误差.该函数的调用格式为

　　　　dcg = dcgain(num,den)

式中,dcg 为所求系统的给定稳态误差.

　　例 5.10　试计算如图 5.12 所示系统分别在典型输入信号 $u_i(t) = 1(t)$,t,$\frac{1}{2}t^2$ 下的给定稳态误差,已知 $W(s) = \dfrac{7(s+1)}{s(s+3)(s^2+4s+5)}$.

　　解　输入以下 MATLAB 命令,求系统的闭环传递函数.

　　　　%求系统的闭环传递函数
　　　　num1 = [77];
　　　　den1 = [conv([10],[13],[145])];
　　　　W = tf(num1,den1);
　　　　WW = feedback(W,1,－1)

运行结果为

　　　　Transfer function:
　　　　7s + 7
　　　　－
　　　　s^4 + 7s^3 + 17s^2 + 22s + 7

输入以下 MATLAB 命令,计算 $s[1 - W_B(s)]$.

　　　　%计算 $s[1 - W_B(s)]$

```
WWW = tf(WW.den{1} − WW.num{1}, WW.den{1});
num2 = [10];
den2 = 1;
W1 = tf(num2, den2);
WWWW = WWW * W1
```

运行结果为

Transfer function：

$$\frac{s^5 + 7s^4 + 17s^3 + 15s^2}{s^4 + 7s^3 + 17s^2 + 22s + 7}$$

说明：WW.num{1}，WW.den{1}分别表示 WW 对象的分子、分母部分.

① 计算 $u_i(t) = 1(t)$ 时的给点稳态误差 e_{ss}.

此时，$U_i(s) = \dfrac{1}{s}$，输入以下 MATLAB 命令，计算给定稳态误差终值.

```
%计算 u_i(t) = 1(t)时的给定稳态误差 e_ss
num3 = 1;
den3 = [10];
R1 = tf(num3, den3);
dcg = dcgain(WWWW * R1)
```

运行结果为

```
dcg = 0
```

即给定稳态误差为 0.

② 计算 $u_i(t) = t$ 时的给点稳态误差 e_{ss}.

此时，$U_i(s) = \dfrac{1}{s^2}$，输入以下 MATLAB 命令，计算给定稳态误差.

```
%计算 u_i(t) = t 时的给定稳态误差 e_ss
num4 = 1;
den4 = [100];
R2 = tf(num4, den4);
dcg = dcgain(WWWW * R2)
```

运行结果为

```
dcg = 2.1429
```

即给定稳态误差为 2.1429.

③ 计算 $u_i(t) = \dfrac{1}{2}t^2$ 时的给点稳态误差 e_{ss}.

此时，$U_i(s) = \dfrac{1}{s^3}$，输入以下 MATLAB 命令，计算给定稳态误差.

```
%计算 u_i(t) = ½t² 时的给定稳态误差 e_ss
num5 = 1;
den5 = [100];
R3 = tf(num5, den5);
dcg = dcgain(WWWW * R3)
```

运行结果为

　　　dcg = Inf

即给定稳态误差为 ∞.

小结

1. 稳定是系统能正常工作的首要条件.线性定常系统的稳定性是系统的一种固有特性,它仅取决于系统的结构和参数,与外施信号的形式和大小无关.不用求根而能直接判别系统稳定性的方法,称为代数稳定判据.代数稳定判据只回答特征方程式的根在 s 平面上的分布情况,而不能确定根的具体数值.

2. 稳态误差是系统控制精度的度量,也是系统的一种重要性能指标.系统的稳态误差既与其结构和参数有关,又与控制信号的形式、大小和作用点有关.

3. 系统的稳态精度与动态性能在对系统的类型和开环增益的要求上是相矛盾的.解决这一矛盾的方法,除了在系统中设置校正装置外,还可用前馈补偿的方法来提高系统的稳态精度.

习　　题

1. 系统的稳态条件是什么?

2. 系统的稳定性与什么有关?

3. 系统的稳态误差与哪些因素有关?

4. 如何减小系统的稳态误差?

5. 一单位反馈控制系统的开环传递函数为 $W_K(s) = \dfrac{w_n^2}{s(s + 2\xi w_n)}$.已知系统的 $x_i(t) = 1(t)$,误差时间函数为 $e(t) = 1.4e^{-1.07t} - 0.4e^{-3.73t}$,求系统的阻尼比 ξ、自然振荡角频率 w_n、系统的开环传递函数和闭环传递函数、系统的稳态误差.

6. 已知单位反馈控制系统的开环传递函数为 $W_K(s) = \dfrac{K_K}{s(\tau s + 1)}$,试选择 K_K 及 τ 值以满足下列指标:

(1) 当 $x_i(t) = t$ 时,系统的稳态误差 $e_v(\infty) \leqslant 0.02$;

(2) 当 $x_i(t) = 1(t)$ 时,系统的 $\sigma\% \leqslant 30\%$,$t_s(5\%) \leqslant 0.3$ s.

7. 一系统的动态结构如图 5.13 所示,求在不同的 K_K 下(例如 $K_K = 1, 3, 7$)系统的闭环极点、单位阶跃响应、动态性能指标及稳态误差.

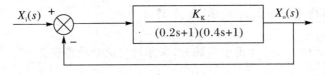

图 5.13　习题 7 附图

8. 有闭环系统的特征方程如下,试用劳斯判断系统的稳定性,并说明特征根在复平面上的分布.

(1) $s^3 + 20s^2 + 4s + 50 = 0$;

(2) $s^3 + 20s^2 + 4s + 100 = 0$;

(3) $s^4 + 2s^3 + 6s^2 + 8s + 8 = 0$;

(4) $2s^5 + s^4 - 15s^3 + 25s^2 + 2s - 7 = 0$;

(5) $s^6 + 3s^5 + 9s^4 + 18s^3 + 22s^2 + 12s + 12 = 0$.

9. 单位反馈系统的开环传递函数为

$$W_K(s) = \frac{K_K(0.5s + 1)}{s(s+1)(0.5s^2 + s + 1)}$$

试确定使系统稳定的 K_K 范围.

10. 已知系统的结构图如图 5.14 所示,试用劳斯判据确定使系统稳定的 K_f 值范围.

11. 如果采用如图 5.15 所示,问 τ 取何值时,系统方能稳定?

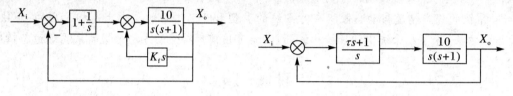

图 5.14　习题 10 附图　　　　　图 5.15　习题 11 附图

12. 设单位负反馈系统的开环传递函数为 $W_K(s) = \dfrac{K}{s(s+0.33s)(1+0.107s)}$,要求闭环特征根的实部均小于 -1,求 K_K 值应取的范围.

13. 设有一单位反馈系统,如果其开环传递函数为:

(1) $W_K(s) = \dfrac{10}{s(s+4)(5s+1)}$;

(2) $W_K(s) = \dfrac{10(s+0.1)}{s^2(s+4)(5s+1)}$.

试分别求输入量为 $X_i(t) = t$ 和 $X_i(t) = 2 + 4t + 5t^2$ 时系统的稳态误差.

14. 有一单位反馈系统,系统的开环传递函数为 $W_K(s) = \dfrac{K_K}{s}$.求当输入量为 $X_i(t) = \dfrac{1}{2}t^2$ 和 $X_i(t) = \sin \omega t$ 时,控制系统的稳态误差.

15. 有一单位反馈系统,其开环传递函数为 $W_K(s) = \dfrac{3s+10}{s(5s-1)}$,求系统的动态误差系数;并求当输入量为 $X_i(t) = 1 + t + \dfrac{1}{2}t^2$ 时,稳态误差的时间函数 $e(t)$.

16. 一系统的结构图如图 5.16 所示,并设 $W_1(s) = \dfrac{K_1(1+T_1 s)}{s}$,$W_2(s) = \dfrac{K_2}{s(1+T_2 s)}$.当扰动量分别为 $\Delta X_d(s) = \dfrac{1}{s}, \dfrac{1}{s^2}$ 作用于系统时,求系统的扰动稳态误差.

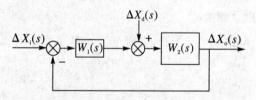

图 5.16　习题 16 附图

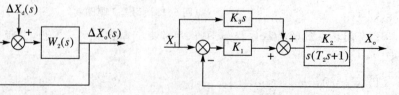

图 5.17　习题 17 附图

17. 一复合控制系统的结构图如图 5.17 所示,其中 $K_1 = 2K_3 = 1$, $T_2 = 0.25$ s, $K_2 = 2$.

试求:(1) 输入量分别为 $X_i(t) = 1$, $X_i(t) = t$, $X_i(t) = \dfrac{1}{2} t^2$ 时系统的稳态误差;

(2) 系统的单位阶跃响应,及其 $\sigma\%$ 和 t_s.

18. 一复合控制系统的结构图如图 5.18 所示,图中 $W_c(s) = as^2 + bs$, $W_g(s) = \dfrac{10}{s(1 + 0.1s)(1 + 0.2s)}$. 如果系统由 I 型提高为 III 型系统,求 a 和 b 的值.

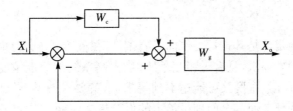

图 5.18　习题 18 附图

第6章 系统的性能分析与校正

控制系统良好的稳定性是其正常工作的必要条件,在进行系统设计时往往发现设计出来的系统不能满足指标的预期要求,且有时相互矛盾.当提高系统的稳定精度时,其稳定性下降;反之,系统有了足够稳定性时,精度又可能达不到要求,这就要求调整系统中原有的某些参数,或者在原系统中加入某些环节使其全面满足给定的设计指标要求.

6.1 系统的性能指标与校正方法

1. 系统的性能指标
控制系统的性能指标包括静态性能指标和动态性能指标.

静态性能指标主要指稳态误差 e_{ss},它是指系统希望的输出与实际输出之差,主要与系统的型次和开环增益的大小有关.一般来讲,系统型次越高、开环增益越大,稳态误差就越小.

动态性能指标包括时域动态性能指标和频域动态性能指标两类.前者主要指上升时间 t_r、峰值时间 t_p、调整时间 t_s、超调量 $\sigma_p\%$ 和振荡次数 N.频域性能指标主要包括谐振峰值 M_r、谐振频率 ω_r、带宽 ω_b、开环相位裕度 γ、开环幅值裕度 K_g.

时域和频域性能指标之间是可以相互转换的.对于三阶及三阶以上系统来讲,频域和时域之间的换算关系非常繁琐.而对于二阶系统来讲,时域和频域指标之间具有比较简单确切的数学关系,这在第 3 章也有详细的论述,其定性关系一般为:谐振峰值 M_r 越大,超调量 $\sigma_p\%$ 越大;当超调量 $\sigma_p\%$ 一定时,调整时间 t_s、峰值时间 t_p 与带宽 ω_b 或谐振频率 ω_r 成反比.

2. 系统的校正方式及特点
按照校正装置在系统中的连接方式不同可以分为串联校正和反馈校正两种基本校正方式.

(1) 串联校正

校正环节和原系统之间是串联的关系,这样的校正方式称为串联校正,如图 6.1 所示. $G_o(s)$ 是原系统传递函数,$G_c(s)$ 就是串联校正环节.通常为了减小校正环节消耗的能量,串联校正环节一般都位于前向通道功率等级较小的位置.

(2) 反馈校正

反馈校正又称为并联校正,校正环节放在局部反馈通道中.如图 6.2 所示.图中,$G_{o1}(s)$、$G_{o2}(s)$ 是系统原始传递函数,$G_c(s)$ 是反馈校正环节,该校正方式要检测输出量 $C(s)$,经过运算处理后反馈到输入端进行控制.按照对检测到的输出量的处理方法不同可以分为位置反馈、速度反馈和加速度反馈三种.

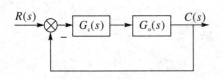

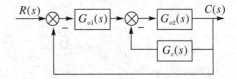

图 6.1　串联校正方框图　　　　　　　　　图 6.2　反馈校正方框图

串联校正和反馈校正各有特点,串联校正更容易对已有的传递函数进行各种变换,其物理实现也比较容易,成本较低.反馈校正的设计比串联校正复杂,有时要使用比较昂贵的传感器,但它能消除被包围部分的参数波动对系统性能的影响.因此,对于技术要求不高、结构简单、成本低的系统,可采用串联校正.

当系统有特殊要求,特别是被控对象参数不稳定时,应采用反馈校正.

在对系统指标要求较高的情况下,可以同时使用反馈校正和串联校正.串联校正和反馈校正一般都位于系统主反馈内部.如图 6.3 所示.

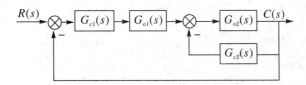

图 6.3　串联、反馈校正方框

3. 校正装置的设计方法

对于线性控制系统,常用校正装置的设计方法有分析法和综合法两种.

分析法又称试探法,直观、物理上容易实现,但要求设计者有一定的设计经验,设计过程带有试探性;综合法又称期望特性法,根据系统性能指标要求求出符合要求的闭环期望特性,然后由闭环和开环的关系得出期望的开环特性,与原有开环特性相比较,从而确定校正方式、校正装置的形式和参数.综合法有较强的理论意义,但是所得出的校正装置传递函数可能很复杂,难以在物理上实现.

当设计系统要求的是时域性能指标时,一般在时域内进行系统设计.由于三阶和三阶以上系统的准确时域分析比较困难,因此时域内的系统设计一般把闭环传递函数设计成二阶或一阶系统,或者采用闭环主导极点的概念把一些高阶系统简化为低阶系统然后进行分析设计.

当系统给出的是频域性能指标时,一般在频域内进行系统设计.这是一种间接的设计方法,因为设计满足的是一些频域指标而不是时域指标.但在频域内设计又是一种简便的方法,它使用开环系统 Bode 图作为分析的主要手段.在 Bode 图上,可以很方便地根据频域指标确定校正装置的参数.这是因为开环 Bode 图表征了闭环系统稳定性、快速性和稳态精度等方面的指标.在 Bode 图低频段,表征了闭环系统的稳态性能;中频段表征了闭环系统的动态性能和稳定性;高频段表征了闭环系统的噪声抑制能力.所以在频域内设计闭环系统时,就是要在原频率特性内加入适合的校正装置,使整个开环系统的 Bode 图变成所期望的形状.

由于频域法的优点以及低阶系统时域和频域指标可以相互转换,所以本章系统校正主要采用频域内的分析法,对开环系统的伯德图进行改造使其满足要求的指标.校正计算完成后应当检验校正后系统是否满足全部性能指标要求,如不满足则应修正,有时需反复计算才能取得满意的结果.

6.2　串　联　校　正

按照校正环节相频特性的不同,串联校正又可分为超前校正、滞后校正、滞后-超前校正 3 种.下面就以电气校正装置为例来学习串联校正装置的性质及设计方法.

6.2.1　超前校正

1. 超前校正环节的特点

图 6.4 是超前校正网络的电气原理图,它实际上是采用 RC 元件的无源高通滤波器.

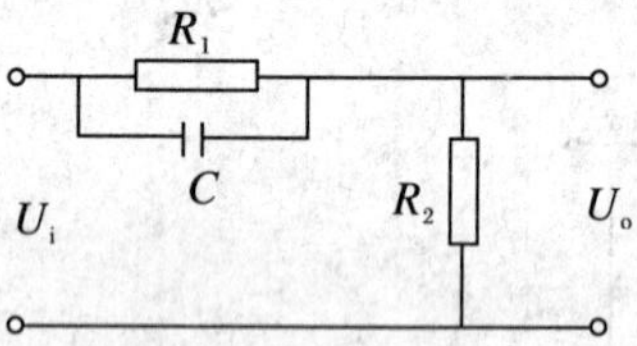

该环节以 u_i 为输入电压,u_o 为输出电压,其传递函数是

$$G_c(s) = \frac{R_2}{R_2 + \dfrac{1}{Cs + \dfrac{1}{R_1}}} = \alpha \frac{Ts + 1}{\alpha Ts + 1}$$

图 6.4　超前校正环节电气原理图

式中,$\alpha = \dfrac{R_2}{R_1 + R_2} < 1$,$T = R_1 C$.

由以上传递函数可见:此环节的开环增益为 α,且 $\alpha < 1$. 因此,当它串联在系统后,会使原系统的稳态误差增大.为消除影响,在下面的讨论中,都采用一个放大倍数是 $1/\alpha$ 的比例环节与超前校正环节串联使用,其总的传递函数是

$$G_c(s) = \frac{Ts + 1}{\alpha Ts + 1} \tag{6.1}$$

与比例环节串联后,新的超前环节的 Bode 图如图 6.5 所示.从 Bode 图上可以看出,超前环节具有通高频阻低频的特点.

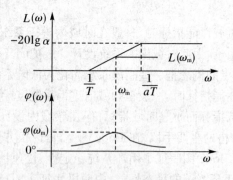

图 6.5　超前校正环节的 Bode 图

由式(6.1)可得相频特性:$\varphi(\omega) = \arctan T\omega - \arctan \alpha T\omega$. 可见,当频率从 $0 \to \infty$ 变化时,其相位 $\varphi(\omega)$ 均大于 0,这说明正弦信号通过该环节后,输出信号比输入信号具有超前的相位,这也是超前环节名称的由来.

$\varphi(\omega)$ 的极值 $\varphi(\omega_m)$ 可由 $\varphi(\omega)$ 对 ω 求导得到.

$$\left. \frac{\mathrm{d}\varphi(\omega)}{\mathrm{d}\omega} \right|_{\omega = \omega_m} = \frac{T}{1 + T^2 \omega_m^2} - \frac{\alpha T}{1 + (\alpha T)^2 \omega_m^2} = 0$$

得

$$\omega_m = \frac{1}{\sqrt{\alpha}T} \tag{6.2}$$

因此

$$\sin\varphi(\omega_m) = \frac{1-\alpha}{1+\alpha} \Rightarrow \varphi(\omega_m) = \arcsin\frac{1-\alpha}{1+\alpha} \tag{6.3}$$

由式(6.2)可求出

$$L(\omega_m) = 20\lg\left|\frac{1+Tj\omega_m}{1+T\alpha j\omega_m}\right| = 10\lg\frac{1}{\alpha}$$

又因为 $\lg\omega_m = \frac{1}{2}\left(\lg\frac{1}{\alpha T} + \lg\frac{1}{T}\right)$，所以在对数横坐标轴上，$\omega_m$ 恰好位于转折频率 $\frac{1}{\alpha T}$ 和 $\frac{1}{T}$ 的几何中心. α 取得越小，$\varphi(\omega_m)$ 越大，其相位超前作用越强.

2. 超前校正环节的应用

如图 6.6 所示的闭环系统，其开环 Bode 图如图中虚线所示，原系统的相位裕量虽是正值，但很小. 采用超前串联校正，选择合适的校正参数，得到点画线所示的超前环节. 将虚线与点画线叠加，得到校正以后的对数幅频特性和对数相频特性，即图中实线部分.

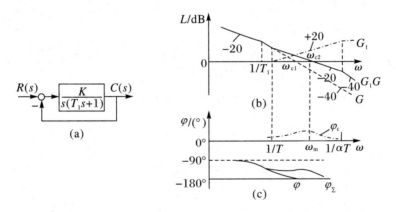

图 6.6　超前校正环节的应用

由图 6.6 可以看出，经过校正以后，系统穿越频率从 ω_{c1} 右移至 ω_{c2}，这表明闭环系统带宽 ω_b 也增大了，系统响应速度加快. 另外，由于超前环节的正相移作用，对数相频特性曲线上移，因此校正后系统相位裕度增大，相对稳定性增加. 但是系统高频段叠加了正的分贝值，因此校正后系统高频段幅频特性明显上翘，表明系统高频段增益增加，对噪声的抑制能力降低，这也是使用超前校正的缺点.

使用频率法进行串联超前校正的一般步骤归纳如下：

① 根据稳态误差的要求，确定原系统的开环增益 K.

② 利用已确定的开环增益 K，绘出原系统的开环伯德图并计算未校正系统的相位裕度 γ'.

③ 根据系统要求的性能指标，确定需要产生的最大超前角 $\varphi(\omega_m)$，公式为

$$\varphi(\omega_m) = \gamma - \gamma' + (5° \sim 10°)$$

其中，γ 是校正后要求达到的相位裕度.

考虑到校正后，系统新的剪切频率将比原剪切频率增大并右移，使系统相位裕度减小，这一点在图 6.6 上可明显看出. 因此，在 $\varphi(\omega_m)$ 的计算公式中增加了 $5° \sim 10°$ 作为补充. 根据 $\varphi(\omega_m)$，

由式(6.3)可以计算出 α 的数值.

④ 把校正装置的最大超前角频率 ω_m 确定为系统新的剪切频率,即要求原系统 Bode 图在 ω_m 处的幅值为 $-10\lg\dfrac{1}{\alpha}$,从而确定 ω_m,也就是新系统的剪切频率 ω_c.由得出的 ω_m 和 α 及式(6.2)可求出校正装置的另一个参数 T.

⑤ 根据 T 和 α 计算校正装置的传递函数.

⑥ 验算校正后系统的性能指标是否满足要求,如果不满足就需重选参数进行校正.

求解的流程可简单表示如下:

$$K \rightarrow \varphi(\omega_m) \rightarrow \alpha \rightarrow \omega_m \rightarrow T$$

例 6.1 系统开环传递函数是 $G(s)=\dfrac{K}{s(0.1s+1)(0.001s+1)}$,对该系统的要求是:系统相位裕度 $\gamma \geqslant 44°$,静态速度误差系数 $K_v=1000$.求校正装置的传递函数.

解 ① 由稳态指标要求,求得 $K=1000$.

② 画出未校正系统的开环 Bode 图如图 6.7 中虚线所示.解得剪切频率 $\omega_c=100$,$\varphi(\omega_c)=-180°$,所以相位裕度 $\gamma'=0°$.系统处于临界稳定状态.

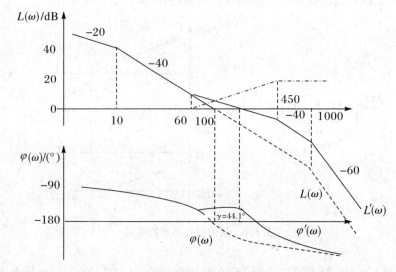

图 6.7 超前校正的开环 Bode 图

③ 考虑加入超前校正装置,系统叠加正的相位,使相位裕度达到要求.确定需要产生的最大超前角 $\varphi(\omega_m)$,由 $\varphi(\omega_m)=\gamma-\gamma'+(5°\sim10°)$,取相位增加的补充值是 $6°$,得 $\varphi(\omega_m)=50°$,由 $\varphi(\omega_m)=\arcsin\dfrac{1-\alpha}{1+\alpha}=50°$,解得 $\alpha=0.132$.

④ 因 $\varphi(\omega_m)$ 位于 $\omega_m=\dfrac{1}{\sqrt{\alpha}T}$ 处,所以,求得超前校正环节在 ω_m 处的幅值为 $10\lg\dfrac{1}{\alpha}=8.8$ dB,在原 Bode 图上可以计算出幅值为 -8.8 dB 的频率为 166 rad/s,此即校正后系统新的剪切频率,$\omega_m=\omega_c=166$ rad/s,又 $\omega_m=\dfrac{1}{\sqrt{\alpha}T}$,得 $T=0.0166$.

⑤ 校正环节的传递函数 $G_c(s)=\dfrac{1+Ts}{1+\alpha Ts}=\dfrac{1+0.0166s}{1+0.0022s}$.

校正后系统的传递函数为

$$G(s) = \frac{1\,000(1+0.016\,6s)}{s(1+0.002\,2s)(1+0.1s)(1+0.001s)}$$

⑥ 校正后开环系统的伯德图如图 6.7 中实线所示.其相位裕度 $\gamma = 180° + \arctan 0.016\,6\omega_c - 90° - \arctan 0.002\,2\omega_c - \arctan 0.1\omega_c - \arctan 0.001\omega_c = 44.1°$,满足要求.

从例 6.1 可见,利用超前环节进行校正,不是利用其通高频阻低频,而是利用它相位超前的特性,在某一频率范围内使其相频特性曲线上翘,增大相位裕量,提高相对稳定性.采用超前校正后,系统的剪切频率右移,闭环系统带宽增加,但也减弱了对噪声的抑制作用.超前校正多用于对系统快速性要求较高的场合,如流量控制、随动系统等.

6.2.2　滞后校正

1. 滞后校正环节的特点

图 6.8 是滞后校正环节的电气图,它实质上也是一个无源 RC 网络,此环节的传递函数是

$$G_c(s) = \frac{R_2 + \dfrac{1}{Cs}}{R_1 + R_2 + \dfrac{1}{Cs}} = \frac{Ts+1}{\beta Ts+1}$$

式中,$\beta = \dfrac{R_1 + R_2}{R_2} > 1$,$T = R_2 C$.

它的 Bode 图如图 6.9 所示.在幅频特性上,低频段增益不变,而高频段增益下降,因此滞后环节具有通低频阻高频的特点.环节的相频特性 $\varphi(\omega) = \arctan T\omega - \arctan \beta T\omega$,因 $\beta > 1$,所以 $\varphi(\omega) < 0$,也就是输出信号的相位滞后于输入信号的相位,这也是滞后环节名称的由来.

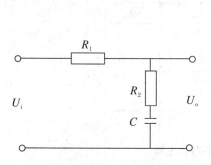

图 6.8　滞后校正环节电气原理图　　　　图 6.9　滞后环节的 Bode 图

令最大滞后角度处的频率为 ω_m,则 $\varphi(\omega_m)$ 可由 $\varphi(\omega)$ 对 ω 求导得来.

$$\left. \frac{\mathrm{d}\varphi(\omega)}{\mathrm{d}\omega} \right|_{\omega = \omega_m} = \frac{T}{1 + T^2\omega^2} - \frac{\beta T}{1 + (\beta T)^2 \omega^2} = 0$$

解得

$$\omega_m = \frac{1}{\sqrt{\beta}T}$$

因此

$$\sin \varphi(\omega_m) = \frac{\beta - 1}{\beta + 1}, \quad \varphi(\omega_m) = \arcsin \frac{\beta - 1}{\beta + 1}$$

根据对数坐标的关系,容易求得 ω_m 位于转折频率 $\dfrac{1}{\beta T}$ 和 $\dfrac{1}{T}$ 之间.伯德图上,ω_m 处的幅值

$$L(\omega_{\mathrm{m}}) = 20\lg\left|\frac{1 + Tj\omega_{\mathrm{m}}}{1 + T\beta j\omega_{\mathrm{m}}}\right| = 10\lg\frac{1}{\beta}$$

利用滞后环节进行校正,不是利用其相位滞后的性质,而是主要利用其高频幅值衰减性能.在图 6.9 中,$1/T$ 之后的幅值都衰减了 $20\lg\beta$,而 $1/(\beta T)$ 之前幅值保持不变,因此如果保持高频段增益不变,就相当于低频段增益增大,而低频段增益越大,稳态误差就越小.另外,滞后校正使已校正系统的剪切频率下降,从而可能使系统获得足够的相位裕度,增大了系统的相对稳定性.

3. 滞后校正环节的应用

如图 6.10 所示系统,原系统开环伯德图如虚线所示,滞后校正环节的伯德图如点画线所示.很显然,原系统的相位裕度和幅值裕度均为负值,因此系统不稳定.采用滞后校正,一般要使滞后环节的转折频率 $1/T$ 远离原剪切频率 ω_{c},这一方面减小了相位滞后对相位裕度 γ 值的影响,另一方面,由于校正环节低频段幅频特性是 $0\ \mathrm{dB}$,因此对原系统低频段幅频特性影响很小,校正后系统的稳态精度不受影响.校正后的系统开环伯德图如实线所示,系统的剪切频率左移,幅值裕度和相位裕度均变为正值,系统稳定性增强.但是,采用滞后校正后,系统的 ω_{c} 减小,闭环系统带宽减小,系统响应速度减慢,但高频抗干扰能力增强.

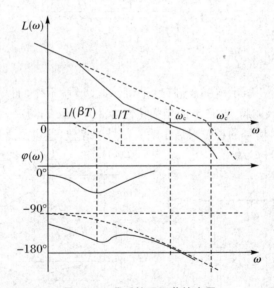

图 6.10　滞后校正环节的应用

利用滞后校正装置在频域内进行校正的具体步骤为:

① 根据稳态误差的要求,确定原系统的开环增益 K.

② 利用已确定的开环增益 K,绘出原系统伯德图并计算未校正系统的相位裕度 γ' 和剪切频率 ω_{c}',看其是否满足要求.

③ 在原 Bode 图上选择 ω_{c} 作为新的剪切频率,使其对应的相位裕度为 γ_2,且 γ_2 满足:

$$\gamma_2 = \gamma + (6°\sim14°)$$

式中,γ 是校正后系统要求的相位裕度.考虑到校正后,串联滞后校正装置将产生相位滞后,γ_2 比要求的相位裕度增加了 $6°\sim14°$.

④ 计算出原系统在 ω_{c} 处的对数幅频特性幅值 $L(\omega_{\mathrm{c}})$,为使校正后系统的剪切频率为 ω_{c},确定滞后校正装置高频衰减的数值,即:$-20\lg\beta + L(\omega_{\mathrm{c}}) = 0$,由此求得 β.

⑤ 为减小滞后校正装置相位滞后特性对系统相位裕度的影响,滞后校正装置的剪切频率

应远离 ω_c,可取:$\frac{1}{T} = (0.1 \sim 0.25)\omega_c$,由此可确定 T.

⑥ 根据 T 和 β 计算校正装置的传递函数.

⑦ 验算校正后系统的性能指标,如果不满足,可重新计算.

求解的流程可简单表示如下:

$$K \to \gamma_2 \to \omega_c \to \beta \to T$$

例 6.2 设控制系统如图 6.11 所示,若要求校正后系统的静态速度误差系数等于 30,相位裕度不小于 40°,幅值裕度不小于 10 dB,剪切频率不小于 2.3 rad/s,试设计串联校正装置.

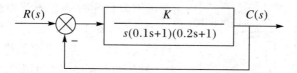

图 6.11 系统的控制框图

解 根据稳态误差的要求,确定 $K = 30$.作出未校正系统的开环 Bode 图,如图 6.12 虚线所示.可以求出 $\omega_c' = 12$,$\gamma' = -27.6°$.

根据 $\gamma_2 = \gamma + (6° \sim 14°)$,取 $\gamma_2 = 46°$,在 Bode 图上求出相位为 46°时对应的频率 $\omega_c = 2.7$(满足剪切频率不小于 2.3 的要求),以此作为校正后系统新的剪切频率,并求得 $L(\omega_c) = 21$ dB.

由 $-20\lg\beta + L(\omega_c) = 0$,得 $\beta = 11.22$.

取 $\frac{1}{T} = 0.1\omega_c$,$T = 3.7$ s.串联滞后校正装置的传递函数为

$$G_c(s) = \frac{1 + Ts}{1 + \beta Ts} = \frac{1 + 3.7s}{1 + 41.5s}$$

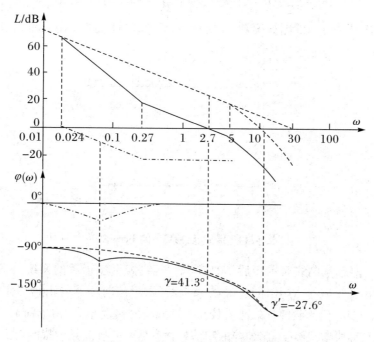

图 6.12 滞后校正的开环 Bode 图

在图 6.12 中绘制了校正装置以及校正后系统的开环传递函数的对数幅频特性曲线.校正后系统的性能指标为:$\omega_c = 2.7$ rad/s,$\gamma = 41.3°$,$\omega_g = 6.8$ rad/s,$20\lg K_g = 10.5$ dB,满足要求.

采用滞后校正后,开环系统的剪切频率左移,系统调节时间加长,稳定性增加,多用于对快速性要求不高,但对稳态精度要求较高的场合,如恒温控制.

6.2.3 滞后-超前校正

采用超前校正可以增强系统的快速性和相对稳定性,但对稳态精度改善不大;采用滞后校正可以增大系统的稳态精度和相对稳定性,但却有损于快速性.如果采用滞后-超前校正,就可能既会提高系统的快速性,又增加系统的稳态精度.

滞后-超前校正环节的电气图如图 6.13 所示.其传递函数为

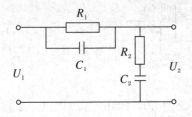

图 6.13 滞后-超前校正环节电气原理图

$$G_c(s) = \frac{(1 + R_1 C_1 s)(1 + R_2 C_2 s)}{(1 + R_1 C_1 s)(1 + R_2 C_2 s) + R_1 C_2 s}$$

分母多项式化为

$$R_1 C_1 R_2 C_2 s^2 + (R_1 C_1 + R_2 C_2 + R_1 C_2)s + 1 = (T_1 s + 1)(T_2 s + 1)$$

令 $\tau_1 = R_1 C_1$,$\tau_2 = R_2 C_2$ 且 $\tau_1 > \tau_2$,则

$$T_1 T_2 = \tau_1 \tau_2, \quad T_1 + T_2 = R_1 C_1 + R_2 C_2 + R_1 C_2$$

令 $T_1 > \tau_1 > \tau_2 > T_2$,那么

$$G_c(s) = \frac{(1 + \tau_1 s)}{(1 + T_1 s)} \cdot \frac{(1 + \tau_2 s)}{(1 + T_2 s)}$$

可见,滞后-超前环节是由滞后环节 $G_{c1}(s) = \dfrac{(1 + \tau_1 s)}{(1 + T_1 s)}$ 和超前环节 $G_{c2}(s) = \dfrac{(1 + \tau_2 s)}{(1 + T_2 s)}$ 串联而成的.滞后-超前环节的 Bode 图如图 6.14 所示,滞后-超前校正的作用如图 6.15 所示.

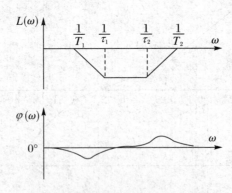

图 6.14 滞后-超前环节的 Bode 图

虚线代表原系统,点画线表示滞后-超前环节,实线表示校正后的系统.由图 6.15 分析可见,原系统相位裕度 γ 较小.采用滞后-超前校正后,由于超前环节的正相移作用,相位裕度增加.剪切频率 ω_c 左移,但比起纯粹的滞后校正,ω_c 减小的幅度不大.由于滞后环节的高频幅值衰减性能,系统高频段增益不变,比纯粹的超前校正有更好的抗高频干扰的能力.但与滞后校正一样,为了减小滞后环节负相移对系统相对稳定性的影响,使用滞后-超前校正时,一般取

$1/\tau_1 = (0.1 \sim 0.2)/\tau_2$.

以上介绍的几种串联校正装置都属于无源校正装置,这种简单的 RC 网络常会使信号产生衰减,并且在前后级串联环节间产生负载效应,这样会大大削弱校正的效果.由运算放大器构成的有源校正装置,可以对信号产生放大作用,且其输入阻抗很大,而输出阻抗很小,环节之间串联时,其负载效应可以忽略.因此实际中,多采用有源校正装置.

需要指出的是,要改善某一系统的性能,其校正方式并不是唯一的,即使是采用相同的校正方式,也会因为参数选择不同而使校正装置的参数不同.

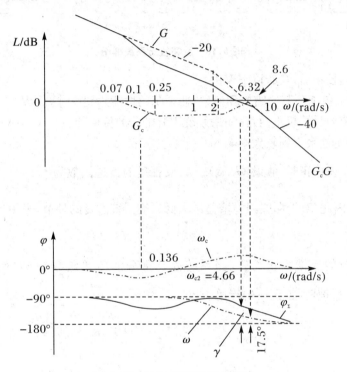

图 6.15   滞后-超前校正的作用

6.3   反 馈 校 正

反馈校正是常用的又一校正方案,一般放在主反馈回路内部,构成系统的内环,如图 6.16 所示.反馈校正除了可以获得串联校正的效果外,还能消除反馈校正回路所包围系统不可变部分的参数波动对系统性能的影响.

按照反馈回路对反馈量的处理,反馈校正可分为位置反馈、速度反馈、加速度反馈,其系统框图如 6.16 所示.

位置反馈的反馈通道是比例环节,它在系统的动态和稳态过程中都起反馈校正作用;速度反馈的反馈通道是纯微分环节,它只在系统的动态过程中起反馈校正作用,而在稳态时,反馈校正支路如同断路,不起作用.有时为了进一步提高校正效果,还将位置与速度反馈结合,构成一阶微分负反馈.

设固有部分的传递函数为 $G_{02}(s)$，反馈校正环节的传递函数为 $G_c(s)$，则校正后系统被包围部分的传递函数变为

$$\frac{C(s)}{R(s)} = \frac{G_{02}(s)}{1 + G_c(s)G_{02}(s)} \tag{6.4}$$

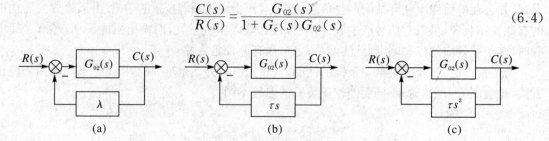

图 6.16   反馈校正系统框图

系统采用反馈校正后，具有以下作用：

① 改变系统被包围环节的结构和参数，使系统的性能达到设计要求．

对于比例环节的反馈校正而言，如果系统固有部分的传递函数是 $G_{02}(s) = K$，由于比例系数过大，系统的稳定性会受到较大影响．

当采用位置反馈校正时，假设 $G_c(s) = \lambda$，校正后的传递函数为 $G(s) = \dfrac{K}{1 + \lambda K}$，增益降低为原来的 $\dfrac{K}{1 + \lambda K}$．因此，对于那些因为增益过大而影响系统性能的环节，采用位置反馈是一种有效的方法．

对于惯性环节的反馈校正而言，当系统固有部分的传递函数是 $G_{02}(s) = \dfrac{K}{Ts + 1}$，采用 $G_c(s) = \lambda$ 的位置反馈时，校正后的传递函数为

$$G(s) = \frac{K}{Ts + 1 + \lambda K} = \frac{\dfrac{K}{1 + \lambda K}}{\dfrac{T}{1 + \lambda K}s + 1}$$

惯性环节的时间常数和增益均降为原来的 $\dfrac{1}{1 + \lambda K}$，提高了原系统的稳定性和快速性．

对于二阶振荡环节的反馈校正而言，设系统固有部分是一个二阶振荡环节，其传递函数是

$$G_{02}(s) = \frac{\omega_n^2}{s^2 + 2\xi\omega_n s + \omega_n^2}$$

当它的阻尼比 ξ 较小时，系统超调量较大，可能不满足设计要求．

对该系统采用速度反馈校正，令反馈环节 $G_c(s) = \tau s$，则校正后的系统传递函数为

$$G_{02}(s) = \frac{\omega_n^2}{s^2 + 2\omega_n(\xi + 0.5\omega_n\tau)s + \omega_n^2}$$

可见校正后系统的阻尼比增大，系统超调量减小，而表征系统快速性的无阻尼固有频率 ω_n 却保持不变．

② 消除系统固有部分中不希望有的特性，削弱被包围环节对系统性能的不利影响由式(6.4) 可知，当 $G_{02}(s)G_c(s) \gg 1$ 时，$\dfrac{C(s)}{R(s)} \approx \dfrac{1}{G_c(s)}$，所以被包围环节的特性主要被校正环节代替，但此时对反馈校正环节参数的稳定性和精确性要求较高．

③ 降低干扰对系统输出的影响．

当系统存在外界干扰 $N(s)$ 时,在输出端就会引起误差.如果给系统增加反馈回路,且反馈回路恰好包围了干扰 $N(s)$,那么干扰引起的误差就会大大减小.

图 6.17(a)中干扰引起的误差为

$$C_{N1}(s) = G_{02}(s)N(s)$$

图 6.17(b)中干扰引起的误差

$$C_{N2}(s) = \frac{G_{02}(s)}{1 + G_{01}(s)G_{02}(s)H(s)}N(s)$$

比较两个干扰误差可以发现有:$C_{N2}(s) < C_{N1}(s)$,所以反馈校正能够提高系统抗干扰的能力.

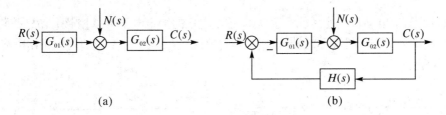

(a)　　　　　　　　　　　　(b)

图 6.17　反馈校正降低干扰引起的误差

④ 降低系统模型参数的变化对系统性能的影响.

当系统不可变部分模型的参数发生变化时,就会影响到系统的输出.但如果参数变化部分被反馈环节包围,就会大大降低输出对参数变化的敏感性.

图 6.18(a)中系统输出为

$$C(s) = R(s)G(s)$$

当 $G(s)$ 发生变化 $\Delta G(s)$ 时,输出变化为

$$\Delta C(s) = R(s)\Delta G(s)$$

图 6.18(b)中系统输出为

$$C(s) = \frac{G(s)}{1 + G(s)H(s)}R(s)$$

当系统模型发生变化时,输出变化为

$$C(s) + \Delta C(s) = \frac{G(s) + \Delta G(s)}{1 + [G(s) + \Delta G(s)]H(s)}R(s)$$

因 $\Delta G(s) = G(s)$,所以

$$C(s) + \Delta C(s) \approx \frac{G(s) + \Delta G(s)}{1 + H(s)G(s)}R(s)$$

故

$$\Delta C(s) = \frac{\Delta G(s)}{1 + H(s)G(s)}R(s)$$

可见,图 6.18(b)输出的变化要远小于图 6.18(a)的变化.

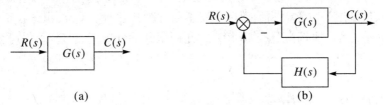

(a)　　　　　　　　　　　　(b)

图 6.18　反馈校正降低对参数变化的敏感

⑤ 正反馈可以增大系统的放大倍数.

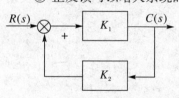

图 6.19 正反馈系统

以上所讨论的反馈校正,如果不特别说明,均为负反馈.实际上有时利用正反馈也可以达到校正的目的.

图 6.19 中,K_1、K_2 均为常数,在加入正反馈之前,$C(s) = K_1 R(s)$.使用正反馈校正后,$C(s) = \dfrac{K_1}{1 - K_1 K_2} R(s)$,如果使 $K_1 K_2$ 接近于 1 却小于 1,则校正后系统的放大倍数要远远大于校正前.因此,正反馈校正的系统可以用一个较小的输入得到一个较大的输出,加速了系统的响应过程.

图 6.20 为直流电动机调速系统示意框图,控制电枢的给定电压可以控制电动机的转速,但负载转矩的波动会影响电动机实际的转速,使实际转速偏离希望的转速,这时可以采用电流正反馈.

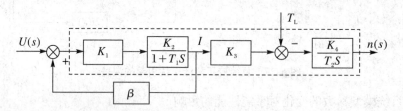

图 6.20 带有电流正反馈的直流电动机调速框图

图 6.20 中:$U(s)$ 是电枢给定电压,T_L 是负载转矩,输出 $n(s)$ 是电动机转速,虚线框内是直流电动机模型(忽略了感生电动势).当电枢给定电压不变而负载转矩增大时,电动机转速降低.由 $T_L = K_3 I$ 知,此时电枢电流 I 增大.而电流正反馈能够补偿这种转速降落,使电枢给定电压自动增大,电动机转速回升,电枢电流减小.

正反馈在使用中也有不少局限性,如,正反馈在某些情况下会引起控制器或执行元件的饱和,还会导致系统不稳定.因此其后多采用非线性环节如限幅等,并且正反馈一般应用在多环系统的内环中.

6.4 PID 校 正

PID 校正装置也称 PID 调节器,在工业现场获得广泛的应用,这主要是因为其结构简单、需要调整的参数较少,并且控制效果对系统参数的变化不敏感.

PID 校正实际上是由 P——比例控制、I——积分控制、D——微分控制 3 种环节组合而成的,通常 PID 调节器一般放在负反馈系统中的前向通道,与被控对象串联,实际上它也是一种串联校正装置,只是前一节是从相位关系的角度把串联校正划分为滞后与超前校正,而本节是从校正装置输入与输出的数学关系上把串联校正划分为比例校正(P)、积分校正(I)、微分校正(D)、比例积分校正(PI)、比例微分校正(PD)和比例积分微分校正(PID).本节我们着重讨论后3 种.

6.4.1　PI 校正

1. PI 校正的传递函数及频域特性

PI 校正的时域表达式为：$c(t)=K_p\left[e(t)+\dfrac{1}{T_i}\displaystyle\int_0^t e(t)\mathrm{d}t\right]$，传递函数框图如图 6.21 所示.

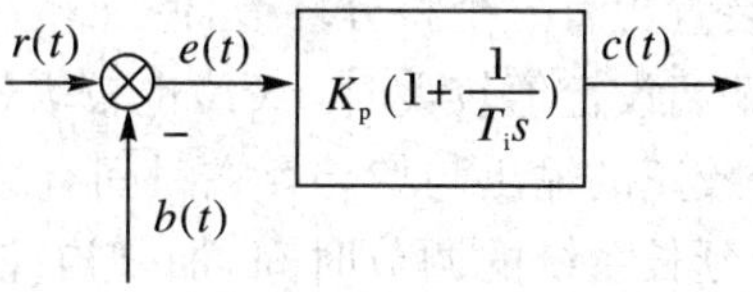

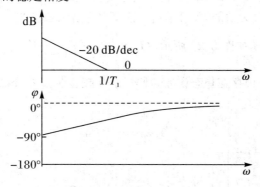

$r(t)$：输入信号；$b(t)$：反馈信号；$e(t)$：偏差信号；

$c(t)$：输出信号；K_p：比例放大倍数；T_i 积分时间常数

图 6.21　PI 调节器传递函数框图

我们先从频域分析 PI 校正装置的作用.

校正装置的传递函数是：$G_c(s)=K_p\left(1+\dfrac{1}{T_i s}\right)$，它是由比例环节 K_p 和积分环节 $\dfrac{K_p}{T_i s}$ 并联而成的.

为了分析简单起见，令 $K_p=1$，画出其伯德图如图 6.22 所示.

很明显，PI 校正属于滞后校正，它的作用体现在以下几方面：

① 与原系统串联后使系统增加了一个积分环节，提高了系统型次.

② 低频段的增益增大，而高频段增益可保持不变，这就使闭环系统稳态精度提高，而抑制高频干扰的能力却没有减弱.

③ PI 校正具有相位滞后的性质，会使系统的响应速度下降，相位裕量有所减少.因此，使用 PI 校正时，系统要有足够的稳定裕度.

图 6.22　PI 校正环节的 Bode 图

2. PI 校正的时域分析

从时域的角度来看，PI 校正装置的输出是比例校正和积分校正输出之和.

比例校正的输出与偏差成正比，只要有偏差存在，装置就会输出控制量，当偏差为 0 时，比例校正的输出也为 0.如果只采用比例校正，则必须存在偏差才能使校正装置有输出量，偏差是比例校正起作用的前提条件.可见，比例校正是一种有差校正.由稳态误差的知识可知，较大的比例系数会减小系统稳态误差，但太大就会使系统超调量加大，甚至导致系统不稳定.而积分校正是一种无差校正,关键在于积分环节具有"记忆"功能.

以图 6.23 为例,假定 $e(t)$ 在 $0 \sim t_1$ 区间是阶跃信号,且积分校正装置初始输出为 0,则当 $e(t) > 0$ 时,积分环节开始对 $e(t)$ 积分,校正装置的输出 $c(t)$ 呈线性增长,并对系统输出进行调节.当 $e(t) = 0$ 时,校正装置输出并不为 0,而是某一恒定值.也就是说,积分校正装置输出量实际上是对以往时间段内偏差的累积,此即为其记忆功能.如果 $e(t) \neq 0$,校正装置输出就一直增大或减小,只有 $e(t) = 0$ 时,积分校正装置的输出 $c(t)$ 才不发生变化.因此,积分校正是一种无差校正.另外,由于积分校正装置含有一个积分环节,使开环系统型次和稳态精度提高.

在系统出现扰动使输出量偏离设定值较大时,$e(t)$ 也较大,此时希望调节器输出量快速增大,来减小偏差.但实际上,积分校正的输出与偏差存在时间有关,在偏差刚出现时,其调节作用很弱,因此单纯使用积分校正会延长系统的调节时间,加剧被控量的波动.在实际中,一般将积分校正和比例校正组合成 PI 校正使用.

PI 校正装置的阶跃偏差响应见图 6.24.系统出现阶跃偏差时,首先有一个比例作用的输出量,随后在同一方向上,在比例作用的基础上,$c(t)$ 不断增加,这便是积分作用.如此既克服了单纯比例调节存在的静差,又克服了积分作用调节慢的缺点,即静态和动态特性都得到了改善.

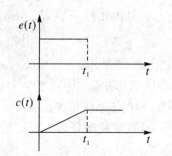
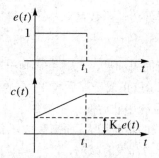

图 6.23 积分校正的阶跃响应　　图 6.24 PI 校正的阶跃偏差响应

PI 校正的电气网络如图 6.25 所示,它是由运算放大器构成的有源校正装置,同无源校正装置相比,有源校正具有放大功能,并且前后级之间几乎无负载效应.

例 6.3 单位反馈系统如图 6.26 所示,$G_o(s) = \dfrac{1}{(s+1)(s+2)(s+5)}$,此系统是一个 0 型系统,对单位阶跃输入 $R(s)$ 存在稳态误差,现采用 PI 校正装置 $G_c(s) = K_p(1 + \dfrac{1}{T_i s})$ 对系统进行校正.

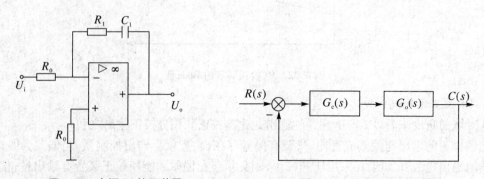

图 6.25 有源 PI 校正装置　　图 6.26 单位反馈系统框图

解 图 6.27 是采用不同的校正参数所得的单位阶跃响应曲线.由图可知,采用 PI 校正后,系统由 0 型变为 I 型,改善了稳态性能,使其对单位阶跃响应的稳态误差变为 0.当校正装置的比例系数均是 $K_p = 2$ 时,积分时间常数 T_i 越大,积分作用越弱,调节时间加长,而 T_i 越小,积分作用越强,调节时间越短,但过小的 T_i 会使系统振荡加剧,趋于不稳定.因此 PI 校正装置的参数要合理选择才能达到理想的校正效果,这也是校正装置设计的主要内容.

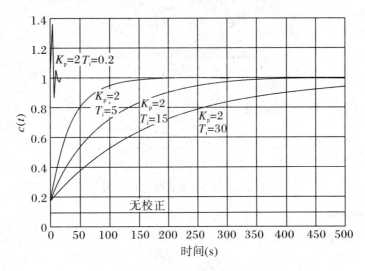

图 6.27　不同 T_i 时,单位阶跃响应曲线

6.4.2　PD 校正

1. PD 校正的传递函数及频域特性

PD 校正的框图如图 6.28 所示,其传递函数为

$$G_c(s) = K_p(1 + \tau s)$$

式中,τ 为微分时间常数;K_p 为比例放大倍数.

输出时域表达式为

$$c(t) = K_p e(t) + K_p \tau \frac{\mathrm{d}e(t)}{\mathrm{d}t}$$

所以,PD 校正可视为一个比例环节和一个微分环节的并联.

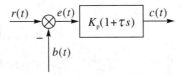

图 6.28　PD 调节器传递函数框图

为研究方便,令 $K_p = 1$,则 $G_c(s) = 1 + \tau s$,此校正环节实际上是　个一阶微分环节.其 Bode 图如图 6.29 所示.

从对数相频特性上看,PD 校正具有正相移,因此它属于超前校正.PD 校正作用主要体现在以下两方面:

① 如果参数选取合适,PD 校正可以增大系统的相位裕度,提高稳定性,而稳定性的提高又允许系统采用更大的开环增益来减小稳态误差.

② 当相位大于 $1/\tau$ 时,对数幅频特性幅度增大,这可以使剪切频率 ω_c 增加,系统的快速性提高.但是,高频段增益升高,系统抗干扰能力减弱.

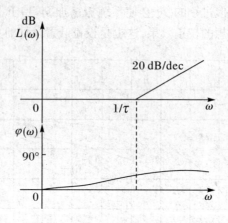

图 6.29　PD 校正环节的 Bode 图

2. PD 校正的时域分析

微分校正环节的数学表达式为

$$c(t) = \tau \frac{\mathrm{d}e(t)}{\mathrm{d}t}$$

假定系统从 t_1 时刻起存在阶跃偏差 $e(t)$,则校正装置在 t_1 时刻输出一个理论上无穷大的控制量 $c(t)$,如图 6.30 所示.但实际由于元器件饱和作用,输出只是一个比较大的数值,而不是无穷大.

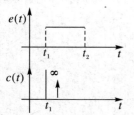

微分校正的输出实际上反映了偏差变化的速度,当偏差刚出现且较小时,微分作用就产生一个比较大的控制输出,来抑制偏差的变化.即无需等到偏差很大,仅需偏差具有变大的趋势时就可参与调节.因此微分校正具有超前预测的作用,可以加快调节速度,改善动态特性.但是微分校正环节只对动态偏差起作用,对于静态偏差,其输出为 0,失去了调节功能.所以微分校正一般不单独使用,通常与比例环节或比例积分环节组

图 6.30　微分校正环节的阶跃响应

合成 PD 或 PID 校正.

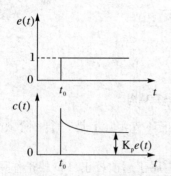

图 6.31　PD 校正的阶跃偏差响应

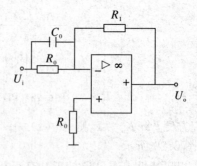

图 6.32　有源 PD 校正装置

此外,从图 6.30 可以看出,由于微分环节对高频干扰信号具有很强的放大作用,其抑制高

频干扰的能力很差.在使用包含微分环节的校正如 PD、PID 的时候,要特别注意这一点.

　　上述 PD 校正环节对阶跃偏差的控制作用如图 6.31 所示.偏差刚出现时,在微分环节作用下,PD 校正装置输出较大的尖峰脉冲,力图将偏差消除在"萌芽"中.同时,在同方向上出现比例环节产生的恒定控制量.最后,尖峰脉冲呈指数衰减到零,微分作用完全消失,成为比例校正.

　　一种由运算放大器构成的有源 PD 校正电路如图 6.32 所示.

　　例 6.4　单位反馈系统如图 6.26 所示,$G_o(s) = \dfrac{815\,625}{s(s+361.2)}$,此系统对单位阶跃输入 $R(s)$ 的最大超调量为 52.7%,现在系统前向通道放置 PD 校正装置 $G_c(s) = K_p(1+\tau s)$.

　　解　图 6.33 是采用不同的校正参数所得的单位阶跃响应曲线.由图可见,采用适当的 PD 校正参数后,改善了系统的阻尼,降低了最大超调量,缩短了调节时间.在一定的范围内,τ 越大,微分作用越强,最大超调量越小,调整时间 t_s 越小,快速性越好.

6.4.3　PID 校正

1. PID 校正的传递函数及频域特性

　　上述的 PI、PD 校正均有各自的优点和缺点,将它们结合起来取长补短,就构成了更加完善的 PID 校正.有源 PID 校正装置的电气网络如图 6.34 所示.

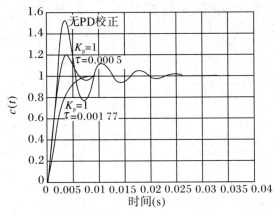

图 6.33　不同 τ 时系统的阶跃响应曲线

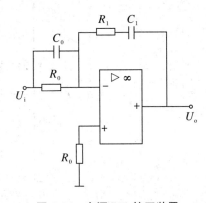

图 6.34　有源 PID 校正装置

　　其传递函数为 $G_c(s) = K_p\left(1 + \dfrac{1}{T_i s} + \tau s\right)$,也可写为 $G_c(s) = K\dfrac{(1+T_i s)(1+\tau s)}{s}$,传递函数框图如图 6.35 所示.

　　PID 校正为系统提供了两个具有负实部的零点,增大了校正的灵活性,改善了系统的动态性能.当 $T_i > \tau$ 时,其 Bode 图如图 6.36 所示.

　　当 $\omega < 1/T_i$ 时,对数幅频特性斜率是 -20 dB,具有负相移,这是积分作用;当 $\omega > 1/\tau$ 时,斜率是 $+20$ dB,具有正相移,这是微分作用.因此 PID 校正实质上也就是滞后-超前校正.使用 PID 校正时,一般将 $\omega < 1/T_i$ 段放在低频段,可以增大系统的稳态精度;将 $\omega > 1/\tau$ 段放在中频段,可以增大剪切频率,提高快速性.

图 6.35　PID 校正环节的传递函数框图

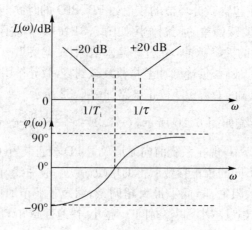

图 6.36　PID 校正环节的 Bode 图

2. PID 校正的时域分析

PID 校正的数学表达式为

$$c(t) = K_p \left[e(t) + \frac{1}{T_i} \int_0^t e(t)\mathrm{d}t + \tau \frac{\mathrm{d}e(t)}{\mathrm{d}t} \right]$$

以系统出现阶跃偏差为例，PID 校正装置的输出如图 6.37 所示.

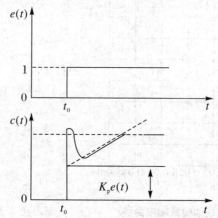

图 6.37　PID 校正的阶跃偏差响应

当系统出现偏差时，比例和微分作用立即输出控制量消除偏差，控制量的大小与比例和微分常数有关，这体现了系统的快速性. 随后，积分作用输出也慢慢增大，对偏差进行累积. 经过很短时间后，微分作用消失，校正装置变为 PI 校正，输出量是比例和积分作用的叠加. 只要偏差存在，此输出就不断增大，直到偏差为 0 为止.

例 6.5　单位反馈系统，前向通道 $G_o(s) = \dfrac{2.718 \times 10^9}{s(s+400.26)(s+3008)}$，当采用 PI、PD、PID 三种校正方式时，输入单位阶跃信号，用 MATLAB 绘制其阶跃响应曲线如图 6.38 所示.

解　3 种校正方式的表达式分别为

$$\text{PI}: G_c(s) = 0.075\left(1.2 + \frac{1}{s}\right)$$

$$\text{PD}: G_c(s) = 1 + 0.001s$$

$$\text{PID}: G_c(s) = 0.3\left(1 + 0.001\,4s + \frac{1}{10s}\right)$$

PID 校正装置的设计主要就是选择适当的 K_p、τ、T_i，只要参数合适，它就兼具 PI、PD 校正的优点.

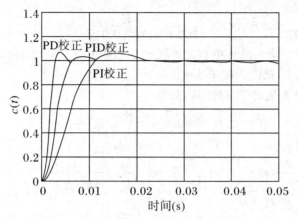

图 6.38 不同校正方式下，系统的阶跃

PI、PD、PID 校正可以分别看作是滞后、超前、滞后-超前校正的特殊情况，校正装置的设计方法和 6.2 节相同，均采用基于频率法的串联校正设计方法.在校正过程中，系统同一性能指标可能会受两个参数的共同影响，并且几组不同的 PID 参数可以达到相同的控制效果.因此，满足要求的 PID 参数不是唯一的，需要反复实验.工程上的整定方法主要有响应曲线法和临界比例度法.

习　　题

1. 控制系统的性能指标主要有哪些？它们之间有什么关系？

2. 什么是串联校正和反馈校正？它们各自有什么特点？

3. 设有一单位反馈系统的开环传递函数是

$$G(s) = \frac{K}{s(0.2s+1)(s+1)}$$

（1）若要求满足性能指标：静态速度误差系数 $K_v = 8$，相位裕度为 $\gamma \geqslant 40°$，试设计一个串联滞后校正装置.

（2）比较校正前后系统的开环剪切频率 ω_c 和 ω'_c，并说明校正装置的主要作用.

4. 如图 6.39 所示的控制系统.

（1）当没有速度反馈回路 bs 时，试求出单位阶跃输入下系统的阻尼比 ξ，自然振荡频率 ω_n，最大超调量 $\sigma_p\%$ 以及单位斜坡输入的稳态误差 e_{ss}.

（2）要求系统的阻尼比 $\xi = 0.8$ 时，速度反馈系数 b 应为多少？求此条件下最大超调量 $\sigma_p\%$ 以及单位斜坡输入的稳态

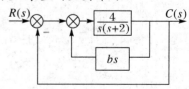

图 6.39 习题 4 附图

误差 e_{ss}.

5. 设有一单位反馈系统的开环传递函数是

$$G(s) = \frac{100K}{s(0.04s+1)}$$

若要求系统对单位斜坡输入信号的稳态误差 $e_{ss} \leqslant 1\%$,相位裕度为 $\gamma \geqslant 45°$,试确定系统的串联超前校正网络.

6. 设开环传递函数

$$G(s) = \frac{K}{s(s+1)(0.001s+1)}$$

单位斜坡输入 $R(t) = t$,输入产生稳态误差 $e_{ss} \leqslant 0.062\ 5$.若使校正后相位裕量不低于 $45°$,幅值穿越频率 $\omega_c > 2\ \text{rad/s}$,试设计校正系统.

7. 设图 6.40 所示系统的开环传递函数为

$$G(s) = \frac{K_1}{(T_1 s+1)(T_2 s+1)}$$

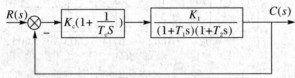

图 6.40　习题 7 附图

其中,$T_1 = 0.33$,$T_2 = 0.036$,$K_1 = 3.2$.采用 PI 调节器($K_c = 1.3$,$T_c = 0.33\text{s}$),对系统作串联校正.试比较系统校正前后的性能.

8. 如图 6.41 所示,其中 ABC 是未加校正环节前系统的伯德图,$GHKL$ 是加入某种串联校正环节后的伯德图.试说明它是哪种串联校正方法,写出校正环节的传递函数并说明它对系统性能的影响.

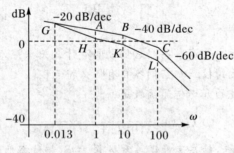

图 6.41　习题 8 附图

第7章　根轨迹法

线性系统的稳定性完全由它的特征根(闭环极点)所决定,而系统的品质则取决于它的闭环极点和零点.由于高阶系统特征根的求解一般比较困难,因而限制了时域分析方法在二阶以上系统中的广泛应用.

1948 年,伊文思(W. R. Evans)根据反馈控制系统开环和闭环传递函数之间的关系,提出了一种由开环传递函数求闭环特征根的简便方法,在工程上获得了广泛的应用.这种方法称为根轨迹法.它是一种用图解方法表示特征根与系统参数的全部数值关系的方法.

为了说明根轨迹法的概念,这里讨论一个单位反馈二阶系统,其开环传递函数为

$$W_K(s) = \frac{K}{s(0.5s+1)} = \frac{2K}{s(s+2)}$$

其闭环传递函数为

$$W_B(s) = \frac{2K}{s^2 + 2s + 2K}$$

则闭环系统特征方程为

$$D_B(s) = s^2 + 2s + 2K = 0$$

闭环极点就是特征方程式的根.在本系统中为

$$s_1 = -1 + \sqrt{1-2K}$$

$$s_2 = -1 - \sqrt{1-2K}$$

下面研究开环放大系数 K 与闭环特征根的关系.当取不同 K 值时,算得闭环特征根如下:

K	s_1	s_2
0	0	-2
0.5	-1	-1
1	$-1 + j1$	$-1 - j1$
2	$-1 + j\sqrt{3}$	$-1 - j\sqrt{3}$
∞	$-1 + j\infty$	$-1 - j\infty$

K 由 $0 \to \infty$ 变化时,闭环特征根在 s 平面上移动的轨迹如图 7.1 所示.这就是该系统的根轨迹.

根轨迹直观地表示了参数 K 变化时,闭环特征根的变化,并且还给出了参数 K 对闭环特征根在 s 平面上分布的影响.

绘制根轨迹的可变参数常用开环放大系数,但也可以用系统中的其他参数如某个环节的时间常数等.

对于一般的反馈控制系统,其结构图如图 7.2 所示,它的开环传递函数为

$$W_K(s) = \frac{K_1 K_2 N_1(s) N_2(s)}{D_1(s) D_2(s)} = \frac{K_g \prod\limits_{i=1}^{m}(s+z_i)}{\prod\limits_{j=1}^{n}(s+p_j)} = \frac{K_g N(s)}{D(s)} \tag{7.1}$$

式中，$-z_i$ 为开环零点；$-p_j$ 为开环极点；K_g 为根轨迹放大系数.

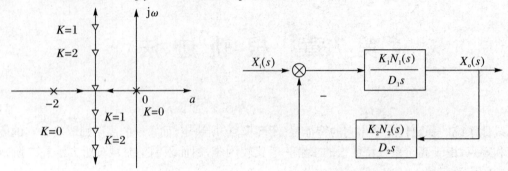

图 7.1 二阶系统根轨迹   图 7.2 自动控制系统结构图

而闭环系统特征方程式为

$$1 + \frac{K_g N(s)}{D(s)} = 1 + W_K(s) = 0 \tag{7.2}$$

方程式(7.2)表达了开环传递函数与闭环特征方程式的关系. 绘制根轨迹, 实质上就是某一参数变化时, 寻求闭环系统特征方程式的解的变化轨迹.

根轨迹一旦画出, 那么, 对应某一 K_g(或其他参数)的变化, 就可以获得一组特征根(闭环极点), 于是可判断系统的稳定性; 再考虑到已知的闭环零点, 就可以确定系统的品质, 这就解决了对系统的分析问题.

当然, 也可根据规定的品质指标, 利用根轨迹法, 去合理安排开环系统零点、极点的位置和适当调整 K_g 值.

7.1 根轨迹法的基本概念

前已讨论, 如图 7.2 所示系统的闭环极点可根据特征方程式计算, 即

$$1 + \frac{K_g N(s)}{D(s)} = 0 \tag{7.3}$$

或可写作

$$\frac{N(s)}{D(s)} = \frac{\prod\limits_{i=1}^{m}(s + z_i)}{\prod\limits_{j=1}^{n}(s + p_j)} = -\frac{1}{K_g} \tag{7.4}$$

令 $s = \sigma + j\omega$ 代入式(7.4)可得

$$\frac{N(s)}{D(s)} = \frac{\prod\limits_{i=1}^{m}(s + z_i)}{\prod\limits_{j=1}^{n}(s + p_j)} = \left| \frac{N(s)}{D(s)} \right| \angle \frac{N(s)}{D(s)} = -\frac{1}{K_g} \tag{7.5}$$

上式是一个复数, 它的幅值和辐角分别为

$$\frac{N(s)}{D(s)} = \left| \frac{\prod_{i=1}^{m}(s + z_i)}{\prod_{j=1}^{n}(s + p_j)} \right| = \frac{\prod_{i=1}^{m} l_i}{\prod_{j=1}^{n} L_j}$$

$$= \frac{\text{开环有限零点到 } s \text{ 的矢量长度之积}}{\text{开环极点到 } s \text{ 的矢量长度之积}} \quad (7.6)$$

$$= \frac{1}{K_g}$$

$$\angle \frac{N(s)}{D(s)} = \angle N(s) - \angle D(s)$$

$$= \sum_{i=1}^{m} \angle(s + z_i) - \sum_{j=1}^{n} \angle(s + p_j)$$

$$= \sum_{i=1}^{m} \alpha_i - \sum_{j=1}^{n} \beta_j$$

$$= \pm 180°(1 + 2\mu) \quad (\mu = 0,1,2,\cdots) \quad (7.7)$$

式中, α_i 为开环有限零点 $-z_i$ 到 s 的矢量辐角; β_j 为开环极点 $-p_j$ 到 s 的矢量辐角; 在测量辐角时, 规定以逆时针方向为正. 式(7.6)和式(7.7)分别称为特征方程式的幅值条件和辐角条件. 满足幅值条件和辐角条件的 s 值, 就是特征方程式的根, 也就是闭环极点. 因为 K_g 在 $0 \to \infty$ 范围内连续变化, 总有一个 K_g 能满足幅值条件. 所以, 绘制根轨迹的依据是辐角条件, 即特征方程所有的根都应满足式(7.7), 即辐角的和总等于 $\pm 180°(1 + 2\mu)$. 换句话说, 在 s 平面上所有满足式(7.7)的 s 点都是系统的特征根, 这些点的连线就是根轨迹. 值得指出, 在绘制根轨迹时, 我们应令 s 平面横轴和纵轴的比例尺相同, 只有这样, 才能正确反应 s 平面上坐标位置与辐角的关系.

利用幅值条件计算 K_g 值比较方便, 它可以作为计算 K_g 的依据. 因为开环零点、极点在 s 平面上的位置是已知的, 故对于任一特征根 s_0 可在图上量得 s_0 到开环零点、极点的矢量长度, 然后利用式(7.6), 即可算得相应的 K_{g0} 值.

例 7.1 已知开环系统的传递函数为

$$W_K(s) = \frac{K_K(\tau_1 s + 1)}{s(T_1 s + 1)(T_2 s + 1)}$$

求 $s = s_0$ 时的放大系数 K_{g0}.

解 先绘制根轨迹. 把上式改写为

$$W_K(s) = \frac{K_g(s + z_1)}{s(s + p_1)(s + p_2)} \quad (7.8)$$

式中, $K_g = \dfrac{K_K p_1 p_2}{z_1}$, 为根轨迹放大系数; K_K 为开环放大系数; $-z_1 = -\dfrac{1}{\tau_1}$, 为开环有限零点; $-p_1 = -\dfrac{1}{T_1}$, $-p_2 = -\dfrac{1}{T_2}$, 为开环极点.

我们在 s 平面上以符号"×"表示开环极点, "○"表示开环零点. 式(7.8)中有三个极点 $-p_0 = 0$、$-p_1$、$-p_2$ 和一个有限零点 $-z_1$, 分别把它们画在图 7.3 上.

假设 s_0 是闭环极点, 以符号"▽"画在图 7.3 上, 根据辐角条件, 在图上量得各辐角必满足

$$\alpha_1 - (\beta_1 + \beta_2 + \beta_3) = \pm 180°(1 + 2\mu)$$

再按幅值条件求得 s_0 点的根轨迹放大系数 K_{g0} 为

$$K_{g0} = \frac{L_1 L_2 L_3}{l_1}$$

由此可得 s_0 点的开环放大系数 K_{K0} 为

$$K_{K0} = K_{g0} \frac{z_1}{p_1 p_2}$$

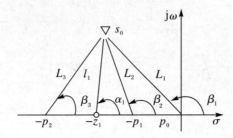

图 7.3 例 7.1 系统根轨迹图

7.2　根轨迹的绘制法则

在绘制根轨迹时,往往首先求出 $K_g = 0$ 和 $K_g = \infty$ 时的特征值;然后,再根据绘制法则大致画出 $0 < K_g < \infty$ 时的根轨迹草图,最后利用式(7.7),对根轨迹的某些重要部分精确绘制.

下面首先介绍绘制根轨迹的一般法则,然后结合自动控制系统,举例说明如何利用这些法则绘制根轨迹.

7.2.1　绘制根轨迹的一般法则

1. 起点($K_g = 0$)

由式(7.4)可知,若 $K_g = 0$,则闭环系统的特征根由下式决定

$$D(s) = \prod_{j=1}^{n} (s + p_j) = 0$$

上式即为开环系统的特征方程式.由此可知,当 $K_g = 0$ 时,闭环极点也就是开环极点.绘制根轨迹时,我们往往从 $K_g = 0$ 时的闭环极点画起,即从开环极点出发,故称为起点.

2. 终点($K_g = \infty$)

由式(7.4)可知,当 $K_g = \infty$ 时,闭环系统的特征方程式为

$$N(s) = \prod_{i=1}^{m} (s + z_i)$$

上式表明,当 $K_g = \infty$ 时,闭环极点也就是开环有限零点. 现设 $N(s)$ 为 m 阶方程,故有 m 个开环有限零点决定了闭环极点的位置,尚有 $n - m$ 个闭环极点,随着 $K_g = \infty$,它们都趋向于无限远(无限零点).上述闭环极点都是依据 $K_g = \infty$ 这一条件求得的,是根轨迹的终止端,故称为终点.

3. 根轨迹分支数和它的对称性

根轨迹的分支数取决于特征方程式(7.4)中 s 的最高次项,即为 $\max(n, m)$ 条.因为式(7.4)

中假设 $n > m$,而 n 是开环极点数,根轨迹是从开环极点出发,所以根轨迹分支数与开环极点数相同,即有 n 条.

此外,因为所研究的上述特征方程的系数都是实数,所以如果存在复数特征根(复极点),则它们总是共轭的.因此,根轨迹都对称于实轴.

4. 实轴上的根轨迹

如果开环系统具有实数极点,则根轨迹自开环极点出发后,随着 K_g 增大,必须确定这些根轨迹的走向.这就产生了如何绘制实轴上根轨迹的问题.

当绘制实轴上的根轨迹时,可以不必考虑它左侧的实数零点、极点,也不必考虑复平面上的所有零点、极点.因前者到根轨迹的矢量辐角总为 0;而后者是共轭的,因而它们到实轴上根轨迹的矢量辐角之和也总为 0.

确定实轴上根轨迹的依据是,在实轴上根轨迹分支存在的区间的右侧,开环零点、极点数目的总和为奇数.设 N_z 为实轴上根轨迹右侧的开环有限零点数目,N_p 为实轴上根轨迹右侧的开环极点数目,则实轴上存在根轨迹的条件应满足

$$N_z + N_p = 1 + 2\mu \quad (\mu = 0, 1, 2, \cdots)$$

因为只有这样,才能满足辐角条件.

根据代数方程可知,当 $K_g = \infty$,则特征方程式

$$N(s) + \frac{1}{K_g}D(s) = 0$$

式中,所有 $n, n-1, \cdots, m+1$ 阶 s 的系数都趋于零,共有 $n-m$ 个特征根趋向无限远,其中 m 个特征根由 $N(s) = 0$ 决定.

$$\sum_{i=1}^{m} \alpha_i - \sum_{j=1}^{n} \beta_j = N_z\pi - N_p\pi = \pm 180°(1 + 2\mu)$$

如图 7.4 所示,对于根轨迹 A,$N_z + N_p = 1$($N_p = 1, N_z = 0$);对根轨迹 B,$N_z + N_p = 3$;对根轨迹 C,$N_z + N_p = 5$,它们都是奇数.

5. 分离点和会合点

在图 7.5 上画出了两条根轨迹.它们分别从 $-p_1$ 和 $-p_2$ 出发.随着 K_g 值增大,会合于 a 点,接着从 a 点分离,进入复平面,然后再自复平面回到实轴,会合于 b 点.最后,一条根轨迹终止于开环有限零点 $-z_1$,另一条趋向负无限远.

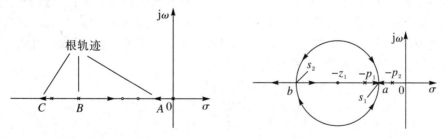

图 7.4　实轴上根轨迹　　　　　　图 7.5　分离点与会合点

在图 7.5 中,我们把 a 点叫作分离点,b 点叫作会合点.下面讨论如何确定分离点和会合点的位置.

由图 7.5 可知,无论分离点或会合点,它表示当 $K_g = K_d$ 时,特征方程式会出现重根.只要找到这些重根,就可以确定分离点或会合点的位置.

假设闭环系统的特征方程为

$$D_B(s) = K_g N(s) + D(s) = 0 \tag{7.9}$$

把式(7.9)作因式分解,且设当 $K_g = K_d$ 时,有 r 个重根,于是得

$$D_B(s) = (s + \sigma_1)(s + \sigma_2) \cdots (s + \sigma_{n-r})(s + \sigma_d)^r = 0$$

上式对 s 求导,令其等于0,则得

$$\begin{aligned}
\frac{dD_B(s)}{ds} &= (s + \sigma_d)^r \frac{d}{ds}\big[(s + \sigma_1)(s + \sigma_2) \cdots (s + \sigma_{n-r})\big] \\
&\quad + r(s + \sigma_d)^{r-1}\big[(s + \sigma_1)(s + \sigma_2) \cdots (s + \sigma_{n-r})\big] \\
&= 0
\end{aligned}$$

于是得重根

$$s = -\sigma_d$$

由此可知,当 $K_g = K_d$ 时,如果特征方程式(7.9)出现重根,则这些重根可按下式计算,即

$$\frac{dD_B(s)}{ds} = K_d N'(s) + D'(s) = 0 \tag{7.10}$$

式中,$N'(s) = \dfrac{dN(s)}{ds}$;$D'(s) = \dfrac{dD(s)}{ds}$.

根据式(7.10),可求出产生重根的 K_d 值为

$$K_d = -\frac{D'(s)}{N'(s)}$$

令式(7.9)中 $K_g = K_d$,并把上式代入,即得

$$D_B(s) = D(s) - \frac{D'(s)}{N'(s)} N(s) = 0$$

亦得

$$D'(s)N(s) - D(s)N'(s) = 0 \tag{7.11}$$

式(7.11)是计算分离点和会合点的依据.如果式(7.11)的阶次较高,则利用它来计算重根就比较麻烦.这时可采用图解法来确定重根.

我们知道,当 $K_g = 0$ 时,特征根为 $-p_1$ 和 $-p_2$;当 K_g 增加时,根轨迹从 $-p_1$ 和 $-p_2$ 出发,沿实轴相对移动,直到 $K_g = K_d$ 时,根轨迹相遇,这就是所求的重根 $s = -\sigma_d$.值得指出,对于实根而言,K_d 是最大值;如果 $K_g > K_d$,则根轨迹将离开实轴而进入复平面.根据这一概念,可用作图法计算重根,即在 $-p_1$ 和 $-p_2$ 之间的实轴上取不同的 $-\sigma$ 值,然后令式(7.9)中 $s = -\sigma$,这样可得一条 $K_g = f(-\sigma)$ 曲线,如图7.6所示.对应 $K_g = K_d$ 的 $-\sigma_d$,即所求分离点(重根)位置.因为 $-\sigma$ 是实数,把它代入式(7.9)取计算 K_g 值是比较容易的,因此对于高阶系统来说,采用上述图解法来确定重根显得较为简便.

既然对于实数重根来说,K_d 是极大值,故可利用

$$\frac{dK_g}{ds} = 0$$

来计算重根.由式(7.9)得

$$K_g = -\frac{D(s)}{N(s)}$$

故

$$\frac{dK_g}{ds} = -\frac{D'(s)N(s) - N'(s)D(s)}{N^2(s)} = 0$$

亦即

$$D'(s)N(s) - N'(s)D(s) = 0$$

上式和式(7.11)完全相同.应当指出,用式(7.11)求出 $s = -\sigma_d$ 之后,需要把 $-\sigma_d$ 代入式(7.9) 计算 K_d.只有当与 $-\sigma_d$ 对应的 K_d 为正值时,这些 $-\sigma_d$ 才是实际的分离点或会合点.

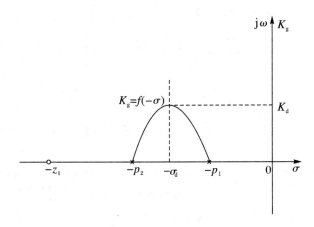

图 7.6　图解法求重根

如果实轴上相邻开环极点之间存在根轨迹,则在此区间上必有分离点;如果实轴上相邻开环零点之间存在根轨迹,则在此区间上必有会合点;如果实轴上相邻开环极点和开环零点之间存在根轨迹,则在此区间上要么无分离点也无会合点,要么既有分离点又有会合点.

上面讨论了实轴上的分离点和会合点.其实,分离点和会合点也可能位于复平面上.由于根轨迹的共轭对称性,故在复平面上如有分离点或会合点,则它们必对称于实轴.显然,式(7.11) 也适用于计算复数分离点和会合点.

例 7.2　已知开环传递函数为

$$W_K(s) = \frac{K_g N(s)}{D(s)} = \frac{K_g(s + z_1)}{(s + p_1)(s + p_2)} \tag{7.12}$$

式中,$K_g > 0, z_1 > p_1 > p_2 > 0$,求分离点和结合点.

解　由式(7.12)可知

$$N(s) = s + z_1$$
$$D(s) = (s + p_1)(s + p_2)$$

上式对 s 求导后代入式(7.11),即得

$$D'(s)N(s) - N'(s)D(s) = (2s + p_1 + p_2)(s + z_1) - (s + p_1)(s + p_2) = 0$$

由此得分离点和会合点分别为

$$s_1 = -z_1 + \sqrt{(z_1 - p_1)(z_1 - p_2)}$$
$$s_2 = -z_1 - \sqrt{(z_1 - p_1)(z_1 - p_2)}$$

将它们分别标于图 7.5 上.

6. 根轨迹的渐近线

当根轨迹从分离点进入复平面后,随着 K_g 值增大,可能趋向无穷远.于是需要确定根轨迹的渐近线,即研究它是按什么走向趋向无穷远的.

渐近线包括两个内容,即渐近线的倾角和渐近线的交点.

（1）渐近线的倾角

假设在无穷远处有特征根 s_k，则 s 平面上所有开环有限零点 $-z_1$ 和极点 $-p_1$ 到 s_k 的矢量辐角都相等，即

$$\alpha_i = \beta_j = \varphi$$

把上式代入辐角条件式(7.7)，即得

$$\sum_{i=1}^{m} \alpha_i - \sum_{j=1}^{n} \beta_j = m\varphi - n\varphi = \pm 180°(1 + 2\mu)$$

由此即得渐近线倾角为

$$\varphi = \frac{\mu 180°(1 + 2\mu)}{n - m} \quad (\mu = 0, 1, 2, \cdots) \tag{7.13}$$

当 $\mu = 0$ 时，渐近线倾角最小，当 μ 增大时，倾角将重复出现，故独立的渐近线只有 $(n-m)$ 条.

（2）渐近线交点

假设在无穷远处有特征根 s_k，则 s 平面上所有开环有限零点 $-z_1$ 和极点 $-p_1$ 到 s_k 的矢量长度都相等.于是可以认为，对于无穷远闭环极点 s_k 而言，所有开环零点、极点都汇集在一起，其位置为 $-\sigma_k$，把辐角条件式(7.6)改写为

$$\left| \frac{N(s)}{D(s)} \right| = \left| \frac{\prod_{i=1}^{m}(s + z_i)}{\prod_{j=1}^{n}(s + p_j)} \right| = \left| \frac{s^m + \sum_{i=1}^{m} z_i s^{m-1} + \cdots + \prod_{i=1}^{m} z_i}{s^n + \sum_{j=1}^{n} p_j s^{n-1} + \cdots + \prod_{j=1}^{n} p_j} \right| = \frac{1}{K_g}$$

当 $s = s_k = \infty$ 时，$z_i = p_j = \sigma_k$，于是上式分母能被分子除尽，即得

$$\left| \frac{1}{(s + \sigma_k)^{n-m}} \right| = \left| \frac{\prod_{i=1}^{m}(s + z_i)}{\prod_{j=1}^{n}(s + p_j)} \right| = \left| \frac{1}{s^{n-m} + (\sum_{j=1}^{n} p_j - \sum_{i=1}^{m} z_i)s^{n-m+1} + \cdots} \right| = \frac{1}{K_g}$$

令上式中等式两边的 s^{n-m+1} 项系数相等，即

$$(n - m)\sigma_k = \sum_{j=1}^{n} p_j - \sum_{i=1}^{m} z_i$$

由此得渐近线交点为

$$-\sigma_k = -\frac{\sum_{j=1}^{n} p_j - \sum_{i=1}^{m} z_i}{n - m} = \frac{\sum_{j=1}^{n}(-p_j) - \sum_{i=1}^{m}(-z_i)}{n - m} \tag{7.14}$$

式(7.14)是计算根轨迹渐近线交点的依据.由于 $-p_j$ 和 $-z_i$ 是实数或共轭复数，故 $-\sigma_k$ 必为实数，因此渐近线交点总在实轴上.

例 7.3 设开环传递函数为

$$W_K(s) = \frac{K_g}{s(s+1)(s+4)}$$

试确定其根轨迹渐近线.

解 ① 计算渐近线倾角.因为 $m = 0, n = 3$，由式(7.13)可得渐近线倾角为

$$\varphi = \frac{\mu 180°(1 + 2\mu)}{3 - 0} = -60°, 60°, 180°$$

② 计算渐近线交点.因为 $-z_1 = 0, -p_1 = -1, -p_2 = -4, -p_3 = 0, n = 3, m = 0$；由式(7.14)可得它的渐近线交点为

$$-\sigma_k = -\frac{-1-4-0}{3-0} = -\frac{5}{3}$$

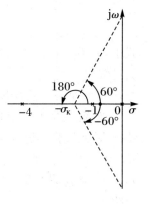

图 7.7　渐近线

渐近线绘于图 7.7.

7. 根轨迹的出射角和入射角

当开环极点位于复平面时,应根据辐角条件计算根轨迹起点的斜率,以便确定根轨迹从复数极点出发后的走向.同理,当开环有限零点位于复平面时,应计算根轨迹终点的斜率,以便确定根轨迹是如何进入复数零点的.根轨迹离开开环复数极点处的切线与正实轴的夹角称为出射角,根轨迹进入开环复数零点处的切线与正实轴的夹角称为入射角.

下面举例说明出射角的求法.

例 7.4　已知开环传递函数为

$$W_K(s) = \frac{K_g(s+2)}{s(s+3)(s^2+2s+2)}$$

它的开环零点、极点位置如图 7.8 所示.试计算起点 $(-1,j1)$ 的斜率.

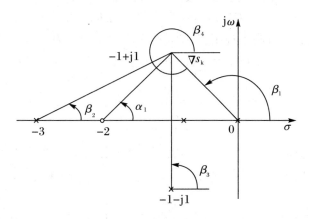

图 7.8　确定出射角

解　令 K_g 稍微增大,取在 $(-1,j1)$ 点附近的特征根 s_k(图 7.8 中的"▽"处),则 s_k 应满足辐角条件,即

$$\alpha_1 - (\beta_1 + \beta_2 + \beta_3 + \beta_4) = \pm 180°(1+2\mu) \tag{7.15}$$

因为 s_k 离起点很近,故可以认为上式中的 α_1、β_1、β_2 和 β_3 就是开环零点、极点到起点 $(-1,j1)$ 的矢量夹角,即

$$\alpha_1 = 45°, \quad \beta_1 = 135°, \quad \beta_2 = 26.6°, \quad \beta_3 = 90°$$

把上式诸值代入式(7.15),即得起点 $(-1,j1)$ 的出射角 $\beta_4 = -26.6°$.

通过例 7.4,可以得到计算出射角的公式为

$$\beta_{sc} - 180° - \left(\sum_{j=1}^{n-1}\beta_j - \sum_{i=1}^{m}\alpha_i\right) \tag{7.16}$$

式中,α_i 为开环有限零点到被测起点的矢量辐角;β_j 为除被测起点外,所有开环极点到该点的矢量辐角.

同理可得,入射角的计算式为

$$\alpha_{\mathrm{sc}} = 180° + \left(\sum_{j=1}^{n} \beta_j - \sum_{i=1}^{m-1} \alpha_i \right) \tag{7.17}$$

式中,α_i 为除被测终点外,所有开环有限零点到该点的矢量辐角;β_j 为开环极点到被测终点的矢量辐角.

8. 根轨迹与虚轴的交点

当 K_g 增大到一定数值时,根轨迹可能越过虚轴,进入右半 s 平面,这表示出现实部为正的特征根,系统将不稳定.因此,很有必要确定根轨迹与虚轴的交点,并计算对应的临界放大系数 K_1 值.确定交点的方法较多,如利用劳斯判据、根据辐角条件图解试探、把 $s = \mathrm{j}\omega$ 代入特征方程式等.究竟采用哪一种方法,可按具体情况或设计者的习惯而定.下面通过例子分别加以介绍.

例 7.5 设系统开环传递函数为

$$W_{\mathrm{K}}(s) = \frac{K_{\mathrm{K}}}{s(s+1)(0.5s+1)} = \frac{2K_{\mathrm{K}}}{s(s+1)(s+2)}$$

试确定根轨迹与虚轴的交点,并计算临界放大系数 K_1.

解 方法一:根据给定的开环传递函数,可得特征方程式为

$$F(s) = s^3 + 3s^2 + 2s + 2K_{\mathrm{K}} = 0 \tag{7.18}$$

假设 $K_{\mathrm{K}} = K_1$ 时根轨迹与虚轴相交,于是令上式中 $s = \mathrm{j}\omega$,$K_{\mathrm{K}} = K_1$,则得

$$F(\mathrm{j}\omega) = 2K_1 - 3\omega^2 + \mathrm{j}(2\omega - \omega^3) = 0$$

亦即

$$2K_1 - 3\omega^2 = 0 \tag{7.19a}$$
$$2\omega - \omega^3 = 0 \tag{7.19b}$$

由式(7.19b)得 $\omega = 0$ 和 $\omega = \pm\sqrt{2}$.$\omega = 0$ 是根轨迹的起点,代入式(7.19a)即得对应的 $K_{\mathrm{K}} = 0$;$\omega = \pm\sqrt{2}$ 时根轨迹与虚轴相交,代入式(7.19a)后,即得交点处的 K_1(临界放大系数)为

$$K_1 = 3$$

方法二:若用劳斯判据计算交点和临界放大系数,则可按式(7.18)列出劳斯表.

s^3	1	2
s^2	3	$2K_{\mathrm{K}}$
s^1	$2 - \dfrac{2K_{\mathrm{K}}}{3}$	0
s^0	$2K_{\mathrm{K}}$	0

在第一列中,令 s^1 行等于零,则得临界放大系数

$$K_{\mathrm{K}} = K_1 = 3$$

根轨迹与虚轴的交点可根据 s^2 行的辅助方程求得,即

$$3s^2 + 2K_{\mathrm{K}} = 0$$

令上式中 $K_{\mathrm{K}} = 3$,即得根轨迹与虚轴的交点为

$$s = \pm \mathrm{j}\sqrt{2}$$

9. 根轨迹的走向

如果特征方程的阶次 $n = m \geqslant 2$,则一些根轨迹右行时,另一些根轨迹左行.为了说明这一特点,可把式(7.2)改写为

$$\prod_{j=1}^{n}(s + R_j) = s^n + a_1 s^{n-1} + \cdots + a_n = 0$$

式中,$a_1 = \sum_{j=1}^{n} R_j$ 是一个常数,它是各特征根之和. 这表明, 随着 K_g 值改变, 一些特征根增大时, 另一些特征根必减小. 这在 s 平面上就出现一些根轨迹右行时, 另一些根轨迹必左行的线性.

为了便于绘制轨迹, 把上面介绍的绘制法则归纳如下:

① 起点($K_g = 0$). 开环传递函数 $W_K(s)$ 的极点即根轨迹的起点.

② 终点($K_g = \infty$). 根轨迹的终点即开环传递函数 $W_K(s)$ 的零点(包括无限远零点).

③ 根轨迹数目及对称性. 根轨迹数目与开环极点数相同, 根轨迹对称于实轴.

④ 实轴上的根轨迹. 实轴上根轨迹右侧的零点与极点之和应是奇数.

⑤ 分离点与会合点. 分离点与会合点可按式(7.11)确定, 即

$$D'(s)N(s) - N'(s)D(s) = 0$$

按上式求出 $s = -\sigma_d$ 后, 应把这些 $-\sigma_d$ 代入式(7.9)计算 K_d. 只有与 $s = -\sigma_d$ 对应的 K_d 为正值时, 这些 $-\sigma_d$ 才是实际的分离点或会合点.

⑥ 根轨迹的渐近线. 渐近线的倾角按式(7.13)计算, 即

$$\varphi = \frac{\mu 180°(1 + 2\mu)}{n - m} \quad (\mu = 0, 1, 2, \cdots)$$

渐近线交点总在实轴上, 其位置由式(7.14)决定, 即

$$-\sigma_k = \frac{\sum_{j=1}^{n}(-p_j) - \sum_{i=1}^{m}(-z_i)}{n - m}$$

⑦ 根轨迹的出射角与入射角. 出射角和入射角可以分别按式(7.16)和式(7.17)计算, 即

$$\beta_{sc} = 180° - \left(\sum_{j=1}^{n-1} \beta_j - \sum_{i=1}^{m} \alpha_i \right)$$

$$\alpha_{sc} = 180° + \left(\sum_{j=1}^{n} \beta_j - \sum_{i=1}^{m-1} \alpha_i \right)$$

⑧ 根轨迹与虚轴交点. 根轨迹与虚轴交点可利用劳斯表求出.

7.2.2 自动控制系统的根轨迹

下面以各种典型的自动控制系统为例, 介绍如何画出它们的根轨迹. 这样既有利于进一步熟悉根轨迹的绘制法则, 也为今后分析和设计系统做好准备.

1. 二阶系统

设二阶系统的结构图如图 7.9 所示. 它的开环传递函数为

$$W_K(s) = \frac{K_K}{s(1 + Ts)} = \frac{K_g}{s\left(s + \dfrac{1}{T}\right)}$$

式中, $K_g = \dfrac{K_K}{T}$. 与典型二阶系统比较可知, 这里 $\dfrac{1}{T} = 2\xi\omega_n$, $K_g = \omega_n^2$. 下面绘制根轨迹.

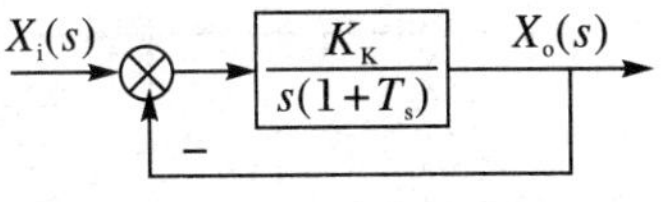

图 7.9 二阶系统结构图

① 有两个开环极点(起点):$p_0 = 0, p_1 = -\dfrac{1}{T}$.

② 有两个开环无限零点(终点),故两条根轨迹都将延伸到无限远.

③ 由绘制法则第④条可知,在 0 和 $-\dfrac{1}{T}$ 间必有根轨迹.

④ 根轨迹的分离点可按式(7.11)计算,即

$$D'(s)N(s) - N'(s)D(s) = \left(s + \frac{1}{T}\right) + s = 0$$

由此得分离点 $s = -\dfrac{1}{2T}$.

⑤ 根轨迹的渐近线倾角按式(7.13)计算,得

$$\varphi = \frac{\mu 180°(1 + 2\mu)}{n - m} = \frac{\mu 180°}{2} = \pm 90°$$

渐近线交点按式(7.14)计算,得

$$-\sigma_k = \frac{\sum_{j=1}^{n}(-p_j) - \sum_{i=1}^{m}(-z_i)}{n - m} = -\frac{\frac{1}{T}}{2} = -\frac{1}{2T}$$

它和根轨迹的分离点重合.根据以上分析计算结构,可作二阶系统(图 7.9)的根轨迹如图 7.10 所示.

如果要使得系统的阻尼比为 $\xi = \dfrac{1}{\sqrt{2}}$,则可以从原点作阻尼线 $0R$,交根轨迹于 R(图 7.10).阻尼线与负实轴的夹角应满足

$$\theta = \arccos\xi = 45°$$

根据幅值条件式(7.6)可得 $\xi = \dfrac{1}{\sqrt{2}}$ 时的根轨迹放大系数为

$$K_g = L_1 L_2 = \left(\frac{1}{2T\cos\theta}\right)^2 = \frac{1}{2T^2}$$

考虑 $K_g = \dfrac{K_K}{T}$,由此得 $\xi = \dfrac{1}{\sqrt{2}}$ 时的开环放大系数 K_K 应为 $K_K = \dfrac{1}{2T}$.

上式和前节中用分析法所得的二阶工程最佳参数相同,可见用根轨迹法来合理选择系统的参数是比较简便的.

2. 开环具有零点的二阶系统

二阶系统增加一个零点时,系统结构图如图 7.11 所示.它的开环传递函数为

$$W_K(s) = \frac{K(s + a)}{0.2s(5s + 1)} = \frac{K_g(s + a)}{s(s + 0.2)}$$

式中,$K_g = K, a > 0.2$.

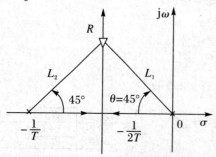

图 7.10　二阶系统的根轨迹

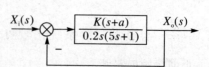

图 7.11　开环具有零点的二阶系统结构图

下面绘制根轨迹.

① 有两个极点：$p_0 = 0$，$-p_1 = -0.2$；一个有限零点：$-z_1 = -a$.

② 实轴上根轨迹位于 $0 \sim 0.2$ 和 $-a \sim \infty$.

③ 根轨迹上的分离点和会合点按式(7.11)算得. 由

$$D'(s)N(s) - N'(s)D(s) = [(s+0.2) + s](s+a) - s(s+0.2) = 0$$

故得分离点和会合点分别为

$$s_1 = -a + \sqrt{a^2 - 0.2a}$$

$$s_2 = -a - \sqrt{a^2 - 0.2a}$$

④ 在复平面上的根轨迹是一个圆，证明如下.

根据辐角条件可知，根轨迹各点应满足

$$\angle(s+a) - \angle s - \angle(s+0.2) = 180°$$

亦即

$$\arctan \frac{\omega}{a+\sigma} - \arctan \frac{\omega}{\sigma} = \arctan \frac{\omega}{0.2+\sigma} + 180° \tag{7.20}$$

利用正切公式

$$\arctan X - \arctan Y = \arctan \frac{X-Y}{1+XY}$$

可把式(7.20)改写为

$$\arctan \frac{\dfrac{\omega}{a+\sigma} - \dfrac{\omega}{\sigma}}{1 + \dfrac{\omega^2}{a(a+\sigma)}} = 180° + \arctan \frac{\omega}{0.2+\sigma}$$

对上式的两边去正切，整理后即得圆方程式

$$(a+\sigma)^2 + \omega^2 = a^2 - 0.2a$$

它的圆心为 $\sigma = -a$，$\omega = 0$，半径等于 $\sqrt{a^2 - 0.2a}$. $a = 1$ 时的根轨迹如图 7.12 所示. 这个圆与实轴的交点即为分离点和会合点.

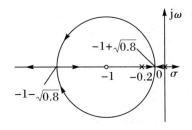

图 7.12　开环具有零点的二阶系统的根轨迹

上述例子说明，如果二阶开环系统没有零点，则根轨迹在复平面上是一条 $-\sigma = -0.1$ 的垂线，特征根靠近虚轴，动态品质指标较差；如果引进零点 $-z_1 = -1$，则根轨迹随着 K_g 值增大，将沿圆弧向左变化，于是动态品质指标得到显著改善. 由此可知，正向通道内适当引进零点，将能改善系统品质.

3. 三阶系统

二阶系统附加一个极点是，系统的结构图如图 7.13 所示. 它的开环传递函数为

$$W_K(s) = \frac{K_K}{s(s+1)(Ts+1)} = \frac{K_g}{s(s+1)(s+a)}$$

式中,$K_g = aK_K$,$a = \dfrac{1}{T}$.

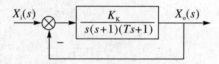

图 7.13 三阶系统结构图

下面绘制根轨迹.

① 有 3 个开环极点:$p_0 = 0$,$-p_1 = -1$,$-p_2 = -a$.

② 在 $-1 \sim 0$ 和 $-a \sim -\infty$ 的实轴上有根轨迹.

③ 分离点按式(7.11)计算

$$D'(s)N(s) - N'(s)D(s) = (s+1)(s+a) + s(s+a) + s(s+1) = 0$$

在 $a = 4$ 时,分离点为 $s_1 = -0.467$ 和 $s_1 = -2.87$.因为在 $-1 \sim -4$ 之间不可能有根轨迹,故分离点应为 $s_1 = -0.467$.

④ 渐近线倾角按式(7.13)算得

$$\varphi = \frac{\mu 180°(1+2\mu)}{3-0} = -60°, 60°, 180°$$

渐近线交点按式(7.14)计算,$a = 4$ 时

$$-\sigma_k = \frac{\sum_{j=1}^{n}(-p_j) - \sum_{i=1}^{m}(-z_i)}{n-m} = -\frac{5}{3}$$

⑤ 根轨迹与虚轴交点.有已知开环传递函数可得闭环系统特征方程为

$$s(s+1)(s+a) + K_g = 0$$

令 $s = j\omega$ 得

$$j\omega(j\omega+1)(j\omega+a) + K_g = 0$$
$$a\omega - \omega^3 = 0$$

当 $a = 4$ 时,根轨迹与虚轴交点

$$\omega = \pm 2$$

对应的根轨迹放大系数为

$$K_g = 20$$

考虑到 $K_g = 4K_K$,于是得临界开环放大系数为

$$K_K = \frac{20}{4} = 5$$

根轨迹绘于图 7.14.

这个例子说明,在二阶系统中附加一个极点,随着 K_g 增大,根轨迹会向右变化,并穿过虚轴,使系统趋于不稳定.

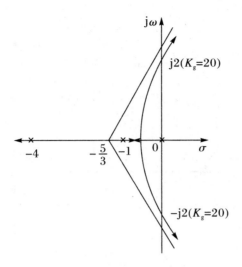

图 7.14 三阶系统的根轨迹

4. 开环具有零点的三阶系统

二阶系统中增加一个极点和一个零点后,系统的结构图如图 7.15 所示.它的开环传递函数为

$$W_K(s) = \frac{K(\tau_d s + 1)}{\tau_d T_i s^2 (TS + 1)} = \frac{K_g(s + z_1)}{s^2(s + p_1)}$$

式中,$K_g = \dfrac{K}{T_i T}$,$z_1 = \dfrac{1}{\tau_d}$,$p_1 = \dfrac{1}{T}$.

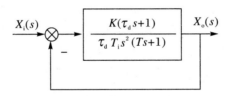

图 7.15 开环具有零点的三阶系统框图

下面绘制根轨迹.

① 有 3 个极点,其中两个在原点,一个 $-p_1 = -\dfrac{1}{T}$;有一个有限零点 $-z_1 = -\dfrac{1}{\tau_d}$.

② 在实轴的 $-\dfrac{1}{T} \sim -\dfrac{1}{\tau_d}$ 区间有根轨迹.

③ 渐近线倾角为

$$\varphi = \frac{\mu 180°}{3 - 1} = \pm 90°$$

渐近线交点为

$$-\sigma_k = -\frac{\dfrac{1}{T} - \dfrac{1}{\tau_d}}{3 - 1} = -\frac{1}{2}\left(\frac{1}{T} - \frac{1}{\tau_d}\right)$$

根轨迹如图 7.16 所示.

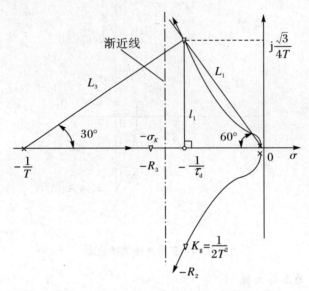

图 7.16　开环具有零点的三阶系统的根轨迹图

假设 $\tau_d = 4T$,在图 7.16 上作 $\xi = \dfrac{1}{2}$ 的阻尼线(ξ 线)$0R_1$,它的根轨迹的交点即为所求特征根

$$-R_1 = -\frac{1}{4T} + j\frac{\sqrt{3}}{4T}$$

另一个特征根为

$$-R_2 = -\frac{1}{4T} - j\frac{\sqrt{3}}{4T}$$

第 3 个特征根可根据 s^2 项的系数求得,由给定开环传递函数可得 s^2 项的系数为 $P_1 = \dfrac{1}{T}$. 于是,当 $\tau_d = 4T$ 时,第 3 个特征根可按下式计算,即

$$R_1 + R_2 + R_3 = \frac{1}{4T} + \frac{1}{4T} + R_3 = \frac{1}{T}$$

由此得第 3 个特征根为

$$-R_3 = -\frac{1}{2T}$$

现在来计算对应的放大系数 K 值.在图 7.16 中量得

$$L_1 = L_2 = \frac{1}{2T}, \quad L_3 = \frac{\sqrt{3}}{2T}$$

根据幅值条件式(7.6),可知对应的根轨迹放大系数为

$$K_g = \frac{L_1 L_2 L_3}{l_1} = \frac{1}{2T^2}$$

考虑到 $K_g = \dfrac{K}{T_i T} = \dfrac{4K}{\tau_d T_i}$,由此即得放大系数 K 为

$$K = \frac{\tau_d T_i}{8T^2} = \frac{T_i}{2T}$$

图 7.16 只是在 $0<z_1<p_1$ 的情况下绘制的根轨迹.当 z_1 和 p_1 的相对位置变化时,根轨迹将有不同形状.

5. 具有复数极点的四阶系统

结构图如图 7.17 所示,它的开环传递函数为

$$W_K(s)=\frac{K_K\left(\frac{1}{2}s+1\right)}{s\left(\frac{1}{3}s+1\right)\left(\frac{1}{2}s^2+s+1\right)}=\frac{K_g(s+2)}{s(s+3)(s^2+s+2)}$$

$$K_g=3K_K$$

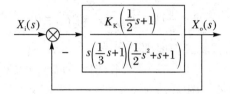

图7.17　具有复数极点的四阶系统结构图

下面绘制根轨迹.

① 有 4 个极点:0、-3、$-1\pm j1$;有一个有限零点 -2.

② 在 -2～0 和 $-\infty$～-3 间的实轴上有根轨迹.

③ 渐近线倾角为

$$\varphi=\frac{\mu 180^\circ(1+2\mu)}{4-1}=\pm 60^\circ,180^\circ$$

渐近线交点按式(7.14)计算,得

$$-\sigma_k=\frac{3+1+j1+1-j1-2}{4-1}=-1$$

④ 出射角在例 7.4 中已算得

$$\beta_{sc1}=-26.6^\circ,\quad \beta_{sc2}=-26.6^\circ$$

⑤ 根轨迹与虚轴的交点可用劳斯判据计算.根据已知的开环传递函数得特征方程式

$$s^4+5s^3+8s^2+(6+K_g)s+2K_g=0 \tag{7.21}$$

由此可作劳斯表

$$\begin{array}{llll}
s^4 & 1 & 8 & 2K_g \\
s^3 & 5 & (6+K_g) & 0 \\
s^2 & 8-\dfrac{6+K_g}{5} & 2K_g & 0 \\
s^1 & (6+K_g)=\dfrac{10K_g}{8-\frac{1}{5}(6+K_g)} & 0 & 0 \\
s^0 & 2-\dfrac{2K_K}{3} & 0 & 0
\end{array}$$

在第 1 列中,令 s^1 行等于 0,则得

$$(6+K_g)-\frac{10K_g}{8-\frac{1}{5}(6+K_g)}=0$$

由此算得

$$K_g \approx 7$$

按已知开环传递函数可知放大系数为

$$K_K = \frac{K_g}{3}$$

由此可知,临界开环放大系数为

$$K_1 \approx \frac{7}{3} = 2.33$$

根轨迹与虚轴的交点可利用 s^2 行的辅助方程求得,即

$$\left[8 - \frac{1}{5}(6 + K_g)\right]s^2 + 2K_g = 0$$

将 $K_g \approx 7$ 代入上式,即得根轨迹与虚轴交点为

$$s = \pm j1.61$$

根据以上分析,可作根轨迹如图 7.18 所示.

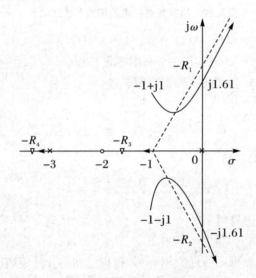

图 7.18　具有复数极点的四阶系统的根轨迹

当根轨迹与虚轴相交时,另外两个根可利用特征方程的系数计算.因为特征根之和等于特征方程中 s^{n-1} 项的系数,由式(7.21)得

$$R_1 + R_2 + R_3 + R_4 = 5$$

而特征根之积等于特征方程的常数项,即

$$R_1 R_2 R_3 R_4 = 2K_g$$

把已知值代入上述两式,解得

$$-R_3 = -1.58, \quad -R_4 = -3.42$$

6. 具有时滞环节的系统

如果时滞环节的滞后时间 τ 较大,则它对系统有明显的不良影响,并且时滞系统的根轨迹绘制也有别于一般系统.

假设,时滞系统的结构如图 7.19 所示,其开环传递函数为

$$W_K(s) = \frac{K_g N(s)}{D(s)} e^{-\tau s}$$

式中, $e^{-\tau s}$ 为时滞环节的传递函数, τ 为滞后时间.

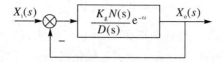

$$X_i(s) \quad \frac{K_g N(s)}{D(s)} e^{-\tau s} \quad X_o(s)$$

图 7.19 时滞系统结构图

闭环系统的特征方程式为

$$D(s) + K_g N(s) e^{-\tau s} = \prod_{j=1}^{n}(s + p_j) + K_g \prod_{i=1}^{m}(s + z_i) e^{-\tau s} = 0 \qquad (7.22a)$$

亦即

$$\frac{N(s)}{D(s)} e^{-\tau s} = \frac{\prod_{i=1}^{m}(s + z_i)}{\prod_{j=1}^{n}(s + p_j)} e^{-\tau s} = -\frac{1}{K_g} \qquad (7.22b)$$

假设特征根 $s = \sigma + j\omega$, 则满足特征根的幅值条件分别为

$$\mid e^{-\tau s} \mid \frac{\prod_{i=1}^{m}(s + z_i)}{\prod_{j=1}^{n}(s + p_j)} e^{-\tau s} = \frac{1}{K_g} \qquad (7.23)$$

$$\sum_{j=1}^{n} \angle(s + p_j) - \sum_{i=1}^{m} \angle(s + z_i) = \mu(1 + 2\mu)\pi - \tau\omega \qquad (7.24)$$

当 $\tau = 0$, 即没有时滞环节时, 幅值条件和辐角条件与一般系统相同. 此时辐角条件只要满足常数 $\mu(1+2\mu)\pi$, 故对于一定的 K_g 值, 只有 n 个特征根.

在 $\tau \neq 0$ 时, 特征根 $s = \sigma + j\omega$ 的实部会影响幅值条件, 而它的虚部会影响辐角条件. 因此, 时滞系统的辐角条件不再是常数, 而是 ω 的函数. 在式 (7.24) 中, ω 是沿虚轴的连续变化量. 故对于一定的 K_g 值, 不再是 n 个特征根, 而是无限多个特征根, 相应地存在无限多条根轨迹. 这是时滞系统的特殊之处.

现在讨论时滞系统的根轨迹绘制法则.

① 起点 ($K_g = 0$). 由式 (7.23) 可知, 当 $K_g = 0$ 时, 除开环极点 $-p_j$ 是起点外, $\sigma = -\infty$ 也是起点.

② 终点 ($K_g = \infty$). 由式 (7.23) 可知, 当 $K_g = \infty$ 时, 除开环有限零点 $-z_i$ 是终点外, $\sigma = \infty$ 也是终点.

③ 根轨迹数据及对称性. 根轨迹有无限多条. 此外, 如果把式 (7.22) 中 $e^{-\tau s}$ 展开为无穷级数, 于是特征方程又为 s 的多项式, 各项系数为常数, 故时滞系统的根轨迹也对称于实轴.

④ 实轴上的根轨迹. 因为实轴上根轨迹的所有特征 $s = \pm\sigma$, 即 $\omega = 0$, 故实轴环节不起作用. 此时仍可按照前面介绍过的法则确定实轴上的根轨迹.

⑤ 分离点与会合点. 可按下式计算, 即

$$D'(s)N(s)e^{-\tau s} - [e^{-\tau s}N(s)]'D(s) = 0$$

或

$$D'(s)N(s) - [\tau N(s) - N'(s)]D(s) = 0 \qquad (7.25)$$

⑥ 渐近线. ② 中已经证明, 当 $K_g = \infty$ 时, $\sigma = \infty$. 这时, s 平面上所有有限开环零点 $-z_i$ 和

极点 $-p_j$ 到 σ 的矢量辐角都等于 0,故由式(7,24)得渐近线为水平线,它与虚轴交点为

$$\omega = \frac{\pm\pi(1+2\mu)}{\tau}$$

此外,我们再考虑 $K_g = 0$ 的根轨迹渐近线. ① 中已经证明,$K_g = 0$ 时,$\sigma = -\infty$. 这是 s 平面上所有开环有限零点 $-z_i$ 和极点 $-p_j$ 到 σ 的矢量辐角都等于 π,故由式(7.24)得

$$\sum_{j=1}^{n}\angle(s+p_j) - \sum_{i=1}^{m}\angle(s+z_i) = (n-m)\pi = \mu\pi(1+2\mu) - \tau\omega$$

亦即

$$\omega = \frac{\pm 2\mu\pi}{\tau} \quad (n-m = \text{奇数})$$

$$\omega = \frac{\pm(1+2\mu)\pi}{\tau} \quad (n-m = \text{偶数})$$

由此可知,$K_g = 0$ 的渐近线也为水平线,它与虚轴交点满足上式. 综上所述,可得渐近线交点的一半表达式为

$$\omega = \pm\frac{N\pi}{\tau}$$

式中,N 可用表 7.1 概况.

表 7.1　　N 值计算方法

$n-m$	$K_g = 0$	$K_g = \infty$
奇数	$N = 2\mu$	$N = 1 + 2\mu$
偶数	$N = 2\mu + 1$	

⑦ 出射角与入射角. 同理,按辐角条件式(7.24)可求得出射角与入射角的计算公式分别为

$$\beta_{sc} = (\pi - \tau\omega) - \left(\sum_{j=1}^{n-1}\beta_j - \sum_{i=1}^{m}\alpha_i\right)$$

$$\alpha_{sc} = (\pi + \tau\omega) + \left(\sum_{j=1}^{n-1}\beta_j - \sum_{i=1}^{m}\alpha_i\right)$$

⑧ 根轨迹与虚轴交点. 由于特征方程式(7.22)不是代数方程,故不能用劳斯判据去计算根轨迹与虚轴的交点,而应按辐角条件式(7.24)计算. 令 $s = j\omega$,由式(7.24)得根轨迹与虚轴的交点应满足

$$\sum_{j=1}^{n}\arctan\frac{\omega}{p_j} - \sum_{i=1}^{m}\arctan\frac{\omega}{z_i} = \mu\pi(1+2\mu) - \tau\omega \tag{7.26}$$

下面以比较简单的系统说明绘制方法. 假设系统的开环传递函数为

$$\frac{K_g N(s)}{D(s)}e^{-\tau s} = \frac{K_g e^{-\tau s}}{s+1} \tag{7.27}$$

由此得 μ 的辐角条件为

$$\angle(s+1) = \mu\pi - \tau\omega \tag{7.28}$$

假设在 s 平面左半部分有特征根 s_1,其虚部为 $j\omega_1$,今用作图法确定特征根 s_1 的位置. 首先,从 -1 作一条倾角为 $\pi - \tau\omega$ 的斜线,再在虚轴上取点 $j\omega_1$,并通过该点作水平线,它和斜线的交点 s_1 就是所求的特征根. 因为由图 7.20 可知,对于 s_1 点辐角为

$$\angle(s_1+1) = \pi - \tau\omega_1$$

它正好满足式(7.28).

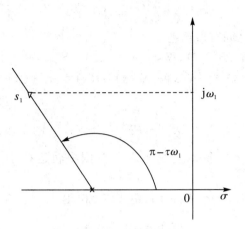

图 7.20 求复极点 s_1 位置

同理,在 $\omega > 0$ 区间取不同 ω 值,可得一组特征根.由此可在横轴以上画出一条根轨迹;另一条根轨迹对称于实轴,如图 7.21 所示.

当 $\mu \neq 0$ 时,也可用上述方法求得其余的根轨迹.但是,它们的渐近线和 $\mu = 0$ 时是不同的,这在上面已做过分析.

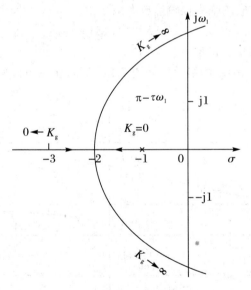

图 7.21 $\dfrac{K_g}{s+1}e^{-\tau\omega}$ 的根轨迹 $(\mu = 0)$

例 7.6 设系统的开环传递函数为

$$\frac{K_g N(s)}{D(s)}e^{-\tau s} = \frac{K_g e^{-\tau s}}{s(s+1)}$$

试绘制其根轨迹.

解 ① 起点($K_g = 0$)为 $p = 0, -p_1 = -1$;其他起点为 $\sigma = -\infty$,其渐近线由表 7.1 查得

$$\omega = \frac{\pm(1+2\mu)\pi}{\tau} \quad (\mu = 0,1,2,\cdots)$$

② 终点($K_g = \infty$)为 $\sigma = \infty$,其渐近线由表 7.1 查得

$$\omega = \frac{\pm(1+2\mu)\pi}{\tau} \quad (\mu = 0, 1, 2, \cdots)$$

③ 在实轴的 $-1 \sim 0$ 区间有根轨迹.

④ 分离点位置按式(7.25)计算,得

$$D'(s)N(s) + [\tau N(s) - N'(s)]D(s) = \tau s^2 + (2+\tau)s + 1 = 0$$

由此算得

$$s = \frac{1}{2\tau}\left[-(2+\tau) \pm \sqrt{\tau^2 + 4}\right]$$

当 $\tau = 1$ 时,得 $s_1 = -0.382$, $s_2 = -2.618$. 因根轨迹位于 $-1 \sim 0$ 之间,故分离点是 $s_1 = -0.382$.

⑤ 根轨迹与虚轴交点. 当 $\mu = 0$, $\tau = 1$, 由式(7.26)得

$$\arctan \omega + \frac{\pi}{2} = \mu\pi - \omega$$

亦得

$$\omega = \arctan\left(\frac{\pi}{2} - \omega\right)$$

由此算得

$$\omega = 0.86$$

再按式(7.27)算得对应的临界根轨迹放大系数为

$$K_1 = 1.134$$

同理可计算 $\mu \neq 0$ 时的 ω 和 K_1 值.

根据以上计算结果作 $\tau = 1$ 的根轨迹如图 7.22 所示. 由图可以看出,由于时滞环节的影响,

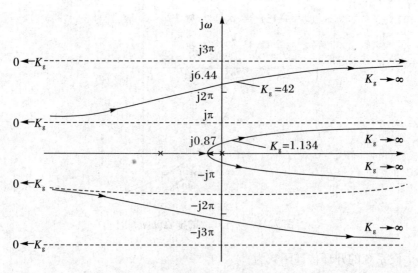

图 7.22 时滞系统的根轨迹($\tau = 1$)

根轨迹进入 s 平面的右半侧,系统不能稳定工作. 但是,当滞后时间 τ 很小时,根轨迹与虚轴交点处的 ω 值将很大,临界根轨迹放大系数 K_1 也是很大. 这说明时滞环节的影响减弱. 因此,对于滞后时间 τ 为毫秒级的元件,我们常把它的传递函数近似地认为 $e^{-\tau s} \approx \frac{1}{1+\tau s}$, 即把它等效成为一个惯性元件.

7.2.3 零度根轨迹

以上讨论的系统,其特征方程式必须满足 $180°(1 + 2\mu)$ 这一辐角条件.这种根轨迹有时称为 $\pm 180°$ 根轨迹.

在有些情况,根轨迹的辐角条件不是 $\pm 180°(1 + 2\mu)$,而是 $\pm 360°\mu$,这样的根轨迹称为零度根轨迹.

如图 7.23 所示系统有一个零点在 s 右半平面,它的开环传递函数为

$$W_K(s) = \frac{K_K(1 - T_a s)}{s(1 + T_1 s)} = -\frac{K_g(s + z_1)}{s(s + p_1)} \tag{7.29}$$

式中,$K_g = \dfrac{K_K p_1}{z_1}$,$-z_1 = \dfrac{1}{T_a}$,$-p_1 = -\dfrac{1}{T_1}$,它的闭环特征方程式为

$$D(s) - K_g N(s) = s(s + p_1) - K_g(s + z_1) = 0 \tag{7.30}$$

亦即

$$\frac{N(s)}{D(s)} = \frac{s + z_1}{s(s + p_1)} = \frac{1}{K_g}$$

由此可知,满足特征根的幅值条件为

$$\left| \frac{N(s)}{D(s)} \right| = \left| \frac{s + z_1}{s(s + p_1)} \right| = \frac{1}{K_g} \tag{7.31}$$

式(7.31)与式(7.6)相同.这说明,对于幅值条件来说,图 7.23 所示系统与前述系统是一样的.至于辐角条件,则变为

$$\begin{aligned}
\angle N(s) - \angle D(s) &= \sum_{i=1}^{m} \angle(s + z_i) - \sum_{j=1}^{n} \angle(s + p_j) \\
&= \sum_{i=1}^{m} \alpha_i - \sum_{j=1}^{n} \beta_j = \mu 360° \quad (\mu = 0, 1, 2, \cdots)
\end{aligned} \tag{7.32}$$

由于辐角条件是偶数个 π,故名为零度根轨迹.

例 7.7 试绘制图 7.23 所示系统的根轨迹.

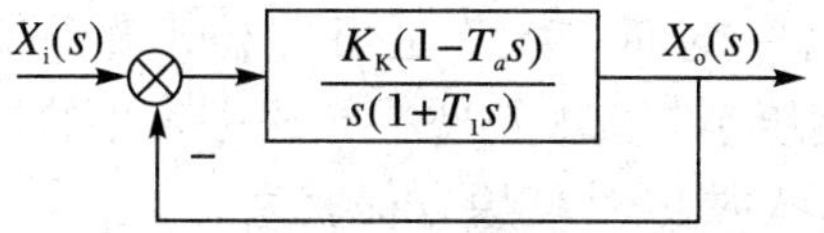

图 7.23 s 右半平面有一个零点的系统结构图

解 ① 两个开环极点:$p_0 = 0$,$-p_1 = -\dfrac{1}{T_1}$;两个开环零点:$-z_1 = \dfrac{1}{T_a}$ 和一个无限零点.

② 实轴上根轨迹.确定这一系统实轴上轨迹的原则是,它右侧的零点、极点数目之和应是偶数.因为只有这样,才能满足辐角条件式(7.32).因此,在实轴的 $0 \sim -\dfrac{1}{T_1}$ 和 $\dfrac{1}{T_a} \sim \infty$ 区间存在根轨迹.

③ 分离点与会合点.按式(7.11)可得

$$D'(s)N(s) - N'(s)D(s) = (s + p_1 + s)(s + z_1) - s(s + p_1) = 0$$

由此可得分离点与会合点分别为

$$s_1 = \frac{1}{T_a}\left(1 - \sqrt{1 + \frac{T_a}{T_1}}\right)$$

$$s_2 = \frac{1}{T_a}\left(1 + \sqrt{1 + \frac{T_a}{T_1}}\right)$$

不难证明,复平面上的根轨迹是一个圆,圆心为有限零点 $-z_1 = \frac{1}{T_a}$,半径为 $1 + \sqrt{1 + \frac{T_a}{T_1}}$.

根轨迹与虚轴交点为 $\omega = \pm\sqrt{\frac{1}{T_1 T_a}}$. 根轨迹于会合点相遇后,一条终止于有限零点,另一条沿实轴延伸到正有限远处. 根轨迹如图 7.24 所示.

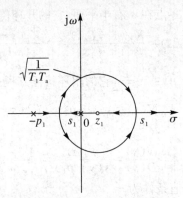

图 7.24 例 7.7 系统的根轨迹

与图 7.12 的根轨迹比较,可看出其不同之处.

7.2.4 参数根轨迹

以上研究的是以根轨迹放大系数 K_g 为变量的根轨迹,这在实际控制系统中是最常见的. 我们把以 K_g 作为变量的根轨迹称为常义根轨迹. 其实,当校正系统时,往往要改变某一参数, 研究由此引起的根轨迹变化规律. 这种以 K_g 以外的参数作为变量的根轨迹,称为参数根轨迹 (或广义根轨迹).

1. 一个参数变化的根轨迹

假设系统的可变参数是某一时间常数 T,由于它位于开环传递函数的分子或分母多项式的因式中,因而就不能简单地用绘制常义根轨迹的方法去直接绘制系统的根轨迹,而是需要把闭环特征方程式中不含有 T 的各项去除,使原方程变为

$$1 + \frac{K_g N(s)}{D(s)} = 1 + \frac{T N_T(s)}{D_T(s)} = 0 \tag{7.34}$$

式中,$N_T(s)$、$D_T(s)$ 分别为等效的开环传递函数分子、分母多项式,T 的位置与原根轨迹放大系数 K_g 完全相同. 经过上述处理后,就可以按照常义根轨迹的方法绘制以 T 为参数的根轨迹. 下面举例说明参数根轨迹的绘制方法.

例 7.8 已知系统的结构图如图 7.25 所示,试以 τ 为变量绘制根轨迹.

解 先考虑正向通道的传递函数为

$$\frac{K_g N(s)}{D(s)} = \frac{K_g}{s(s + p)} \tag{7.35}$$

由此得闭环系统特征方程式

$$s(s + p) + K_g(1 + \tau s) = 0 \tag{7.36}$$

亦即

$$W_{\mathrm{K,eq}}(s) = \frac{\tau_k s}{s^2 + ps + K_g} \tag{7.37}$$

式中，$\tau_k = K_g \tau$，作为绘制根轨迹的变量；$W_{\mathrm{K,eq}}(s)$叫作等效开环传递函数，它的极点和零点分别为根轨迹的起点和终点． 下面说明如何绘制图 7.25 所示系统的根轨迹．

① 开环极点（起点）为

$$-p_1 = \frac{-p + \mathrm{j}\sqrt{4K_g - p^2}}{2}$$

$$-p_2 = \frac{-p - \mathrm{j}\sqrt{4K_g - p^2}}{2}$$

开环有限零点就是原点，另一个零点在无限远．

② 会合点按式(7.11)计算：

$$D'(s)N(s) - N'(s)D(s) = s(2s + p) - (s^2 + ps + K_g) = 0 \tag{7.38}$$

从而得根轨迹的会合点为

$$s = -\sqrt{K_g} \tag{7.39}$$

不难证明，复平面上根轨迹是一段圆弧，圆心在原点，半径为 $-\sqrt{K_g}$．根轨迹自开环复极点出发后，随着 τ_k 增加，于 $-\sqrt{K_g}$ 点会合，然后会分别终止于原点或衍生到负无限远(图 7.26)．

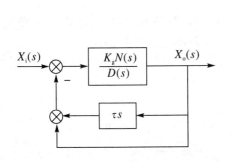

图 7.25　例 7.8 系统结构图

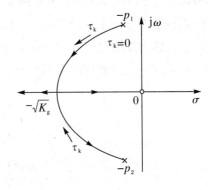

图 7.26　例 7.8 系统的根轨迹

把 $s = -\sqrt{K_g}$ 代入特征方程式(7.26)，得

$$\tau = \frac{1}{K_g}(2\sqrt{K_g} - p) \tag{7.40}$$

式(7.40)是产生重根 $-\sqrt{K_g}$ 的 τ 值．由此可见，局部反馈通路的参数 τ 应在以下范围内

$$0 < \tau < \frac{1}{K_g}(2\sqrt{K_g} - p) \tag{7.41}$$

选取适当数值，这样才可以使图 7.25 所示系统工作在合理的欠阻尼状态．

例 7.9　给定控制系统的开环传递函数为

$$W_{\mathrm{K}}(s) = \frac{s + a}{s(2s - a)} \quad (a \geqslant 0) \tag{7.42}$$

试作出以 a 为参变量的根轨迹，并利用根轨迹分析 a 取何值时闭环系统稳定．

解 由式(7.42)得系统的闭环特征方程

$$2s^2 - as + s + a = s(2s+1) - a(s-1) = 0 \tag{7.43}$$

改写为

$$1 - \frac{a(s-1)}{s(2s+1)} = 0 \tag{7.44}$$

即等效的开环传递函数为

$$W_{K,eq}(s) = -\frac{a(s-1)}{s(2s+1)} \tag{7.45}$$

由式(7.45)知,该系统在绘制以 a 为参变量的根轨迹时,应遵循零度根轨迹的绘制规则.

① 开环极点(起点)为 $-p_1 = 0$, $-p_2 = -\frac{1}{2}$;开环有限零点(终点)为 $-z_1 = 1$,另一个零点在无限远.

② 实轴上的根轨迹为 $\left[-\frac{1}{2}, 0\right]$, $[1, \infty)$.

③ 分离点和会合点按式(7.11)计算.

$$D'(s)N(s) - N'(s)D(s) = (4s^2 - 3s - 1) - s(2s+1) = 2s^2 - 4s - 1 = 0 \tag{7.46}$$

从而得根轨迹的分离点和会合点为

$$s_{d1,2} = 1 \pm 1.224\,7$$

其中,分离点为 $s_{d1} = -0.224\,7$,对应的 $a = 0.101\,0$;会合点为 $s_{d2} = 2.224\,7$,对应的 $a = 9.989\,90$.

不难证明,复平面上根轨迹是一段圆弧,圆心在 $(1, j0)$ 处,半径为 $1.224\,7$.

④ 根轨迹与虚轴的交点.由闭环特征方程式(7.43)可知,当 $a = 1$ 时系统处于临界稳定状态.由此可得闭环系统稳定的范围为 $0 < a < 1$.相应的根轨迹绘于图 7.27.

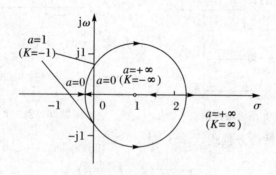

图 7.27 例 7.9 系统的根轨迹

本例说明,尽管在许多情况下,都是绘制常规根轨迹,但是在绘制参数根轨迹、研究正反馈系统、处理非最小相位系统过程中,都有可能遇到绘制零度根轨迹的情形.

2. 几个参数变化的根轨迹(根轨迹簇)

在某些场合,需要研究几个参数同时变化对系统性能的影响.例如在设计一个校正装置传递函数的零点、极点时,就需研究这些零点、极点取不同值时对系统性能的影响.为此,需要绘制几个参数同时变化的根轨迹,所作出的根轨迹将是一组曲线,称为根轨迹簇.下面通过一个例子来说明根轨迹簇的绘制方法.

例 7.10　一单位反馈控制系统如图 7.28 所示,试绘制以 K 和 a 为参数的根轨迹.

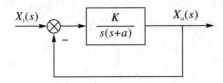

图 7.28　例 7.10 系统的结构图

解　系统的闭环特征方程为

$$s^2 + as + K = 0$$

先令 $a = 0$,则上式变为

$$s^2 + K = 0$$

或写出

$$1 + \frac{K}{s^2} = 0$$

令

$$W_{K1}(s) = \frac{K}{s^2}$$

据此作出 $W_{K1}(s)$ 对应的根轨迹,如图 7.29(a)所示.这是 $a = 0$ 时,以 K 为参变量的根轨迹.

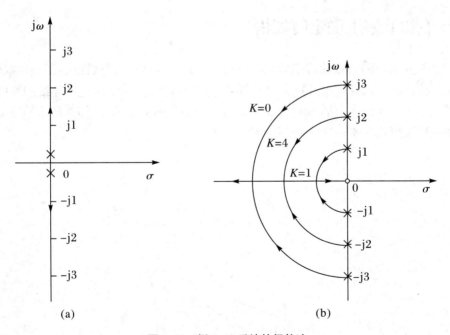

图 7.29　例 7.10 系统的根轨迹

其次考虑 $a \neq 0$,把闭环特征方程式改写为

$$1 + \frac{as}{s^2 + K} = 0$$

令

$$W_{K2}(s) = \frac{as}{s^2 + K}$$

比较 $W_{K1}(s)$ 与 $W_{K2}(s)$ 可知,$W_{K2}(s)$ 的开环极点就是 $W_{K1}(s)$ 对应的闭环极点,因而 $W_{K2}(s)$ 对应根轨迹的起点都在 $W_{K1}(s)$ 对应的根轨迹曲线上.为了作出 $W_{K2}(s)$ 对应的根轨迹,通常先令 K 为某一定值,然后根据 $W_{K2}(s)$ 零点、极点的分布作出参变量 a 由 $0 \to \infty$ 变化时的根轨迹.例如,令 $K=9$,则

$$W_{K2}(s) = \frac{as}{s^2 + 9}$$

它的极点为 j3,零点为 0.不难证明,对应特征方程的根轨迹为一圆弧,其方程为

$$a^2 + \omega^2 = 3^2$$

图 7.29(b)为 K 取不同值时所作的根轨迹簇.

7.3   用根轨迹分析系统的动态特性

以上讨论了如何根据开环系统的传递函数绘制闭环系统的根轨迹.根轨迹绘出以后,对已定的 K_g 值,即可利用幅值条件,确定相应的特征根(闭环极点).如果闭环系统的零点是已知的,则可以根据闭环系统零点、极点的位置以及已知的输入信号,分析系统的动态特性.

7.3.1   在根轨迹上确定特征根

根据已知的 K_g 值,在根轨迹上确定特征根的位置时,可以采用试探法,即先在根轨迹上取一试点 s_0(图 7.30),然后画出试点 s_0 与开环零点、极点的连线,量得这些连线的长度后,代入幅值条件式(7.6),求得 K_g 值;如果它和已知的 K_g 值相等,则试点 s_0 即为所求的特征根.采用这种方法往往试探几次才有结果,比较麻烦.

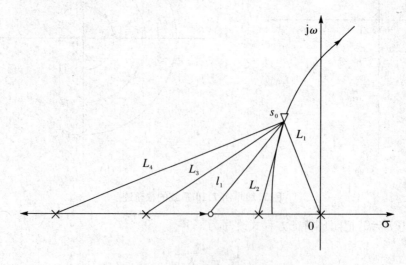

图 7.30   确定特征根

其实,对于 $n - m \leqslant 3$ 的系统,可以先在实轴上选择试点,找出实根以后,再去确定复数根,这样就简便很多.下面举例说明这种方法.

例 7.11 假设系统的结构图如图 7.31 所示,它的开环传递函数为

$$\frac{K_g N(s)}{D(s)} = \frac{K_g}{s(s+1)(s+4)} \tag{7.47}$$

试确定 $K_g = 10$ 的特征根.

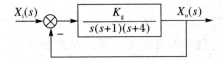

图 7.31 例 7.11 的系统结构图

解 根据已知的开环传递函数,可得闭环系统特征方程式

$$s(s+1)(s+4) + K_g = 0 \tag{7.48}$$

首先,作出根轨迹如图 7.32 所示.由图可知,在 $-\infty \sim -4$ 区间实轴上有根轨迹.于是可在 $-\infty \sim -4$ 间取不同试点 $s = -\sigma$,代入式(7.48)后,即得一条曲线 $K_g = f(-\sigma)$,如图 7.32 所示.由此可用作图法求得 $K_g = 10$ 的一个特征根

$$-\sigma_1 = -4.6$$

求得实根之后,再求复根.根据代数方程中根与系数的关系,由式(7.48)得

$$\sigma_1 + 2\sigma_2 = 5 \tag{7.49}$$

由此可知,另外一对复根的实部为

$$-\sigma_2 = -0.2 \tag{7.50}$$

再在图 7.32 上作一条 $-\sigma_2 = -0.2$ 的垂线,它与根轨迹的交点即为所求的另外一对复根

$$-\sigma_{2,3} = -0.2 \pm j1.46$$

当然,我们也可利用 3 个根的积等于特征方程的常数项的关系来计算另外一对特征根.由式(7.48)可得

$$4.6(0.2 + j\omega)(0.2 - j\omega) = 10$$

解得

$$\omega = 1.46$$

其结果与图解法相同.

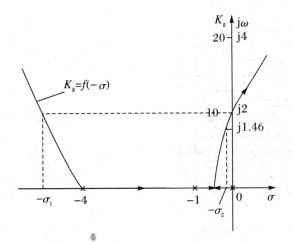

图 7.32 例 7.11 系统的特征根($K_g = 10$)

7.3.2 用根轨迹分析系统的动态特性

由根轨迹求出闭环系统零点和极点的位置后,就可以按第 3 章介绍的方法分析系统的动态品质.

如果闭环系统有两个负实数点 $-R_1$ 和 $-R_2$(图 7.33),那么单位阶跃响应是指数型的.如果两个实极点相距较远,则动态过程主要决定于离虚轴近的极点,一般当 $R_2 \geqslant 5R_1$ 时,可忽略极点 $-R_2$ 的影响.

如果闭环极点为一对复极点如图 7.34 所示,那么单位阶跃响应是衰减振荡型的,它由两个特征参数决定,即阻尼比 ξ(或阻尼角 $\theta = \arctan\xi$)和自然振荡角频率 ω_n.

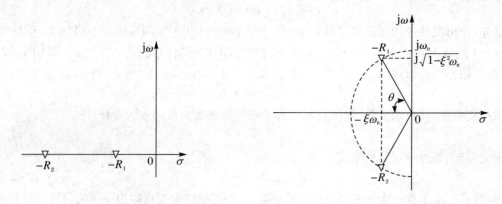

图 7.33 两个实极点   图 7.34 一对复极点

假设 ω_n 不变,随着阻尼角 θ 的改变,极点将沿着以 ω_n 为半径的圆弧移动.当 $\theta = 0$,$\xi = 1$ 时,一对极点会合于实轴,出现实数重根,系统工作在临界阻尼状态,没有超调.当 $\theta = 90°$,$\xi = 0$ 时,一对复极点分别到达虚轴,出现共轭虚根,系统呈等幅振荡.复极点的阻尼角决定着二阶系统的超调量,θ 越小(即 ξ 越大),则超调量越小.它和超调量的关系示于图 7.35,有相同阻尼比的复极点,位于同一条射线上,如图 7.36 所示的射线称为等阻尼线.在同一条阻尼线上的复极点,将有相同的超调量.

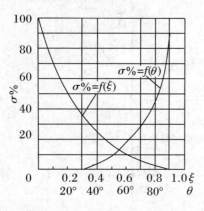

图 7.35 $\sigma\%$ 与 ξ、θ 的关系

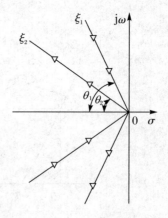

图 7.36 等阻尼线

假设 θ 不变,则随着 ω_n 增大,极点将沿矢量方向延伸,于是它的实部 $-\xi\omega_n$ 和虚部 $\sqrt{1-\xi^2}\,\omega_n$ 都增大.增大 $\xi\omega_n$ 会加快系统的响应时间,而增大 $\sqrt{1-\xi^2}\,\omega_n$,会增大系统的阻尼振荡角频率,其结果将促使系统以较快速度到达稳定工作状态.

$\xi\omega_n$ 是表征系统指数衰减的系数,它决定系统的调节时间.有相同 $-\sigma=-\xi\omega_n$ 的系统(图 7.37),将有相同的衰减速度和大致相同的调节时间.

如果闭环系统除一对复极点外还有一个零点,如图 7.38 所示,将增大超调量.但是,如果 $\xi=0.5,z_1\geqslant 4\xi\omega_n$,则可以不计零点的影响,直接用二阶系统的指标来分析系统的动态品质.

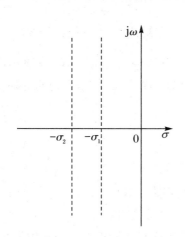

图 7.37　等衰减系数线

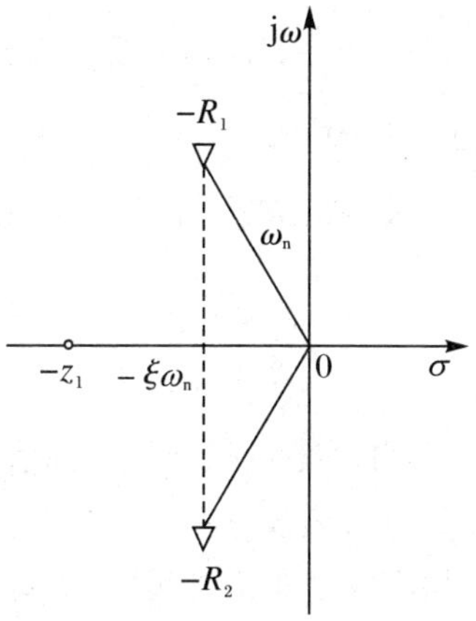

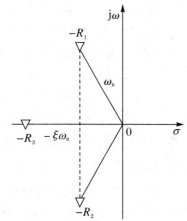

图 7.38　一对复极点和一个零点

如果闭环系统除一对复极点外还有一个实极点,如图 7.39 所示,则系统超调量减小,调节时间增长.但是当实极点与虚轴的距离比复极点与虚轴的距离大 5 倍以上时,可以不考虑这一负极点的影响,直接用二阶系统的指标来分析系统的动态品质.

闭环系统中一对相距很近的实极点称为偶极子,偶极子对系统动态响应的影响很小,可以忽略不计.

用根轨迹法分析系统动态品质的最大优点是可以看出开环系统放大系数(或其他参数)变化时,系统动态品质是怎样变化的.

以图 7.14 为例,当 $K_g=20(K_K=5)$ 时,闭环系统有一对极点位于虚轴,系统处于稳定边界.当 $K_g=0.88(K_K=0.22)$ 时,两个极点重合在 $-p_{1,2}=-0.467$,这时 $-p_3=-4.07$.进

图 7.39　一对复极点和一个实极点

一步减小 K_K,将有一个极点沿实轴向原点靠拢,动态响应越来越慢.如果给定 $K_g=3(K_K=0.75)$,这时一对复极点为 $-0.39\pm j0.745$,另一个极点为 $-p_3=-4.22$.由于 $-p_3$ 比复极点的实部大很多,完全可以忽略 $-p_3$ 的影响.这样,就可以用二阶系统的指标来分析系统动态品质.由图可得 $\xi\omega_n=0.39,\omega_n=0.84$,故阻尼比 $\xi=0.46$.由二阶系统动态指标可以求得 $\sigma\%=21\%$,

$$t_s=\frac{3}{\xi\omega_n}=7.69 \text{ s}.$$

7.3.3　开环零点对系统根轨迹的影响

增加开环零点将引起系统根轨迹形状的变化,因而影响闭环系统的稳定性及其暂态响应性能,下面以三阶系统为例来说明.

设系统的开环传递函数为

$$W_K(s) = \frac{K_K}{s(T_1 s + 1)(T_2 s + 1)} = \frac{K_g}{s(s + p_1)(s + p_2)} \quad (p_2 > p_1)$$

式中,$p_1 = \dfrac{1}{T_1}$,$p_2 = \dfrac{1}{T_2}$,$K_g = \dfrac{K_K}{T_1 T_2}$.为分析和绘制根轨迹方便,设 $-p_1 = -1$,$-p_2 = -2$.该控制系统的根轨迹如图 7.40(a)所示.从图中可以看出,当系数根轨迹增益 K_g 取值超过临界值 K_1(或 $K_1 = 6$)时,系统将变得不稳定.如果在系统中增加一个开环零点,系统的开环传递函数变为

$$W_K(s) = \frac{K_g(s + z)}{s(s + p_1)(s + p_2)}$$

下面来研究开环零点在下列三种情况下系统的根轨迹.

① $z > p_2 > p_1$.假设 $z = 3.6$,则相应系统的根轨迹如图 7.40(b)所示.由于增加一个开环零点,根轨迹相应发生变化.根轨迹仍有 3 个分支,其中一个分支将始于极点 $-p_2 = -2$,终止于开环零点 $-z = -3.6$;相应渐近线变为 $n - m = 2$ 条,渐近线与实轴正方向的夹角为 $90°$、$270°$,渐近线与实轴的交点坐标为 $(0.3, j0)$,根轨迹与实轴的分离点坐标为 $(-0.46, j0)$;与虚轴的交点坐标为 $(0, \pm j2\sqrt{3})$,相应的 $K_1 = 10$.

从根轨迹形状变化看,系统性能的改善不显著,当系统增益超过临界值时,系统仍将变得不稳定,但临界根轨迹增益和临界频率都有所提高.

② $p_2 > z > p_1$.设 $z = 1.6$,相应的根轨迹如图 7.40(c)所示.根轨迹的一条分支始于极点 $-p_2 = -2$,终止于增加的开环零点 $-z = -1.6$;其余两条分支的渐近线与实轴的交点坐标为 $(-0.7, j0)$,渐近线与实轴正方向的夹角仍为 $90°$、$270°$;根轨迹与实轴的分离点坐标为 $(-0.54, j0)$.当根轨迹离开实轴后,由于零点的作用将向左弯曲,此时系统的开环增益无论取任何值,系统都将稳定.闭环系统有 3 个极点,如果设计得合理,系统将有两个共轭复数极点和一个实数极点,并且共轭复数极点距虚轴较近,即为共轭复数主导极点.在这种情况下,可把系统近似看成一个二阶欠阻尼系统来进行分析.

③ $p_2 > p_1 > z$.设 $z = 0.6$,相应系统根轨迹如图 7.40(d)所示.根轨迹的一条分支起始于极点 $-p = 0$,终止于新增加的开环零点 $-z = -0.6$;其余两个根轨迹分支的渐近线与实轴的交点坐标为 $(-1.2, j0)$,渐近线与实轴正方向的夹角为 $90°$、$270°$;根轨迹与实轴的分离点坐标为 $(-1.42, j0)$.在此情况下,闭环复数极点距离虚轴较远,而实数极点却距离虚轴较近,这说明系统将有较低的动态响应速度.

从以上 3 种情况来看,一般第二种情况比较理想,这时系统具有一对共轭复数主导极点,其动态响应性能指标也比较令人满意.

可见,增加开环零点将使系统的根轨迹向左弯曲,并在趋向于附加零点的方向发生变形.如

果设计得当,控制系统的稳定性和动态响应性能指标均可得到显著改善.在随动系统中串联超前网络校正,在过程控制系统中引入比例微分调节,即属于此种情况.

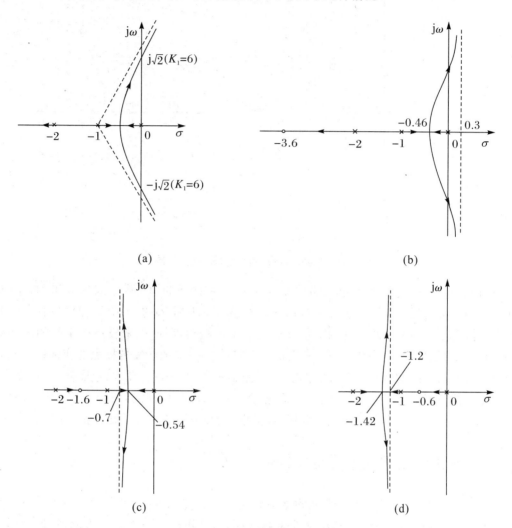

图 7.40 开环零点对根轨迹的影响

7.3.4 开环极点对系统根轨迹的影响

设系统的开环传递函数

$$W_K(s) = \frac{K_g}{s(s+p_1)} \quad (p_1>0)$$

其对应的系统根轨迹如图 7.41(a)所示.

若系统增加开环极点,开环传递函数变为

$$W_K(s) = \frac{K_g}{s(s+p_1)(s+p_2)}$$

其相应的根轨迹如图 7.41(b)所示.

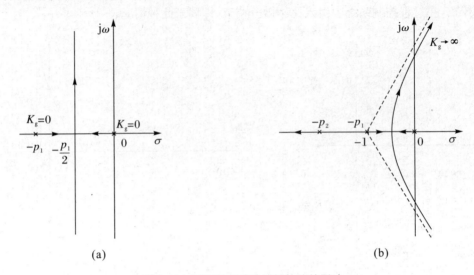

(a)   (b)

图 7.41   开环极点对系统根轨迹的影响

增加极点使系统的阶次增高,渐近线变为 3 条,其中两条的倾角由原来的 ±90° 变到 ±60°. 实轴上的分离点也发生偏移.当 $p_1 = 1$, $p_2 = 2$,分离点则从原来的 $(-0.5, \text{j}0)$ 变到 $(-0.422, \text{j}0)$.由于新极点在 s 平面的任一点上都要产生一个负相角,因而原来极点产生的相角必须改变,以满足相角条件,于是根轨迹将向右弯曲,使对应同一 K_g 值的复数极点的实数部分和虚数部分数值减小,因而系统的调节时间加长,振荡频率减小.原来的二阶系统无论 K_g 值多大,系统都是稳定的,而增加开环极点后的三阶系统,在 K_g 值超过某一临界值就变不稳定了.这些都是不希望的.因而,一般不单独增加开环极点.但也有例外,如极点用于限制系统的频带宽度.

7.3.5   偶极子对系统性能的影响

在系统的综合中,常在系统中加一堆非常接近坐标原点的零点、极点对来改善系统的稳态性能.这对零点、极点彼此相距很近,又非常靠近原点,且极点位于零点右边,通常称这样的零点、极点对为偶极点对或偶极子.下面来分析系统中附加偶极子后所产生的影响.

在开环系统中附加如下网络:

$$\frac{Ts+1}{\beta Ts+1} = \frac{1}{\beta}\frac{s+\dfrac{1}{T}}{s+\dfrac{1}{\beta T}}$$

如果使上述网络的极点和零点彼此靠得很近,即为开环偶极子,则有

$$\frac{1}{\beta}\frac{s+\dfrac{1}{T}}{s+\dfrac{1}{\beta T}} \approx \frac{1}{\beta}\angle 0° \tag{7.51}$$

这意味着附加开环偶极子对原来系统的根轨迹几乎没有影响,只是在 s 平面的原点附加有较大的变化.它们不会影响系统的主导极点位置,因而对系统的动态响应性能影响很小.但从式(7.51)可以看出,在不影响系统稳定性和动态响应性能指标的情况下,系统的增益却提高了

约 β 倍.如果开环偶极子点距原点很近,β 值可以很大.系统开环增益增大意味着稳态误差系数的增大,也即意味着系统稳态性能的改善.

例如,图 7.42(a)所示的系统,其开环传递函数为

$$W_{\mathrm{K}}(s)=\frac{1.06}{s(s+1)(s+2)}$$

相应的闭环传递函数为

$$W_{\mathrm{K}}(s)=\frac{1.06}{s(s+1)(s+2)+1.06}$$

可见 $s_{1,2}$ 为闭环主导极点,对应的阻尼比为 $\xi=0.5$,自然振荡角频率为 $\omega_{\mathrm{n}}=0.67$;系统的速度误差系数为 $K_{\mathrm{v}}=0.53$.

如果系统中附加开环偶极子,如图 7.42(b)所示,相应的新开环传递函数为

$$W'_{\mathrm{K}}(s)=\frac{K_{\mathrm{g}}(s+0.1)}{s(s+0.01)(s+1)(s+2)}$$

式中,$K_{\mathrm{g}}=\dfrac{1.06K_{\mathrm{c}}}{10}$.

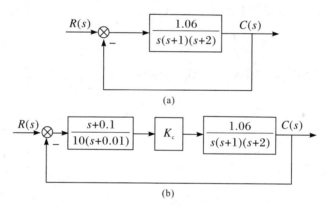

图 7.42 闭环系统方框图

由于附加的开环零点、极点对原点非常近,且彼此相距又非常近,所以新系统的根轨迹除 s 平面原点附加外,与原系统根轨迹相比无明显变化,如图 7.43 所示.如果新的闭环主导极点仍保持阻尼比 $\xi=0.5$ 不变,则由新系统的根轨迹可求得新的闭环主导极点为

$$s'_{1,2}=-0.28\pm\mathrm{j}0.51$$

相应的根轨迹点上的增益为

$$K_{\mathrm{g}}=\left|\frac{s(s+0.01)(s+1)(s+2)}{(s+0.1)}\right|_{s=-0.28+\mathrm{j}0.051}=0.98$$

相应系统可增加的增益 K_{c} 为

$$K_{\mathrm{c}}=\frac{10}{1.06}K_{\mathrm{g}}=9.25$$

新系统的另外两个闭环极点可求得如下:

$$s'_3=-2.31,\quad s'_4=-0.137$$

因附加开环零点、极点对而在原点附近增加一个新的闭环极点 $s'_4=-0.137$,它和附加开环零点 $s'=-0.1$ 组成一队闭环偶极子,它们对系统动态响应性能影响很小.而极点 $s'_3=-2.31$ 距虚轴距离比主导极点 $s'_{1,2}$ 大很多,故其影响也可以略去.因此 $s'_{1,2}$ 确实是新系统

的闭环主导极点,和原系统相比变化不大,即系统动态响应性能指标与原系统差不多($\xi = 0.5$,$\omega_n = 0.60$),但稳态误差系数却有明显增加,即

$$K'_v = \lim_{s \to 0} sW'_K(s) = 4.9$$

比原系统增加了 9.25 倍,即系统的稳态性能有明显提高.

从上面的分析中可以看出,在系统中附加开环偶极子可以在基本保持系统的稳定性和动态响应性能不变的情况下,显著改善系统的稳态性能.在随动系统的滞后校正中即采用这种方法来提高系统的稳态性能指标.因此,在分析控制系统的稳态性能时,要考虑所有闭环零点、极点的影响,而决不能忽略像偶极子这样的零点、极点对系统的影响,尽管在分析动态性能指标时可近似认为它们的影响相互抵消.

7.4　用 MATLAB 绘制根轨迹

利用 MATLAB 绘制系统的根轨迹图是十分方便的.本节将介绍如何利用 MATLAB 方法绘制根轨迹.

7.4.1　根轨迹分析的 MATLAB 实现的函数指令格式

1. 绘制系统的零点、极点图的函数 pzmap( )

函数命令调用格式:

$[p, z] = pzmap(sys)$

$pzmap(p, z)$

输入变量 sys 是 LTI 对象.当不输出变量引用时,pzmap( )函数可在当前图形窗口中绘制系统的零点、极点图.在图中,极点用"×"表示.当带有输出变量引用函数时,可返回系统零点、极点位置的数据,而不直接绘制零点、极点图.零点数据保存在变量 z 中,极点数据保存在变量 p 中.如果需要,可以再用 pzmap( )函数绘制零点、极点图.

pzmap( )函数可以在复平面里绘制零点、极点图,其中行矢量 p 为极点,列矢量 z 为零点.这个函数命令用于直接绘制给定的零点、极点图.

2. 求系统根轨迹的函数 rlocus( )

函数命令调用格式:

$rlocus(num, den)$

$rlocus(num, den, k)$

$[r, k] = rlocus(num, den)$

rlocus(num, den)函数命令用来绘制 SISO 的 LTI 对象的根轨迹图.给定前向通道传递函数为 $W(s)$,反馈增益向量为 k 的被控对象($k = 0 \to \infty$),其闭环传递函数为

$$W_B(s) = \frac{W(s)}{1 + kW(s)}$$

当不带输出变量引用时,函数可在当前图形窗口中绘出系统的根轨迹图.该函数既适用于连续的时间系统,也适用于离散的时间系统.

rlocus(num,den,k)可以利用给定的向量 $k(k=0 \to \infty)$绘制系统的根轨迹.

[r,k]＝rlocus(num,den)这种带有输出变量的引用函数,返回系统根位置的复数矩阵 r 及其相应的向量 k,而不直接绘制出零点、极点图.

例 7.12　设一系统开环传递函数为

$$W_{K}(s) = \frac{0.000\,1s^3 + 0.021\,8s^2 + 1.043\,6s + 9.359\,9}{0.000\,6s^3 + 0.026\,8s^2 + 0.063\,65s + 6.271\,1}$$

绘制出该闭环的根轨迹图.

解　输入以下 MATLAB 命令:

```
%L0401.m
n1 = [0.0001 0.0218 1.0436 9.3599];
d1 = [0.0006 0.0268 0.6365 6.2711];
sys = tf(n1,d1);
[p,z] = pzmap(sys)
rlocus(sys);
title('系统闭环根轨迹')
```

程序执行后计算出系统 3 个极点与 3 个零点的数据,同时可得该系统的根轨迹如图 7.43 所示.

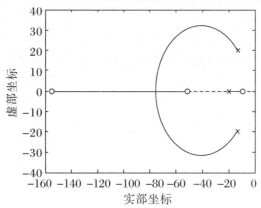

图 7.43　高阶系统的轨迹图

运行结果如下:

```
p =
 - 13.3371 + 20.0754i
 - 13.3371 - 20.0754i
 - 17.9925
z =
 - 154.2949
 - 52.0506
 - 11.6545
```

3. 计算与根轨迹上极点相对应的根轨迹增益函数 rlocfind( )

函数命令调用格式:

```
[k,poles] = rlocfind(num,den)
[k,poles] = rlocfind(num,den,p)
[k,poles] = rlocfind(num,den)
```

函数输入变量 sys 可以是由函数 tf( )、zpk( )、ss( )中任何一个建立的 LTI 对象模型. 函数命令执行后,可在根轨迹图形窗口中显示"十"字形光标,当用户选择根轨迹上某一点时,其相应的增益由 k 记录,与增益相对应的所有极点记录在 poles 中,函数既适用于连续时间系统,也适用于离散时间系统.

$[k,poles]=rlocfind(num,den,p)$ 函数可对给定根 p 计算对应的增益 k 与极点 poles.

例 7.13　已知一单位负反馈系统开环传递函数为

$$W(s)=\frac{k}{s(0.5s+1)(4s+1)}$$

试绘制闭环系统的根轨迹;在根轨迹图上任选一点,并计算该点的增益 k 及其所有极点的位置

解　输入以下 MATLAB 命令:

```
%L0402.m
n1=1;
d1=conv([10],conv([0.51],[41]));
s1=tf(n1,d1);
rlocus(s1);
[k,poles]=rlocfind(s1)
title('系统闭环根轨迹')
```

程序执行后可得到单位反馈系统的根轨迹图如图 7.44 所示.同时可以计算出根轨迹在纵坐标附件某点根的增益 k 及其所对应的其他所有极点 poles 的位置.结果为

```
>>Select a point in the graphics window
selected_point =
 -0.0758+1.8012i
k =
17.1979
poles =
 -3.0246
0.3873+1.6410i
0.3873-1.6410i
```

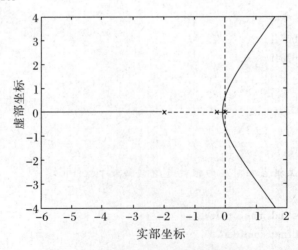

图 7.44　单位负反馈系统的根轨迹图

由程序运行结果可以得知,在复平面中纵坐标与根轨迹交点附件的某点(已偏移到复平面的右半平面),其相应的增益为 $k = 17.1979$;与该点相应的两个极点分别为

$$p_1 = (0.3873 + j1.6410), \quad p_2 = (0.3873 - j1.6410)$$

函数命令 rlocfind(sys, p),可对给定根 p 计算对应的增益 k 与极点 poles. 例如,在程序文件方式下执行以下程序:

```
>>n1 = 1;
>>d1 = conv([1 0], conv([0.5 1], [4 1]));
>>s1 = tf(n1, d1);
>>[k, poles] = rlocfind(s1, 0.3873 + 1.6410i)
```

可得指定根为 $(0.3873 + j1.6410)$,对应的增益和所有极点为

```
k =
   17.1979
poles =
   -3.0246
   0.3873 + 1.6410i
   0.3873 - 1.6410i
```

4. 系统根轨迹起点和终点的绘制

例 7.14　已知控制系统的开环传递函数为

$$W(s) = \frac{s^3 + s^2 + 4}{s^3 + 3s^2 + 7s}$$

绘制根轨迹的起点和终点.

解　输入以下 MATLAB 命令:

```
%L0403.m
num = [1 1 0 4];
den = [1 3 7 0];
w = tf(num, den);
rlocus(w);
p = roots(den)
z = roots(num)
axis([-2.5, 1 - 3, 3]);
title('系统根轨迹图')
```

程序执行后得到如图 7.46 所示的根轨迹与如下结果:

```
p = 0
   -1.5000 + 2.1794i
   -1.5000 - 2.1794i
z = -2.0000
    0.5000 + 1.3229i
    0.5000 - 1.3229i
```

图 7.45 显示了该系统的根轨迹. 可以看到,该系统有 3 个开环极点和 3 个开环零点,因此根轨迹有 3 个分支,它们的起点是开环极点 $0, -1.5 + j2.18$ 和 $-1.5 - j2.18$,终点是开环零点 $-2, 0.5 + j1.32$ 和 $0.5 - j1.32$. 根轨迹的一个分支从极点 0 开始,终止于零点 -2;另外两条分支分别从极点 $-1.5 + j2.18$ 和 $-1.5 - j2.18$ 开始,以圆弧变化,最后分别终止于零点 $0.5 + j1.32$ 和

$0.5 - \mathrm{j}1.32.$

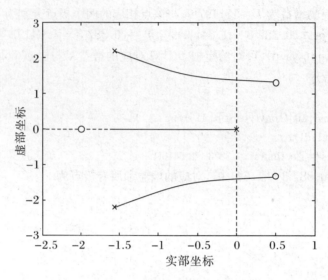

图 7.45　根轨迹的起点与终点的绘制

例 7.15　已知单位负反馈系统的开环传递函数为

$$W(s) = \frac{K(s^2 + 2s + 4)}{s(s+4)(s+6)(s^2+1.4s+1)} \quad (K > 0)$$

试绘制系统的根轨迹图,并分析系统的稳定性.

解　输入以下 MATLAB 命令:

```
%L0404.m
num=[1 2 4];
den1=conv([1 0],[1 4]);
den2=conv([1 6],[1 1.4 1]);
den=conv(den1,den2);
W=tf(num,den);
%求根轨迹与虚轴交点
W=tf(W);
num=W.num{1};
den=W.den{1};
AW=allmargin(W);
%根轨迹与虚轴交点
Wcg=AW.GMFrequency
%绘制系统根轨迹
rlocus(W);
axis([-8 2 -5 5]);
set(findobj('marker','x'),'markersize',8);
set(findobj('marker','x'),'linewidth',1.5);
set(findobj('marker','o'),'markersize',8);
set(findobj('marker','o'),'linewidth',1.5);
title('系统根轨迹图')
```

如图 7.46 所示为分析该控制系统开环传递函数所得到的根轨迹图.开环系统共有 5 个极

点和 2 个零点,因此,渐近线与实轴的交点为 −3.13,渐近线与实轴正方向的夹角为 180° 和 ±60°.根轨迹与虚轴的交点有 3 个,分别在频率为 1.213 2 rad/s、2.151 0 rad/s 和 3.755 1 rad/s 处,对应的系统增益分别为 15.615 3、67.520 9 和 163.543 1.显然,该系统是一个条件稳定系统.

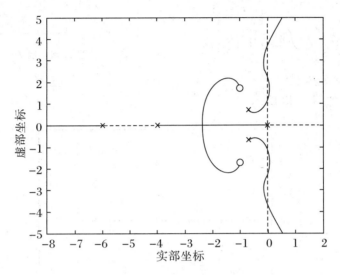

图 7.46　控制系统开环传递函数根轨迹图

由根轨迹图可知,当 0<K<15.615 6 或 67.520 9<K<163.543 1 时,系统才能稳定;当 K 在其他范围内时,从图 7.47 可看出系统有在 s 右半平面的极点,故系统肯定是不会稳定的.

7.4.2　零度根轨迹的 MATLAB 绘制

在复杂的控制系统中,可能存在正反馈内回路,如图 7.47 所示.下面只对正反馈内回路的根轨迹(又称零度根轨迹)进行研究.

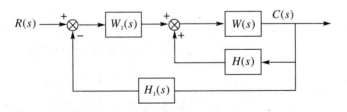

图 7.47　正反馈内回路系统框图

内回路的传递函数为 $\dfrac{W(s)}{1-W(s)H(s)}$,得到特征方程 $1-W(s)H(s)=0$,与负反馈系统特征方程 $1+W(s)H(s)=0$ 相比较,只相差了一个负号,所以在绘制正反馈回路的根轨迹时,仍可以使用 rlocus(),调用格式为

　　　　rlocus(−W.num{1},W.den{1})

式中,W.num{1}表示正反馈回路开环传递函数分子多项式的系数向量;W.den{1}表示正反馈回路开环传递函数分母多项式的系数向量.

例 7.16　求如图 7.48 所示的正反馈回路的根轨迹,其中开环传递函数为

$$W(s) = \frac{K(s+2)}{(s+3)(s^2+2s+2)}$$

解　输入以下 MATLAB 命令：

```
%L0405.m
num=[-1 -2];
den=[conv([1 3],[1 2 2])];
rlocus(num,den)
title('系统根轨迹图')
```

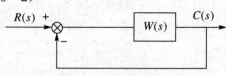

图 7.48　例 7.16 的系统框图

程序运行结果如图 7.49 所示.

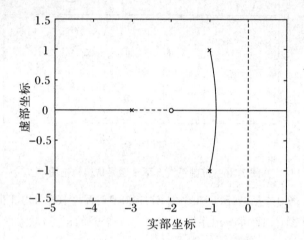

图 7.49　例 7.16 系统的零度根轨迹图

7.4.3　参数根轨迹的 MATLAB 绘制

例 7.17　已知系统的结构图如图 7.50 所示,以 t 为变量,绘制出系统的参数根轨迹.其中

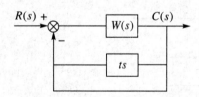

图 7.50　例 7.17 的系统结构图

$$W(s) = \frac{10}{s(s+5)}$$

解　先考虑正向通道的传递函数为

$$W(s) = \frac{10}{s(s+5)}$$

由此得闭环系统特征方程式 $s(s+5)+10(1+ts)=0$. 即

$$W_{K,eq}(s) = \frac{10ts}{s^2+5s+10}$$

此时,输入以下 MATLAB 命令：

```
%L0406.m
num=[10 0];
den=[1 5 10];
W=tf(num,den);
rlocus(W)
title('系统根轨迹图')
```

程序执行后,系统的参数根轨迹如图 7.51 所示.

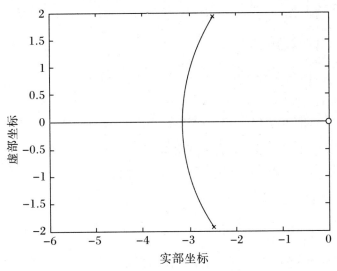

图 7.51 例 7.17 系统的参数根轨迹图

例 7.18 给定系统的开环传递函数为

$$W(s) = \frac{s+a}{s(2s-a)} \quad (a \geqslant 0)$$

绘制出系统的参数根轨迹.

解 求系统的闭环特征方程并化成标准形式,因为可变参数 a 不是分子多项式的相乘因子,所以先求系统的闭环特征方程 $2s^2 - as + s + a = 0$,并改写为

$$1 + \frac{-a(s-1)}{s(2s+1)} = 0$$

的形式.可以看出,开环传递函数为

$$W_{\mathrm{K}}(s) = \frac{-a(s-1)}{s(2s+1)} = \frac{K(s-1)}{s(2s+1)} \quad (K = -a \leqslant 0)$$

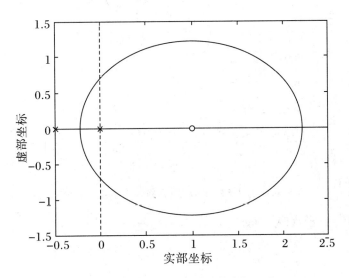

图 7.52 例 7.18 系统的参数根轨迹图

此时,可以按零度轨迹进行处理,输入以下 MATLAB 命令:

```
%L0407.m
num=[-11];
den=conv([10],[21]);
W=tf(num,den);
rlocus(W)
title('系统根轨迹图')
```

程序执行后,得到如图 7.52 所示的参数根轨迹.

例 7.19 已知负反馈系统的开环传递函数为 $W_K(s)=\dfrac{K(s+1)}{s^4+3s^3+9s^2-11s}$,试绘制该系统的根轨迹.

解 输入以下 MATLAB 命令:

```
%L0408.m
W=tf([1,1],[139-110]);
[z,p,k]=zpkdata(W,'v')
rlocus(W)
axisequal;
axis([-63-66]);
set(findobj('marker','x'),'markersize',12);
set(findobj('marker','o'),'markersize',12);
sgrid
title('系统根轨迹')
```

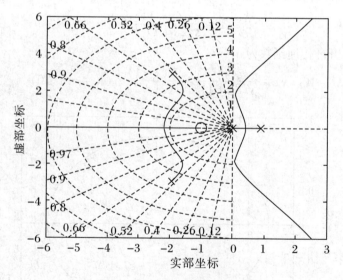

图 7.53 例 7.19 系统的根轨迹

运行后,开环零点、极点如下所示:

```
z=
    -1
p=
    0
```

$$-1.9423 + 2.9434i$$
$$-1.9423 - 2.9434i$$
$$0.8845$$
$$k =$$
$$1$$

图 7.53 给出了该系统的根轨迹图.

小结

　　闭环系统特征方程的根决定着闭环系统的稳定性及主要动态性能.对于高阶系统而言,其特征根是很难直接求解出来的.根轨迹法是一种图解方法.它不用求解高次代数方程也能把系统闭环特征方程的根求解出来,因而是分析系统闭环特性的一种有效方法.

　　根轨迹是以开环传递函数中的某个参数(一般是根轨迹增益)为参变量,而画出的闭环特征方程式的根轨迹图.它根据基本绘制法则,利用系统的开环零点、极点的分布,绘出系统闭环极点的运动轨迹,形象直观地反映出系统参数的变化对根的分布位置的影响,并在此基础之上对系统的性能进行进一步的分析.

　　根轨迹有几种类型划分:常规根轨迹、广义根轨迹(或称参数根轨迹)、180°根轨迹、0°根轨迹等.这些不同类型的根轨迹,是由系统的不同结构(正反馈或负反馈)、不同性质(最小相位或非最小相位)所形成的特征方程的形式决定的.特征方程的形式又归结为

$$\frac{\prod_{i=1}^{m}(s + z_i)}{\prod_{j=1}^{n}(s + p_j)} = \pm \frac{1}{K^*} \quad (K^* > 0)$$

上式等号右端的符号就可确定相应的根轨迹类型——"+"对应 0°根轨迹,"−"对应 180°根轨迹;K^* 为系统的根轨迹放大系数 K_g 时,对应常规根轨迹,K^* 为系统其他参数 T 时,对应广义根轨迹;$-z_i$ 和 $-p_j$ 分别为等效的系统开环零点和开环极点.0°根轨迹和 180°根轨迹的绘制规则仅在辐角条件上有所不同,幅值条件是一样的.

　　根轨迹图不仅使我们能直观地看到参数的变化对系统性能的影响,而且还可以用它求出指定参变量或指定阻尼比相对应的闭环极点.根据确定的闭环极点和已知的闭环零点,就能计算出系统的输出响应及性能指标,从而避免了求解高阶微分方程的麻烦.

习　题

1. 根轨迹法适用于哪类系统的分析?
2. 为什么可以利用系统开环零点和开环极点绘制闭环系统的根轨迹?
3. 绘制根轨迹的依据是什么?
4. 为什么说辐角条件是绘制根轨迹的充分必要条件?
5. 系统开环零点、极点对根轨迹形状有什么影响?
6. 求下列各开环传递函数所对应的负反馈系统的根轨迹.

(1) $W_K(s) = \dfrac{K_g(s+1)}{(s+1)(s+2)}$;　　　　(2) $W_K(s) = \dfrac{K_g(s+5)}{s(s+3)(s+2)}$;

(3) $W_K(s) = \dfrac{K_g(s+3)}{(s+1)(s+5)(s+10)}$.

7. 已知负反馈控制系统零点、极点分布如图 7.54 所示.试写出相应的开环传递函数并绘制概略根轨迹图.

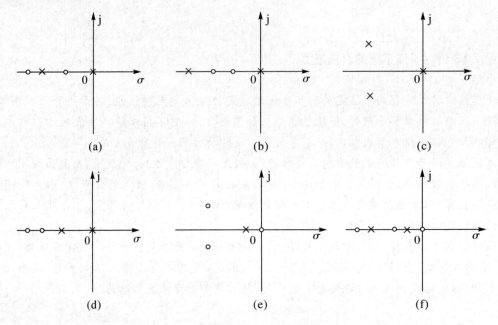

(a)　　　　　　(b)　　　　　　(c)

(d)　　　　　　(e)　　　　　　(f)

图 7.54　习题 7 附图

8. 求下列各开环传递函数所对应的负反馈系统根轨迹.

(1) $W_K(s) = \dfrac{K_g(s+2)}{s^2+2s+3}$;　　(2) $W_K(s) = \dfrac{K_g}{s(s+2)(s^2+2s+2)}$;

(3) $W_K(s) = \dfrac{K_g(s+2)}{s(s+3)(s^2+2s+2)}$;　　(4) $W_K(s) = \dfrac{K_g(s+1)}{s(s-1)(s^2+4s+16)}$;

(5) $W_K(s) = \dfrac{K_g(0.1s+1)}{s(s+1)(0.25s+1)^2}$.

9. 负反馈控制系统的开环传递函数如下,绘制概略根轨迹,并求产生虚根的开环增益 K_K.

$$W_K(s) = \frac{K_g}{s(s+1)(s+10)}$$

10. 已知单位负反馈系统的开环传递函数为

$$W_K(s) = \frac{K}{s(Ts+1)(s^2+2s+2)}$$

求当 $K = 4$ 时,以 T 为参变量的根轨迹.

11. 已知单位负反馈系统的开环传递函数为

$$W_K(s) = \frac{K(s+a)}{s^2(s+1)}$$

求当 $K = \dfrac{1}{4}$ 时,以 a 为参变量的根轨迹.

12. 设系统结构图如图 7.55 所示.为使闭环极点位于 $s = -1 \pm j\sqrt{3}$.

试确定增益 K 和反馈系数 K_h 的值,并以计算得到的 K、K_h 值为基准,绘出以 K_h 为变量的根轨迹.

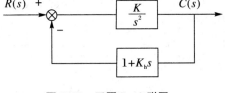

图 7.55 习题 7.12 附图

13. 已知单位负反馈系统的开环传递函数为

$$W_K(s) = \frac{K_g}{(s+16)(s^2+2s+2)}$$

试用根轨迹法确定使闭环主导极点的阻尼比 $\xi = 0.5$ 和自然振荡角频率 $\omega_n = 2$ 时的 K_g 值.

14. 已知单位正反馈系统的开环传递函数为

$$W_K(s) = \frac{K_g(s+1)}{(s+1)(s-1)(s+4)^2}$$

试绘制其根轨迹.

15. 已知系统开环传递函数为

$$W_K(s) = \frac{K_g(s+1)}{s^2(s+2)(s+4)}$$

绘制该系统在负反馈和正反馈两种情况下的根轨迹.

16. 某单位反馈系统的开环传递函数为

$$W_K(s) = \frac{K_g}{s(s+2)(s+4)}$$

(1) 绘制 K_g 由 $0 \to \infty$ 变化的根轨迹.
(2) 确定系统呈阻尼振荡动态响应的 K_g 值范围.
(3) 求系统产生持续等幅振荡时的 K_g 值和振荡频率.
(4) 求主导复数极点具有阻尼比为 0.5 时的 K_g 值.

17. 已知单位负反馈系统的开环传递函数为

$$W_K(s) = \frac{K_g(1-s)}{s(s+2)}$$

(1) 绘制 K_g 由 $0 \to \infty$ 变化的根轨迹.
(2) 求产生虚根和纯虚根时的 K_g 值.

18. 设一单位负反馈系统的开环传递函数为

$$W_K(s) = \frac{K_g}{s^2(s+2)}$$

(1) 由所绘制的根轨迹图,说明对所有的 K_g 值($0 < K_g < \infty$),该系统总是不稳定的.
(2) 在 $s = -a(0 < a < 2)$ 处加一零点,由所作出的根轨迹,说明加零点后的系统是稳定的.

19. 一控制系统如图 7.56 所示.其中 $W(s) = \dfrac{1}{s(s-1)}$.

(1) 当 $W_c(s) = K_g$,由所绘制的根轨迹证明系统总是不稳定的.
(2) 当 $W_c(s) = \dfrac{K_g(s+2)}{s+20}$ 时,绘制系统的根轨迹,并确定使系统稳定的 K_g 值范围.

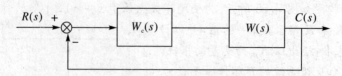

图 7.56　习题 19 附图

20. 已知一单位负反馈系统的开环传递函数为

$$W_K(s) = \frac{K_g(s + \frac{16}{17})}{(s + 20)(s^2 + 2s + 2)}$$

(1) 作系统的根轨迹图,并确定临界阻尼时的 K_g 值.

(2) 求使系统稳定的 K_g 值范围.

第8章 非线性系统分析概述

在实际控制系统中完全线性是不存在的,任何系统都不同程度地带有非线性的性质.多数控制系统在一定工作范围内,可以近似为线性系统来研究.实践证明,这在解决多数控制系统的设计计算时是可行的.但是,对另外一些系统,由于非线性严重,以致无论在多么小的工作范围内,线性化都是不可能的,这些非线性系统称为本质非线性.具有本质非线性的系统,必须按照非线性系统的理论来分析、研究.

8.1 概 述

含有非线性元件的系统,就是非线性系统.非线性系统的研究对象,一般都是针对不能采用小偏差线性化方法进行处理的本质非线性系统.由于非线性概括了所有除线性以外的数学关系,包含的范围非常广泛,因此,目前还没有统一的方法来分析和综合.

线性系统满足叠加原理,系统分析的一般方法就是先将信号分解为基本信号的叠加,求得基本信号作用下系统的响应,最后将基本信号的响应叠加起来即可得任意输入信号作用下系统的响应.例如,在时域中,可以将任意信号分解为无穷多个冲激信号的叠加,因而系统的响应也为无穷多个脉冲响应的叠加,用数学形式来表达即为卷积;由卷积出发,可以得到所有变换域(频域、复域、z 域)的系统函数及系统函数的物理意义.

非线性系统不满足叠加原理,因此不能用脉冲响应或阶跃响应来表征系统的动态特性,也就不能用系统函数的概念来分析非线性系统.作为系统函数的一种,频率特性法原则上也就不能用来描述非线性系统的动态性质.

1. 非线性系统的特点

非线性系统的特点如下:

① 叠加原理无法应用于非线性微分方程中.

② 非线性系统的稳定性不仅与系统的结构和参数有关,而且与系统的输入信号和初始条件有关.

研究非线性系统的稳定性,必须明确两点:一是指明给定系统的初始状态,二是指明相对于哪一个平衡状态来分析稳定性.

③ 非线性系统的零输入响应形式与系统的初始状态却有关.当初始状态不同时,同一个非线性系统可有不同的零输入响应形式.

④ 有些非线性系统,在初始状态的激励下,可以产生固定振幅和固定频率的周期振荡,这种周期振荡称为非线性系统的自激振荡或极限环.

2. 典型非线性特性

（1）饱和特性

饱和环节的输入、输出特性如图 8.1 所示.饱和非线性特性的数学描述：

$$y = \begin{cases} M & (x > a) \\ kx & (|x| < a) \\ -M & (x < -a) \end{cases}$$

饱和非线性特性的特点是：当输入信号较小时，工作在线性区域；当输入信号较大时，输出呈饱和状态.利用这个特性，常常可使系统的控制信号进行限幅（如运算放大器的输出电压等），从而保证系统或元件工作在额定状态或安全情况下.

（2）死区特性

死区特性也称不敏感区，死区特性的输入、输出特性如图 8.2 所示.死区非线性特性的数学描述为

$$y = \begin{cases} 0 & (|x| \leqslant a) \\ k(x - a) & (x > a) \\ k(x + a) & (x < -a) \end{cases}$$

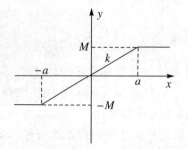

图 8.1 饱和环节的输入、输出特性   **图 8.2 死区环节的输入、输出特性**

死区非线性出现在一些对小信号不灵敏的装置中，如测量元件、执行机构等.其特点是：当输入信号较小时，无输出信号；当信号大于死区后，输出信号才随着输入信号变化.

死区非线性对系统性能的主要影响是：

① 可使系统响应的振荡性减小；

② 对于跟踪缓慢变化输入信号的系统，可使系统的输出量在时间上产生滞后；

③ 可使系统产生额外的稳态误差；

④ 可以滤去振荡振幅小于死区的干扰信号，提高系统的抗干扰能力.

（3）滞环特性

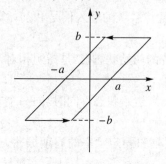

滞环非线性也称为间隙非线性，其输入、输出特性如图 8.3 所示.滞环非线性特性的数学描述为

$$y = \begin{cases} k(x - a\,\mathrm{sign}x') & (y' \neq 0) \\ b \cdot \mathrm{sign}x & (y' = 0) \end{cases}$$

滞环非线性主要存在于机械加工设备由于装配带来的间隙.其特性是：当输入信号较小时，输出为 0；当输入信号大于 a 时，输出呈线性变化；当输入信号反向时，输出保持不变，直到输入小于 $-a$ 时，输出才又呈线性变化.

图 8.3 滞环环节的输入、输出特性

滞环非线性对系统性能的影响主要有：

① 由于间隙非线性特性的频率特性具有相位滞后的特点，所以会使系统的相位裕度降低，加剧系统的振荡性；

② 间隙非线性特性会使系统的稳态误差加大.

（4）继电器特性

继电器特性分为两位置式和三位置式两种，其输入、输出特性分别如图 8.4(a) 和 (b) 所示.形成这种非线性的典型元件是两位置式继电器和三位置式（即有死区）继电器.

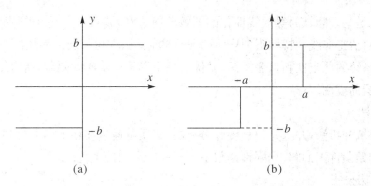

图 8.4　继电器输入、输出特性

继电器非线性具有双位继电器特性、死区的继电器特性、滞环的继电器特性、死区和滞环继电器特性.继电器被广泛应用于控制系统、保护装置和通信设备中.

继电器非线性特性对系统性能的影响主要有：

① 通过相平面分析，对于线性部分是二阶的具有滞环继电器特性的非线性系统存在极限环；

② 通过描述函数分析，对于线性部分是三阶或三阶以上的具有继电器特性的非线性系统存在极限环；

③ 把控制器设计成双位继电器特性，可以获得时间最优控制系统.

（5）摩擦

在机械传动机构中，摩擦是必然存在的物理因素.图 8.5 为摩擦力矩 M_f 与转速 ω 关系示意图.图中，M_1 为静摩擦力矩，M_2 为动摩擦力矩，M_f 表示摩擦力矩，ω 表示转速.

摩擦对系统的影响，依系统的具体情况而定.对小功率的随动系统来说，摩擦是一个很重要的非线性因素.对随动系统而言，摩擦会增加静差，降低精度；在复现缓慢变化的低速指令时，会产生爬行现象，影响系统的低速平稳性.

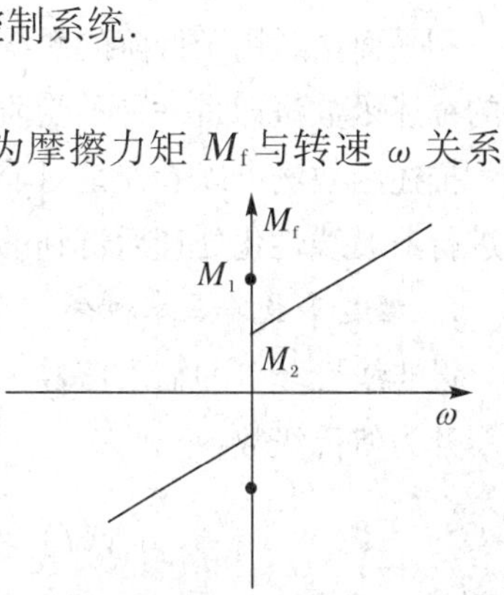

3. 非线性系统的研究方法

对于非线性控制系统的分析与设计，还没有一个通用的理论和方法.目前，工程上常用的解决非线性问题的近似方法有小偏差线性化法、分段线性化法、描述函数法、相平面法及反馈线性化法等.

图 8.5　摩擦力矩的输入、输出特性

（1）线性近似的方法

这种方法适用以下情况：

① 非线性因素对系统的影响很小,可以忽略;

② 系统工作时,其变量只发生微小变化,此时系统模型用变量的增量方程表示.

(2) 分段线性近似法

将非线性系统近似地分成几个线性区域,每个区域用相应的线性微分方程描述.通过给微分方程引入恰当的初始条件,将各段的解合在一起即可得到系统的全解.该方法适用于任何阶次系统的任何非线性的分段线性化.

(3) 描述函数法

描述函数法是基于频域的等效线性化的图解分析方法,是线性理论中频率法的一种推广.它通过谐波线性化,将非线性特性近似表示为复变增益环节,利用线性系统频率法中的稳定判据,分析非线性系统的稳定性和自激振荡.其优点是不受系统阶次的限制,所得结果比较符合实际,故得到了广泛的应用.

(4) 相平面法

它是一种时域分析法,并且是一种图解分析法.实质是通过在相平面上绘制相轨迹,求出微分方程在任何初始条件下的解.局限性是仅适用于一阶和二阶系统.

(5) 李雅普诺夫法

该方法是根据广义能量概念,确定非线性系统稳态稳定性,原则上适用于所有非线性系统.

(6) 计算机求解法

用计算机直接求解非线性微分方程,对于分析和设计复杂的非线性系统非常有效.

8.2 描述函数法

相平面法适用于低阶的系统,对于高阶的系统,需要采用其他的工程分析方法.本节将要讨论的描述函数法即是一种不受阶次限制的非线性系统分析方法.

描述函数法可以看作是对非线性系统的一种线性的近似,是在对系统正弦信号作用下的输出进行谐波线性化处理后得到的,表达形式类似于线性理论中的幅相频率特性.

1. 描述函数的基本概念

设非线性环节的输入信号为正弦信号 $x(t) = X\sin\omega t$,其输出一般为非周期正弦信号,可以展开为傅氏级数:

$$y(t) = A_0 + \sum_{n=1}^{\infty} (A_n \cos n\omega t + B_n \sin n\omega t)$$

若非线性环节输入输出的静态特性曲线是奇对称的,即 $y(x) = -y(-x)$,于是输出中将不会出现直流分量,从而 $A_0 = 0$.

式中,$A_n = \dfrac{1}{\pi}\displaystyle\int_0^{2\pi} y(t)\cos n\omega t\, \mathrm{d}(\omega t)$,$B_n = \dfrac{1}{\pi}\displaystyle\int_0^{2\pi} y(t)\sin n\omega t\, \mathrm{d}(\omega t)$,$Y_n = \sqrt{A_n^2 + B_n^2}$.

若线性部分的具有低通滤波器的特性,从而非线性输出中的高频分量部分被线性部分大大削弱,可以近似认为闭环通道中只有基波分量在流通,即随着 n 的增大,谐波分量的频率越高,

其幅值 A_n、B_n 越小.可以近似认为非线性环节的稳态输出中只包含基波分量,即

$$y(t) = A_1\cos n\omega t + B_1\sin n\omega t = Y_1\sin(\omega t + \varphi_1) \tag{8.1}$$

式中,$A_1 = \dfrac{1}{\pi}\displaystyle\int_0^{2\pi} y(t)\cos\omega t\,\mathrm{d}(\omega t)$,$B_1 = \dfrac{1}{\pi}\displaystyle\int_0^{2\pi} y(t)\sin\omega t\,\mathrm{d}(\omega t)$,$Y_1 = \sqrt{A_1{}^2 + B_1{}^2}$,$\varphi_1 = \arctan\dfrac{A_1}{B_1}$.

2. 描述函数的定义

式(8.1)表明,非线性元件在正弦输入情况下,其输出也是一个同频率的正弦信号,只是幅值和相位发生了变化,可以近似地认为其具有和线性环节相类似的频率响应形式.由于只是用一次基波代替了总体的输出,因此,这种近似也称为谐波线性化.

在正弦输入信号作用下,非线性元件稳态输出的基波分量与输入正弦信号的复数之比称为非线性环节的描述函数,用 $N(X)$ 来表示.

$$N(X) = |N(X)|\mathrm{e}^{\mathrm{j}\angle N(X)} = \frac{Y_1}{X}\mathrm{e}^{\mathrm{j}\varphi_1} = \frac{\sqrt{A_1{}^2 + B_1{}^2}}{A}\angle\arctan\frac{A_1}{B_1} \tag{8.2}$$

显然,$\varphi_1 \neq 0$ 时,$N(X)$ 为复数.

3. 描述函数的应用条件

描述函数的应用条件有:

① 非线性系统的结构图可以简化为只有一个非线性环节 N 和一个线性环节 $G(s)$ 串联的闭环结构,如图 8.6 所示.

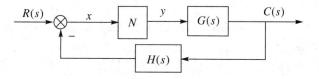

图 8.6　非线性环节的输入、输出关系

② 非线性特性的静态输入输出关系是奇对称的,即 $y(x) = -y(-x)$,以保证非线性环节在正弦信号作用下的输出中直流分量为零.

③ 系统的线性部分具有良好的低通滤波特性,以保证非线性环节在正弦输入作用下的输出中的高频分量被大大削弱.

4. 描述函数的求法

描述函数求解的一般步骤如下:

① 首先由非线性特性曲线,画出正弦信号输入下的输出波形,并写出输出波形 $y(t)$ 的数学表达式.

② 利用傅氏级数求出 $y(t)$ 的基波分量.

③ 将基波分量代入描述函数定义,即可求得相应的描述函数 $N(A)$.

例 8.1　设非线性放大器输入输出特性为 $y = \dfrac{1}{2}x + \dfrac{1}{4}x^3$,试计算其描述函数.

解　因为 $y(x)$ 为 x 的奇函数,故有 $A_0 = 0$,$A_1 = 0$,$\varphi_1 = 0$.下面计算 B_1.

$$B_1 = \frac{1}{\pi} \int_0^{2\pi} \left(\frac{1}{2} x + \frac{1}{4} x^3 \right) \sin \omega t \, \mathrm{d}(\omega t)$$

$$= \frac{1}{\pi} \int_0^{2\pi} \left(\frac{1}{2} X \sin \omega t + \frac{1}{4} X^3 \sin^3 \omega t \right) \sin \omega t \, \mathrm{d}(\omega t)$$

$$= \frac{1}{\pi} \int_0^{2\pi} \left(\frac{1}{2} X \sin^2 \omega t + \frac{1}{4} X^3 \sin^4 \omega t \right) \mathrm{d}(\omega t)$$

$$= \frac{1}{2} X + \frac{3}{16} X^3$$

代入式(8.1),得描述函数为

$$N(X) = \frac{B_1}{X} = \frac{1}{2} + \frac{3}{16} X^2$$

系统的特性曲线与描述函数曲线分别如图 8.7(a)与(b)所示.

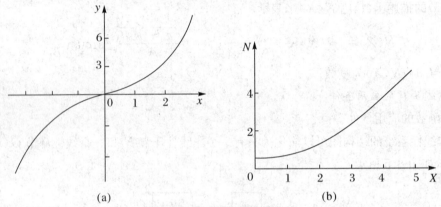

(a)   (b)

图 8.7　描述函数的特性曲线

5. 描述函数的计算

计算描述函数首先要确定正弦输入作用下的稳态输出,一般采用图解法得到稳态输出的波形,然后再由波形写出输出的数学表达式.在计算系数 A_1、B_1 时,可以利用被积函数的对称性简化计算过程.下面介绍几种典型非线性特性的描述函数.

理想继电特性在正弦输入信号作用下的波形如图 8.8 所示.

由于非线性为双位继电器,即在输入大于 0 时,输出等于定值 M,而输入小于 0 时,输出为定值 $-M$,故而,在正弦输入信号的作用下,非线性部分的输出波形为方波周期信号,且周期同输入的正弦信号 2π.

由波形图可见,输出的方波周期信号为奇函数,则其傅氏级数中的直流分量与基波的偶函数分量系数均为 0,即

$$A_0 = 0, \quad A_n = 0 (n = 1, 2, 3, \cdots), \quad B_n = 0 (n = 2, 4, 6, \cdots)$$

于是,输出信号 $y(t)$ 可表示为

$$y(t) = \frac{4M}{\pi} \left(\sin(\omega t) + \frac{1}{3} \sin(3\omega t) + \frac{1}{5} \sin(5\omega t) + \frac{1}{7} \sin(7\omega t) + \cdots \right)$$

$$= \frac{4M}{\pi} \sum_{n=0}^{\infty} \frac{\sin[(2n+1)\omega t]}{2n+1}$$

取输出的基波分量,即

$$y_1(t) = \frac{4M}{\pi} \sin(\omega t)$$

于是,继电器非线性特性的描述函数为

$$N(X) = \frac{Y_1}{X} \angle \phi_1 = \frac{4M}{\pi X}$$

显然,$N(X)$ 的相位角为 $0°$,其幅值是输入正弦信号幅值 X 的函数.

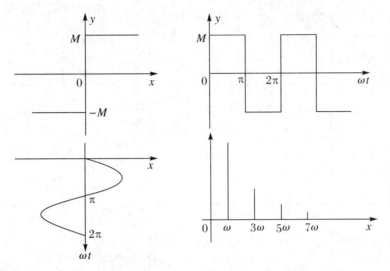

图 8.8　理想继电特性正弦输入作用下的输出

其他常见的非线性特性的描述函数,见表 8.1.

表 8.1　常见的非线性特性的描述函数

序号	名称	静特性	描述函数
1	饱和特性		$N(X) = \dfrac{B_1}{X} = \dfrac{2K}{\pi}\left[\arcsin\dfrac{a}{X} + \dfrac{a}{X}\sqrt{1 - \left(\dfrac{a}{X}\right)^2}\right]$　$(X \geqslant a)$
2	死区特性		$N(X) = \dfrac{B_1}{X} = \dfrac{2K}{\pi}\left[\dfrac{\pi}{2} - \arcsin\dfrac{\Delta}{X} - \dfrac{\Delta}{X}\sqrt{1 - \left(\dfrac{\Delta}{X}\right)^2}\right]$　$(X \geqslant \Delta)$
3	具有死区的饱和特性		$\dfrac{2k}{\pi}\left[\arcsin\dfrac{a}{X} - \arcsin\dfrac{\Delta}{X} + \dfrac{a}{X}\sqrt{1 - \left(\dfrac{a}{X}\right)^2} - \dfrac{\Delta}{X}\sqrt{1 - \left(\dfrac{a}{X}\right)^2}\right]$　$(X \geqslant a)$

序号	名称	静特性	描述函数
4	间隙特性	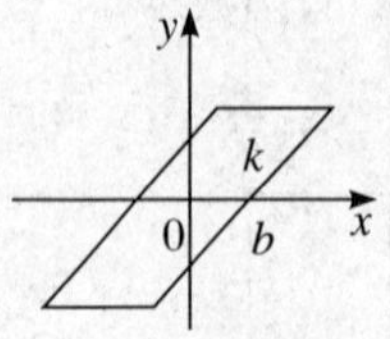	$\dfrac{k}{\pi}\left[\dfrac{\pi}{2}+\arcsin\left(1-\dfrac{2b}{X}\right)+2\left(1-\dfrac{2b}{X}\right)\sqrt{\dfrac{b}{X}\left(1-\dfrac{2b}{X}\right)}\right]+\mathrm{j}\dfrac{4kb}{\pi X}\left(1-\dfrac{2b}{X}\right)$ $(X\geqslant b)$
5	理想继电器特性	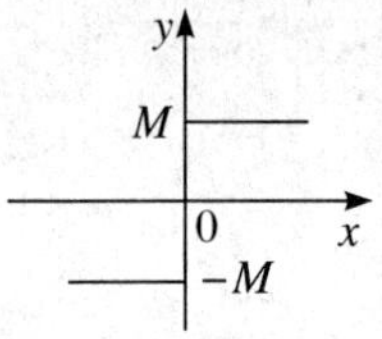	$N(X)=\dfrac{4M}{\pi X}$
6	具有三位置的理性继电器	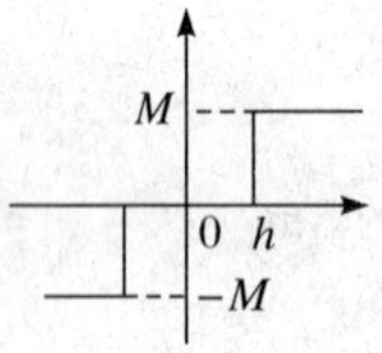	$\dfrac{4M}{\pi X}\sqrt{1-\left(\dfrac{h}{X}\right)^2}\quad(X\geqslant h)$
7	具有两位置的理想继电特性	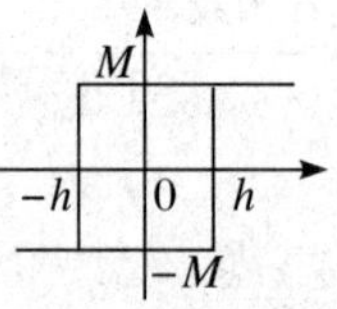	$\dfrac{2M}{\pi X}\left[\sqrt{1-\left(\dfrac{h}{X}\right)^2}+\sqrt{1-\left(\dfrac{h}{X}\right)^2}\right]$
8	典型继电特性	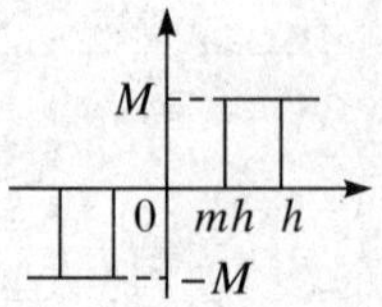	$\dfrac{2M}{\pi X}\left[\sqrt{1-\left(\dfrac{mh}{X}\right)^2}+\sqrt{1-\left(\dfrac{h}{X}\right)^2}\right]+\mathrm{j}\dfrac{2Mh}{\pi X^2}(m-1)\quad(X\geqslant h)$

8.3 非线性系统的描述函数

描述函数是对非线性环节进行谐波线性化处理后得到的,故可将线性系统的相关理论推广到非线性系统.由于在谐波线性化处理过程中,基波是非线性环节在正弦输入作用下的稳态输出,因此,描述函数法只能用于分析非线性系统的稳定性、极限环的稳定性及其振幅和频率,而不能求得非线性系统的时间响应.在后续的讨论中,总是假定非线性系统具有如图 8.9 所示的典型结构,并且系统的线性部分的极点全部位于复平面的左半部.

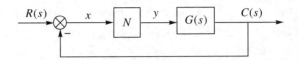

图 8.9　非线性环节的输入、输出关系

1. 非线性系统的稳定性

在上述所示的非线性系统结构中,非线性部分 N 可以用描述函数 $N(X)$ 表示,线性部分 $G(s)$ 则用频率特性 $G(j\omega)$ 表示.

由闭环系统的结构图,可得到系统的闭环频率特性 $\Phi(j\omega)$ 如下:

$$\Phi(j\omega) = \frac{C(j\omega)}{R(j\omega)} = \frac{N(A)G(j\omega)}{1 + N(A)G(j\omega)}$$

其闭环特征方程为

$$1 + N(X)G(j\omega) = 0 \tag{8.3}$$

从而有

$$G(j\omega) = -\frac{1}{N(X)} \tag{8.4}$$

上式中,$-1/N(X)$ 称为非线性特性的负倒描述函数.

由如图 8.9 所示的非线性控制系统可知,系统的线性部分仍为开环稳定系统,但加入了非线性部分.这种情况下用 Nyquist 稳定判据来判定系统的稳定性时,参考点不再是 $(-1, j0)$ 点,而是整条 $-1/N(X)$ 曲线.

因此,仿照线性系统的稳定判据,也可以得到非线性系统稳定的判据:

① 若 $G(j\omega)$ 曲线不包围 $-1/N(X)$ 曲线,如图 8.10(a)所示,则非线性系统是稳定的;

② 若 $G(j\omega)$ 曲线包围 $-1/N(X)$ 曲线,如图 8.10(b)所示,则非线性系统是不稳定的;

③ 若 $G(j\omega)$ 曲线与 $-1/N(X)$ 曲线相交,如图 8.10(c)所示,理论上将产生等幅振荡,或称为自激振荡.振荡的振幅 A 和振荡的频率 ω 可由 $-1/N(X)$ 与 $G(j\omega)$ 的交点求得.

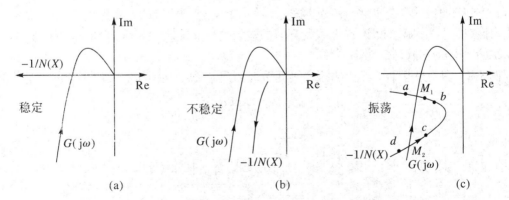

图 8.10　用 Nyquist 图判断非线性控制系统的稳定性

2. 自激振荡的分析与计算

由上述分析可知,当线性部分的频率特性 $G(j\omega)$ 与负倒描述函数曲线 $-1/N(X)$ 相交时,非线性系统产生自激振荡.下面进一步分析自激振荡的条件和自激振荡的稳定性.

（1）自激振荡条件

$$G(j\omega) = -\frac{1}{N(X)}$$

可以改写为

$$G(j\omega)N(A) = -1 = e^{-j\pi}$$

即

$$|G(j\omega)N(A)| = 1$$
$$\angle G(j\omega) + \angle N(A) = -\pi$$

（2）自激振荡的稳定性

所谓自激振荡的稳定性，是指当非线性系统受到扰动作用而偏离原来的周期运动状态，当扰动消失后，系统能够回到原来的等幅振荡状态的自激振荡。具有稳定性的自激振荡称为稳定的自激振荡；反之，称为不稳定的自激振荡。

如图 8.10(c)所示，线性部分的频率特性 $G(j\omega)$ 与负倒描述函数曲线 $-1/N(X)$ 有两个相交点 M_1、M_2，这说明系统有两个自激振荡点。

对于 M_1 点，若受到扰动使幅值 X 增大，则工作点将由 M_1 点移至 a 点。由于 a 点不被 $G(j\omega)$ 包围，系统是稳定的，故振荡衰减，振幅 X 自动减小，工作点将沿 $-1/N(X)$ 曲线又回到 M_1 点；反之亦然。所以 M_1 点是稳定的自激振荡。

对于 M_2 点，若受到扰动使幅值 X 减小，则工作点将由 M_2 点移至 d 点。由于 d 点不被 $G(j\omega)$ 包围，系统是稳定的，故振荡衰减，振幅 X 进一步减小，工作点将沿 $-1/N(X)$ 曲线向幅值不断减小的方向移动，从而不能再回到 M_2 点；反之亦然。所以 M_2 点是不稳定的自激振荡。

判别自激振荡稳定的方法是：在复平面自激振荡附近，当按幅值 X 增大的方向沿 $-1/N(X)$ 曲线移动时，若系统从不稳定区域进入稳定区域，则该交点代表的自激振荡是稳定的；反之，当按幅值 X 增大的方向沿 $-1/N(X)$ 曲线移动是从稳定区域进入不稳定区域时，该交点代表的自激振荡是不稳定的。

（3）自激振荡的计算

对于稳定的自激振荡，其振幅和频率是确定并且是可以测量的，具体的计算方法是：振幅可由 $-1/N(X)$ 曲线的自变量 X 来确定，振荡频率 ω 由 $G(j\omega)$ 曲线的自变量 ω 来确定。需要注意的是，计算得到的振幅和频率，是非线性环节的输入信号 $x(t) = X\sin(\omega t)$ 的振幅和频率，而不是系统的输出信号 $c(t)$。

例 8.2 具有理想继电器特性的非线性系统如图 8.11 所示，其中线性部分的传递函数为 $G(s) = \dfrac{10}{s(s+1)(s+2)}$，试确定其自激振荡的幅值和频率。

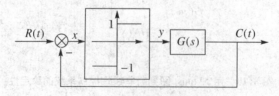

图 8.11 继电非线性控制系统

解 继电器非线性的描述函数为

$$N(X) = \frac{4M}{\pi X} = \frac{4}{\pi X}$$

负倒描述函数为

$$-\frac{1}{N(X)} = -\frac{\pi X}{4}$$

当 $X = 0$ 时，$-1/N(X) = 0$，当 $X = \infty$ 时，$-1/N(X) = -\infty$，因此当 $X = 0 \to \infty$ 时，$-1/N(X)$
曲线为整个负实轴.

线性部分的频率特性为

$$G(\mathrm{j}\omega) = \frac{10}{\mathrm{j}\omega(\mathrm{j}\omega + 1)(\mathrm{j}\omega + 2)} = -\frac{30}{\omega^4 + 5\omega^2 + 4} - \mathrm{j}\frac{10(2 - \omega^2)}{\omega(\omega^4 + 5\omega^2 + 4)}$$

画出 $G(\mathrm{j}\omega)$ 和 $-1/N(X)$ 曲线如图 8.12 所
示，由图可知，两曲线在负实轴上有一个交点，且
该自激振荡点是稳定的.

令 $\mathrm{Im}[G(\mathrm{j}\omega)] = 0$，即

$$\frac{10(2 - \omega^2)}{\omega(\omega^4 + 5\omega^2 + 4)} = 0 \Rightarrow 2 - \omega^2 = 0$$

求得自激振荡频率 $\omega = \sqrt{2}$ rad/s. 将 $\omega = \sqrt{2}$ 代入
$G(\mathrm{j}\omega)$ 的实部，得到

$$\mathrm{Re}[G(\mathrm{j}\omega)]\big|_{\omega = \sqrt{2}} = -\frac{30}{\omega^4 + 5\omega^2 + 4}\bigg|_{\omega = \sqrt{2}} = -1.66$$

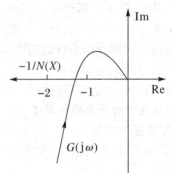

图 8.12　继电非线性系统的 $-1/N(X)$
　　　　　与 $G(\mathrm{j}\omega)$ 曲线

由 $G(\mathrm{j}\omega)N(X) = -1$，得

$$-\frac{1}{N(X)} = G(\mathrm{j}\omega)$$

即有

$$-\frac{1}{N(X)} = \frac{\pi X}{4} = -1.66$$

于是求得自激振荡的幅值为

$$X = 2.1$$

自激振荡频率为

$$\omega = \sqrt{2} \text{ rad/s}$$

8.4　非线性系统的相轨迹

相平面法可以求解一、二阶线性或非线性系统的稳定性、暂(动)态响应、平衡位置以及初始
条件和参数对系统运动的影响. 本节介绍相平面的定义、绘制及应用相平面法分析非线性系统
的一般方法.

1. 相平面的基本概念

二阶时不变系统(可以是线性的，也可以是非线性的)一般可用常微分方程：

$$x'' + f(x, x') = 0 \tag{8.5}$$

来描述. 式中, 设输入信号为 $0, x$ 表示系统中的某一个物理量, $f(x, x')$ 是 x 和 x' 的解析函数. 选定 x 和 x' 为系统的状态变量, 令

$$\begin{cases} x_1 = x \\ x_2 = x' \end{cases} \tag{8.6}$$

则式(8.5)即可表示为状态方程

$$\begin{cases} x'_1 = x_2 \\ x'_2 = -f(x_1, x_2) \end{cases} \tag{8.7}$$

若在所讨论的时间范围内, 对于任意给定的时刻, 系统的一组状态变量的值都是已知的, 则可以掌握系统运动的全部信息. 据此, 有以下几个定义:

① 相平面: 以 x 为横坐标, x' 为纵坐标的直角坐标平面, 称为相平面或状态平面.

② 相轨迹: 在相平面上表示系统运动状态的点 (x, x') 在相平面上移动形成的曲线叫作相轨迹. 相轨迹的起始点由系统的初始条件 (x_0, x_0') 确定, 相轨迹上用箭头方向表示随参变量时间 t 的增加, 系统的运动方向.

③ 相平面图: 根据不同初始条件所描绘的相轨迹曲线的集合(曲线族), 叫作相平面图.

2. 相轨迹和相平面图的性质

(1) 相轨迹的斜率

若相轨迹上任意一点的斜率为 α, 则

$$\alpha = \frac{\mathrm{d}x'}{\mathrm{d}x} = \frac{\dfrac{\mathrm{d}x'}{\mathrm{d}t}}{\dfrac{\mathrm{d}x}{\mathrm{d}t}} = \frac{f(x, x')}{x'} \tag{8.8}$$

(2) 相轨迹的对称性

按照图形对称的条件, 关于横轴或纵轴对称的曲线, 其对称点处的斜率大小相等, 符号相反; 关于原点对称的曲线, 其对称点处斜率大小相等, 符号相同.

(3) 相平面图的奇点

由相轨迹斜率的定义可知, 相平面上的一个点 (x, x') 只要不同时满足 $x' = 0$ 与 $f(x, x') = 0$, 则该点的相轨迹斜率由式(8.8)唯一确定, 通过该点的相轨迹只能有一条, 即相轨迹曲线族不会在该点相交; 同时满足 $x' = 0$ 与 $f(x, x') = 0$ 的点称为奇点, 该点的相轨迹斜率为 $\dfrac{0}{0}$ 型的不定形式, 通过该点的相轨迹可能不止一条, 且彼此的斜率也不相同, 即相轨迹曲线族在该点相交.

如在一条线上都满足 $x' = 0$ 与 $f(x, x') = 0$, 则称该直线为奇线.

(4) 相轨迹的运动方向

在相平面的上半平面, $x' > 0$, 所以系统状态沿相轨迹曲线运动的方向是 x 增大的方向, 即向右运动; 在相平面的下半平面, 则是向左运动. 因此, 有时候在绘制相轨迹时也可不用箭头标明方向.

3. 相轨迹的绘制方法

(1) 解析法

解析法就是用求解微分方程的办法找出 $x'(t)$ 和 $x(t)$ 的关系, 从而在相平面上绘制相轨迹有两种方法.

① 消除参变量 t 法.

直接从方程 $x'' = f(x, x')$ 解出 $x(t)$, 再由 $x(t)$ 求出 $x'(t)$, 消除 $x(t)$、$x'(t)$ 中的 t, 即得 x' 与 x 的关系.

② 直接积分法.

因为

$$x'' = \frac{\mathrm{d}x'}{\mathrm{d}t} = \frac{\mathrm{d}x'}{\mathrm{d}x} \cdot \frac{\mathrm{d}x}{\mathrm{d}t} = x' \frac{\mathrm{d}x'}{\mathrm{d}x}$$

所以

$$x'' = f(x, x')$$

即

$$x' \frac{\mathrm{d}x'}{\mathrm{d}x} = f(x, x')$$

若该式可分解为

$$g(x')\mathrm{d}(x') = h(x)\mathrm{d}x$$

则

$$\int_{x_0'}^{x'} g(x')\mathrm{d}(x') = \int_{x_0}^{x} h(x)\mathrm{d}x$$

找出 x' 与 x 的关系,其中 x_0, x_0' 为初始条件.

例 8.3　已知系统的微分方程 $x'' + m = 0$,满足初始条件:$x'(0) = 0$,$x(0) = x_0$,试绘制该系统的相轨迹图.

解　由 $x'' + m = 0$ 得到 $x'' = -m$,并对其两边积分得到 $x' = -mt$,然后再对该微分方程两边积分得到 $x - x_0 = -\frac{1}{2}mt^2$,消去中间变量 t 得

$$x'^2 = -2m(x - x_0) \tag{8.9}$$

根据式(8.9)可以得到该系统的相轨迹如图 8.13 所示.

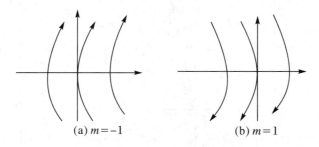

(a) $m = -1$　　　　　　　(b) $m = 1$

图 8.13　例 8.3 系统的相轨迹

(2) 等倾斜线法(图解法)

等倾线法是一种图解的方法,用一系列的不同斜率的短线段来近似光滑的相轨迹曲线.所谓等倾线即指相平面上相轨迹斜率相等的各点的连线.由相轨迹斜率的定义式(8.8),若斜率 α 为常数,则相应的等倾线方程应当为

$$\alpha x' = -f(x, x') \tag{8.10}$$

当相轨迹经过该等倾线上任一点时,其切线的斜率都相等,均为 α.取 α 为若干不同的常数,即可在相平面上绘制出等倾线族.在等倾线上各点处作斜率为 α 的短线段,则这些短线段在相平面上构成了相轨迹切线的"方向场"(图 8.14).从某一初始点出发,沿着"方向场"各点的切线方向将这些短线段用光滑曲线连接起来,便可得到一条相轨迹.

下面以二阶欠阻尼系统为例说明等倾线法.设系统的微分方程为

$$x'' + 2\xi\omega_n x' + \omega_n^2 x = 0 \tag{8.11}$$

为了求出等倾线方程,先在微分方程中表达出相轨迹斜率. 令 $\dfrac{\mathrm{d}x'}{\mathrm{d}x} = \alpha$,则有

$$x'\frac{\mathrm{d}x'}{\mathrm{d}x} + 2\xi\omega_n x' + \omega_n^2 x = 0$$

$$x' = -\frac{\omega_n^2}{\alpha + 2\xi\omega_n}x \tag{8.12}$$

式(8.12)即为相轨迹的等倾线方程.

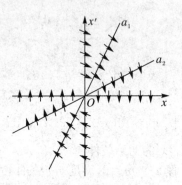

图 8.14　等倾线示意图

设 $\xi = 0.707$,$\omega_n = 1$,按式(8.12)求得对应于不同 α 值的等倾线族,如图 8.15 所示.为简单起见,图中仅画出了部分的等倾线.

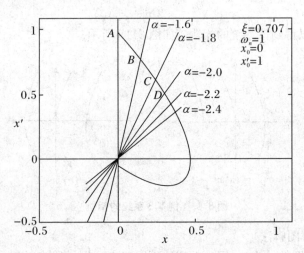

图 8.15　用等倾线法绘制相轨迹

在 A 点处,等倾线的斜率为 $\alpha = -1.414$,按此斜率绘制短线段,此短线段交 $\alpha = 1.6$ 的等倾线于 B 点,近似认为此短线段 AB 是相轨迹的一部分.同样,由 B 点出发,在等倾线 $\alpha = -1.6$ 与 $\alpha = -1.8$ 之间作斜率为 -1.6 短线段,交 $\alpha = -1.8$ 的等倾线于 C,近似认为 BC 就是相轨迹的一部分.重复进行这一步骤,就可以得到从初始点出发,由各短线段组成的折线.这条折线就近似为相轨迹曲线.

(3) 二阶线性系统的相轨迹

利用等倾线法固然可以绘制出系统的相轨迹,但作图量还是比较大.如果事先能够知道相轨迹的运动趋势,可以大大加快绘制相轨迹的速度.对于许多非线性系统,常可以进行分段的线

性化处理,如前述的各种常见非线性特性都可以用这种方法;对于一些非线性的微分方程,为研究各平衡状态附近的运动特性,可在平衡点附近做增量线性化处理.因此,可以从二阶线性系统的相轨迹入手,对各种典型形式进行归纳,以此作为非线性系统相平面分析的基础.

设二阶线性系统如图 8.16 所示.若 $r(t) \geqslant 0$,则描述系统自由运动的微分方程为

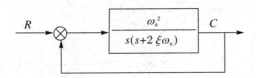

图 8.16　典型二阶系统结构图

$$c'' + 2\xi\omega_{\mathrm{n}}c' + \omega_{\mathrm{n}}^2 c = 0$$

求出特征根为

$$c_{1,2} = -\xi\omega_{\mathrm{n}} \pm \mathrm{j}\omega_{\mathrm{n}}\sqrt{1-\xi^2}$$

相轨迹方程为

$$\frac{\mathrm{d}c'}{\mathrm{d}c} = \frac{-2\xi\omega_{\mathrm{n}}c' - \omega_{\mathrm{n}}^2 c}{c'}$$

令 $\dfrac{\mathrm{d}c'}{\mathrm{d}c} = a$,得等倾线方程为

$$\frac{-2\xi\omega_{\mathrm{n}}c' - \omega_{\mathrm{n}}^2 c}{c'} = \alpha$$

即

$$c' = \frac{-\omega_{\mathrm{n}}^2 c}{2\xi\omega_{\mathrm{n}} + \alpha} = \beta c$$

式中,$\beta = -\dfrac{\omega_{\mathrm{n}}^2}{2\xi\omega_{\mathrm{n}} + \alpha}$ 是等倾线的斜率.设不同的 α 求出不同的 β 绘出若干条等倾线,并在等倾线上标出表示相轨迹切线斜率的 α 值短线,形成相轨迹的切线方向场,然后从不同的初始条件出发绘制出相轨迹.

上述内容涉及奇点、奇线等概念,详细内容请参阅相关教材,此处不再赘述.

(4) 非线性系统的相平面分析

对于非线性系统,分析时可根据非线性的特性,将其分作线性化,这将把相平面分成若干个线性区域,在各区域内可以用线性微分方程来研究各分区的分界处相轨迹发生转换,通常把这种分界线称为开关线或转换线.在分区绘制相轨迹时首先要确定奇点的位置和类型,每个区域存在一个奇点,如果求出奇点满足在本区域内,称为实奇点,这表明该区域的相轨迹可以汇集于实奇点.如果奇点落在本区域之外,则称为虚奇点.这时该区域的相轨迹不可能汇集于虚奇点,辨明虚实奇点对正确分析系统的运动是非常重要的.

习　题

1. 试推导非线性特性 $y = x^3$ 的描述函数.

2. 设非线性元件的输入、输出特性为 $y(t) = b_1 x(t) + b_3 x^3(t) + b_5 x^5(t)$,证明该非线性元

件的描述函数为 $N(A)=b_1+\dfrac{3}{4}b_3A^2+\dfrac{5}{8}b_5A^4$. 式中 A 为非线性元件输入正弦信号的幅值.

3. 某非线性元件的输入、输出特性如图 8.17 所示,求非线性元件的描述函数.

4. 具有理想继电型非线性元件的非线性控制系统如图 8.18 所示,试确定系统自振荡的幅值和频率.

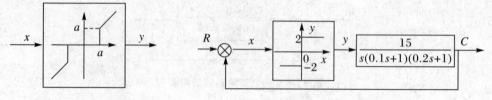

图 8.17 习题 3 附图   图 8.18 习题 4 附图

5. 试用等倾线法绘制相平面图.

(1) $x''+x'+|x|=0$;

(2) $\begin{cases} x'_1=x_1+x_2 \\ x'_2=2x_1+x_2 \end{cases}$.

6. 若非线性系统的微分方程为

(1) $x''+(3x'-0.5)x'+x+x^2=0$;

(2) $x''+xx'+x=0$.

试求系统的奇点,并概略绘制奇点附近的相轨迹图.

7. 3 个非线性系统的非线性环节一样,线性部分分别为

(1) $G(s)=\dfrac{1}{s(0.1s+1)}$;

(2) $G(s)=\dfrac{2}{s(s+1)}$;

(3) $G(s)=\dfrac{2(1.5s+1)}{s(s+1)(0.1s+1)}$.

试问:用描述函数法分析时,哪个系统分析的准确度最高?

8. 在如图 8.19 所示的相轨迹图中,1 和 2 相比较,哪个振荡周期短? 3 和 4 相比较,哪个振荡周期短?

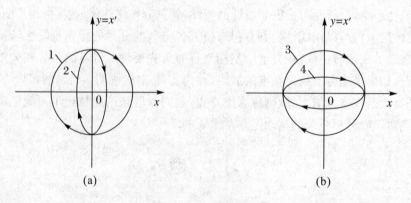

(a)   (b)

图 8.19 习题 8 附图

9. 非线性系统如图 8.20 所示, 设系统初始条件为 $0, r(t) = 1(t)$.

(1) 试在 (e, e') 平面上绘制相轨迹图.

(2) 判断该系统是否稳定, 最大稳态误差是多少?

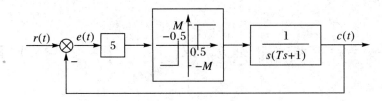

图 8.20　习题 9 附图

第9章 控制系统的 MATLAB 仿真

9.1 MATLAB 仿真软件简介

经过 20 余年的补充与完善，MATLAB 已发展至 14.0 版本. MATLAB 是一个包含众多过程计算、仿真功能及工具的庞大系统，是目前世界上最流行的仿真计算软件. MATLAB 软件和工具箱以及 Simulink 仿真工具，为自动控制系统的计算与仿真提供了强有力的支持.

1. MATLAB 开发环境

MATLAB 系统由 MATLAB 开发环境、MATLAB 数学函数库、MATLAB 语言、MATLAB图形处理系统和 MATLAB 应用程序接口（API）五大部分构成.

MATLAB 开发环境是一套方便用户使用 MATLAB 函数和文件的工具集，其中许多工具是图形化的用户接口. 它是一个集成化的工作空间，可以让用户输入、输出数据，并提供了MATLAB 文件编辑调试器、MATLAB 工作空间和在线帮助文档.

MATLAB 数学函数库包括了大量的计算算法，从基本运算（如加法、正弦等）到复杂算法，如矩阵求逆、贝塞尔函数、快速傅里叶变换等.

MATLAB 语言是一个高级的基于矩阵/数组的语言，有程序流程控制、函数、数据结构、输入/输出和面向对象编程等特色. 用户既可以用它来快速编写简单的程序，也可以用它来编写庞大复杂的应用程序.

MATLAB 图形处理系统使得 MATLAB 能方便地图形化显示向量和矩阵，而且能对图形添加标注和打印. 它包括强力的二维、三维图形函数，图像处理和动画显示等函数.

MATLAB 应用程序接口（API）是一个使 MATLAB 语言能与 C 语言、Fortran 语言等其他高级编程语言进行交互的函数库，该函数库的函数通过调用动态链接库（DLL）实现与 MAT-LAB 文件的数据交换，其主要功能包括在 MATLAB 中调用 C 语言和 Fortran 语言程序，以及在 MATLAB 与其他应用程序间建立客户/服务器关系.

2. MATLAB 命令窗口

MATLAB 的命令窗口，如图 9.1 所示，它用于 MATLAB 命令的交互操作，它具有两大主要功能：

① 提供用户输入命令的操作平台，用户通过该窗口输入命令和数据；

② 提供命令执行结果的显示平台，该窗口显示命令执行的结果.

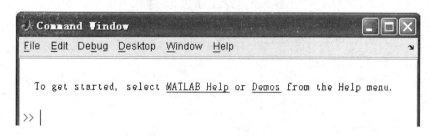

图 9.1　MATLAB 的命令窗口

计算机安装好 MATLAB 之后,双击 MATLAB 图标,就可以进入命令窗口,此时意味着系统处于准备接受命令的状态,可以在命令窗口直接输入命令语句.

MATLAB 语句形式为:＞＞变量＝表达式.

通过等号将表达式的值赋予变量.当键入回车键时,该语句被执行.语句执行之后,窗口自动显示出语句执行的结果.如果希望结果不被显示,只要在语句之后加上一个分号即可.此时尽管结果没有显示,但它依然被赋值并在 MATLAB 工作空间中分配了内存.

使用方向键和控制键可以编辑、修改已输入的命令.↑可以回调上一个命令,↓可以回调下一个命令.使用"more off"表示不允许分页,"more on"表示允许分页,"more(n)"表示指定每页输出的行数.回车键可以前进一行,空格键可以显示下一页."q"表示结束当前显示.

3. MATLAB 数值计算

MATLAB 是一门计算语言,它的运算指令和语法基于一系列基本的矩阵运算以及它们的扩展运算,它支持的数值元素是复数,这也是 MATLAB 区别于其他语言的最大特点之一,它给许多领域的计算带来了极大方便.因此,为了更好地利用 MATLAB 语言的优越性和简捷性,首先要对 MATLAB 的数据类型、数组矩阵的基本运算、符号运算、关系运算和逻辑运算进行介绍,并给出应用实例,本部分的内容是后面几节内容的基础.

(1) MATLAB 数值类型

MATLAB 包括 4 种基本数值类型,即双精度数组、字符串数组、元胞数组、构架数组.数值之间可以相互转化,这为其计算功能开拓了广阔的空间.

(2) 变量与常量

变量是数值计算的基本单元.与 C 语言等其他高级语言不同,MATLAB 语言中的变量无需事先定义,一个变量以其名称在语句命令中第一次合法出现而定义,运算表达式变量中不允许有未定义的变量,也不需要预先定义变量的类型,MATLAB 会自动生成变量,并根据变量的操作确定其类型.

(3) MATLAB 变量命名规则

MATLAB 中的变量命名规则如下:

① 变量名区分大小写,因此 A 与 a 表示的是不同的变量;

② 变量名以英文字母开始,第一个字母后可以使用字母、数字、下划线,但不能使用空格或标点符号;

③ 变量名长度不得超过 31 位,超过的部分将被忽略;

④ 某些常量也可以作为变量使用,如 i 在 MATLAB 中表示虚数单位,但也可以作为变量使用.

常量是指那些在 MATLAB 中已预先定义其数值的变量,默认的常量如表 9.1 所示.

表 9.1　MATLAB 默认常量

名　　称	说　　明
pi	圆周率
INF(或 inf)	无穷大
NaN(或 nan)	代表不定值(即 0/0)
realman	最大的正实数
realmix	最小的正实数
eps	浮点数的相对误差
i(或 j)	虚数单位,定义为 $\sqrt{-1}$
nargin	函数实际输入参数个数
nargout	函数实际输出参数个数
ANS(或 ans)	默认变量名,以应答最近一次操作运算结果

(4) MATLAB 变量的存储

工作空间中的变量可以用 save 命令存储到磁盘文件中.键入命令"save<文件名>",将工作空间中全部变量存到"<文件名>.mat"文件中去,若省略"<文件名>",则存入文件"matlab.mat"中;命令"save<文件名><变量名集>"将"<变量名集>"指出的变量存入文件"<文件名>.mat"中.

用命令 load 可将变量从磁盘文件读入 MATLAB 的工作空间,其用法为"load<文件名>",它将"<文件名>"指出的磁盘文件中的数据依次读入名称与"<文件名>"相同的工作空间中的变量中去.若省略"<文件名>",则从"matlab.mat"中读入所有数据.

用 clear 命令可从工作空间中清除现存的变量.

(5) 字符串

字符是 MATLAB 中符号运算的基本元素,也是文字等表达方式的基本元素,在 MATLAB 中,字符串作为字符数组用单引号(')引用到程序中,还可以通过字符串运算组成复杂的字符串.字符串数值和数字数值之间可以进行转换,也可以执行字符串的有关操作.

(6) 元胞数组

元胞是元胞数组(Cell Array)的基本组成部分.元胞数组与数字数组相似,用下标来区分,单元胞数组由元胞和元胞内容两部分组成.用花括号{}表示元胞数组的内容,用圆括号()表示元胞元素.与一般的数字数组不同,元胞可以存放任何类型、任何大小的数组,而且同一个元胞数组中各元胞的内容可以不同.

例 9.1　元胞数组创建与显示举例.

解　MATLAB 程序代码如下:

```
A(1,1) = {'An example of cell array'};
A(1,2) = {[1 2;3 4]};
A{2,1} = tf(1,[1,8]);
A{2,2} = {A(1,2);'This is an example'};
celldisp(A)
```

(7) 矩阵的建立与访问

矩阵的表现形式和数组相似,它以左方括号"["开始,以右方括号"]"结束,每一行元素结束用行结束符号(分号";")或回车符分割,每个元素之间用元素分割符号(空格或",")分隔.建立矩阵的方法有直接输入矩阵元素、在现有矩阵中添加或删除元素、读取数据文件、采用现有矩阵组合、矩阵转向、矩阵位移及直接建立特殊矩阵等.

例 9.2　创建矩阵举例.

解　MATLAB 程序代码如下:

```
>>a=[123;456]
```

运行结果是创建了一个 2×3 的矩阵 a,a 的第 1 行由 1、2、3 这 3 个元素组成,第 2 行由 4、5、6 三个元素组成,输出结果如下:

```
a=1  2  3
   4  5  6
```

(8) 矩阵的基本运算

矩阵与矩阵之间可以进行如表 9.2 所示的基本运算.

表 9.2　矩阵基本运算

操作符号	功能说明	操作符号	功能说明
+	矩阵加法	/	矩阵的左除
−	矩阵减法	'	矩阵转置
*	矩阵乘法	logm()	矩阵对数运算
^	矩阵的幂	expm()	矩阵指数运算
\	矩阵的右除	inv()	矩阵求逆

注:在进行左除"/"和右除"\"时,两矩阵的维数必须相等.

例 9.3　矩阵基本运算举例.

解　MATLAB 程序代码如下:

```
>>a=[1,2;3,4];
>>b=[3,5;2,9];
>>div1=a/b;
>>div2=b\a
```

两矩阵 a,b 进行了左除和右除运算,输出结果如下:

```
div1 =
    0.2941   0.0588
    1.1176  -0.1765
div2 =
   -0.3529  -0.1176
    0.4118   0.4706
```

4. MATLAB 常用绘图命令

MATLAB 提供了强大的图形用户界面,在许多应用中,常常要有绘图功能来实现数据的显示和分析,包括二维图形和三维图形.在控制系统仿真中,也常常用到绘图,如绘制系统的相应曲线、根轨迹或频率响应曲线等.MATLAB 提供了丰富的绘图功能,在命令窗口中输入"help graph2d"可得到所有画二维图形的命令;输入"help graph3d"可得到所有画三维图形的命令.

下面主要介绍常用的二维图形命令的使用方法,三维图形命令的使用方法与此类似.

(1) 基本的绘图命令

plot(x1,y1,option1,x2,y2,option2,…):x1,y1 给出的数据分别为 x 轴,y 轴坐标值,option1为选项参数,以逐点连折线的方式绘制 1 个二维图形.同时类似地绘制第 2 个二维图形.这是 plot 命令的完全格式,在实际应用中可以根据需要进行简化,比如 plot(x,y).plot(x,y,option),选项参数 option 定义了图形曲线的颜色、线型及标示符号,它由一对单引号括起来.

(2) 选择图像命令

figure(1);figure(2);…;figure(n):它用来打开不同的图形窗口,以便绘制不同的图形.

(3) 在图形上添加或删除栅格命令

grid on:在所画出的图形坐标中加入栅格.

grid off:除去图形坐标中的栅格.

(4) 图形保持或覆盖命令

hold on:把当前图形保持在屏幕上不变,同时允许在这个坐标内绘制另外一个图形.

hold off:使新图覆盖旧图.

(5) 设定轴范围的命令

axis([xmin xmax ymin ymax]),aixs('equal'):将 x 坐标轴和 y 坐标轴的单位刻度调整为一样.

(6) 文字标示命令

text(x,y,'字符串'):在图形的指定坐标位置(x,y)处标示单引号括起来的字符串.

gtext('字符串'):利用鼠标在图形的某一位置标示字符串.

title('字符串'):在所画图形的最上端显示说明该图形标题的字符串.

x label('字符串'),y label('字符串'):设置 x、y 坐标轴的名称.输入特殊的文字需要用反斜杠(\)开头.

Legend('字符串 1','字符串 2',…,'字符串 n'):在屏幕上开启一个小视窗,然后依据绘图命令的先后次序,用对应的字符串区分图形上的线.

subplot(m,n,k):分割图形显示窗口,m 表示上下分割个数,n 表示左右分割个数,k 表示子图编号.

(7) 半对数坐标绘制命令

Semilog x:绘制以 x 轴为对数坐标(以 10 为底)、y 轴为线性坐标的半对数坐标图形.

Semilog y:绘制以 y 轴为对数坐标(以 10 为底)、x 轴为线性坐标的半对数坐标图形.

(8) 常用的应用型绘图指令,可用于数值统计分析或离散数据处理.

bar(x,y):绘制对应于输入 x 和输出 y 的高度条形图.

hist(y,x):绘制 x 在以 y 为中心的区间中分布的个数条形图.

stairs(x,y):绘制 y 对应于 x 的梯形图.

stem(x,y):绘制 y 对应于 x 的散点图.

需要注意的是,对于图形的属性编辑同样可以在图形窗口上直接进行,但图形窗口关闭之后编辑结果不会保存.

5. 符号运算

(1) 符号表达式

符号表达式是代表数字、函数、算子和变量的 MATLAB 字符串，或字符串数组．不要求变量有预先确定的值，符号方程式是含有等号的符号表达式．符号算术是使用已知的规则和给定符号恒等式求解这些符号方程的实践，它与代数和微积分所学到的求解方法完全一样．符号矩阵是数组，其元素是符号表达式．MATLAB 在内部把符号表达式表示成字符串，与数字变量或运算相区别；否则，这些符号表达式几乎完全像基本的 MATLAB 命令．

(2) 符号变量和符号表达式

在 MATLAB 中，用 sym 或 syms 命名符号变量和符号表达式，定义多个符号变量之间用空格分开．例如：

① "sym a"定义了符号变量 a，"sym a b"定义了符号变量 a 和 b；

② "X = sym('x')"创建变量 x，"a = sym('alpha')"创建变量 alpha；

③ "syms a b c;f = sym('a * x^2 + b * x + c')"创建变量表达式 $f = ax^2 + bx + c$；

④ "fcn = sym('f(x)')"创建函数 f(x)．

(3) 常用符号运算

符号变量和数字变量之间可转换，也可以用数字代替符号得到数值．常用的符号运算有代数运算、积分和微分运算、极限运算、级数求和、进行方程求解等．

① 微分．diff 是求微分最常用的函数，其输入参数既可以是函数表达式，也可以是符号矩阵．常用的格式是：diff(f,x,n)，表示 f 关于 x 求 n 阶导数．

例 9.4　已知表达式 $f = \sin(ax)$，分别对其中的 x 和 a 求导．

解　输入如下 MATLAB 程序代码：

```
>>syms a x
>>f = sin(a * x)
%对 x 求导
>>dfx = diff(f,x)
%对 a 求导
>>dfa = diff(f,a)
```

运行程序，输出结果如下：

```
f =
sin(a * x)
%f 对 x 求导的结果
dfx =
cos(a * x) * a
%f 对 a 求导的结果
dfa =
cos(a * x) * x
```

② 积分．int 是求积分最常用的函数，其输入参数可以是函数表达式．常用的格式是：int(f, r,x0,x1)．其中，f 为所要积分的表达式，r 为积分变量，若为定积分，则 x0、x1 为积分上下限．

例 9.5　已知表达式 $f = \mathrm{e}^{-x^2}$，求对 x 的积分．

解　输入如下 MATLAB 程序代码：

```
>>symsx
```

```
>>f = exp( - x^2)
>>int1 = int(f,x)
>>int2 = int(f,x, - inf,inf)
```

运行程序,输出结果如下:

```
f =
exp( - x^2)
int =
1/2 * pi^(1/2) * erf(x)
int2 =
pi^(1/2)
```

(3) 级数求和

symsum 是用于对符号表达式求和的函数.常用的格式是:symsum(p,a,b),表示对表达式 p 在[a,b]之间求和.

例 9.6 对下列级数求和,$s_1 = \sum_{k=1}^{\infty} \frac{1}{k^2}$,$s_2 = \sum_{k=1}^{\infty} \frac{1}{k}$.

解 输入如下 MATLAB 程序代码:

```
>>syms k
>>s1 = symsum(1/k^2,1,inf)
>>s2 = symsum(1/k,1,inf)
```

运行程序,输出结果如下:

```
s1 =
1/6 * pi^2
s2 =
inf
```

(4) 控制系统中常用的符号运算

符号数学工具箱为控制理论中常用的积分变换与反变换提供了专用的变换函数与反变换函数,如傅里叶变换 fourier()、拉氏变换 laplace()、Z 变换 ztrans(),以及反变换函数 ifourier()、laplace()和 iatrans().

例 9.7 用符号运算计算 $G = K\mathrm{e}^{-\frac{1}{T}}$ 的拉氏变换.

解 MATLAB 程序代码如下:

```
syms K T t
G = K * (exp( - t/T))
%laplace():求拉氏变换
Gs = laplace(G)
%simplify():对结果进行化简
Gs = simplify(Gs)
```

运行程序,输出结果如下:

```
G = K * exp( - t/T)
Gs = K/(s + 1/T)
Gs = K * T/(s * T + 1)
```

例 9.8 用符号运算计算 $\dfrac{a}{s^2(s+a)}$ 的脉冲传递函数,采样周期为 T.

解　MATLAB 程序代码如下:

```
syms aTstk
fs = a/s^2/(s + a)
%ilaplace():求拉普拉斯反变换
ft = ilaplace(fs,t)
%simplify():对结果进行化简
ft = simplify(ft)
%subs():进行替换,此处用 k * T 替换 t.
ftt = subs(ft,t,k * T)
%ztrans():求 z 变换
fz = ztrans(ftt)
%simplify():对结果进行化简
fz = simplify(fz)
```

运行程序,输出结果如下:

```
fs = a/s^2/(s + a)
ft = -2/a * sinh(1/2 * a * t) * exp(-1/2 * a * t) + t
ft = (-2 * exp(-1/2 * a * t) * sinh(1/2 * a * t) + a * t)/a
ftt = (-2 * exp(-1/2 * a * k * T) * sinh(1/2 * a * k * T) + a * k * T)/a
fz = 1/a * (-2 * (-z + z/exp(-1/2 * a * T) * exp(1/2 * a * T))/(2 * z^2/exp(-1/2 * a * T)^2 -
2 * z - 2 * z/exp(-1/2 * a * T) * exp(1/2 * a * T) + 2 * exp(1/2 * a * T) * exp(-1/2 * a * T)) +
a * T * z/(z-1)^2)
fz = (a * T * z - z + z * exp(-a * T) + 1 - a * T * exp(-a * T) - exp(-a * T)) * z/(z-1)^2/(z-
exp(-a * T))/a
```

fz 化简后为: $\dfrac{Tz}{(z-1)^2} - \dfrac{z(1-\mathrm{e}^{-at})}{a(z-1)(z-\mathrm{e}^{-at})}$

6. MATLAB 程序基本设计原则

MATLAB 程序的基本设计原则如下所述:

① %后面的内容是程序的注解,要善于运用注解使程序更具可读性.

② 养成在主程序开头用 clear 指令清除变量的习惯,以消除工作空间中其他变量对程序运行的影响.但要注意,在子程序中不要用 clear.

③ 参数值要集中放在程序的开始部分,以便维护.要充分利用 MATLAB 工具箱提供的指令来执行所要进行的运算,在语句行之后输入分号使其及中间结果不再屏幕上显示,以提高执行速度.

④ input 指令可以用来输入一些临时的数据;对于大量参数,则通过建立一个存储参数的子程序,在主程序中通过子程序的名称来调用.

⑤ 程序尽量模块化,即采用主程序调用子程序的方法,将所有子程序合并在一起来执行全部的操作.

⑥ 充分利用 Debugger 来进行程序的调试(设置断点、单步执行、连续执行),并利用其他工具箱或图形用户界面(GUI)的设计技巧,将设计结果集成到一起.

⑦ 设置好 MATLAB 的工作路径,以便程序运行.

⑧ MATLAB 程序的基本组成结构如下所示:

```
%说明
```

清除命令:清除 workspace 中的变量和图形(clear,close)

定义变量:包括全局变量的声明及参数值的设定

逐行执行命令:指 MATLAB 提供的运算指令或工具箱提供的专用命令

……

……

……

控制循环:包含 for,if then,switch,while 等语句

逐行执行命令

……

……

end

绘图命令:将运算结果绘制出来

当然,更复杂的程序还需要调用子程序,或者与 Simulink 及其他应用程序相结合.

9.2 基于 MATLAB 的控制系统的时域分析

9.2.1 时域分析中 MATLAB 函数的应用

一个动态系统的性能,常用典型输入作用下的响应来描述.响应是指零初始值条件下,某种典型的输入函数作用下对象的响应,控制系统常用的输入函数有:单位阶跃函数和脉冲激励函数(即冲激函数).在 MATLAB 的控制系统工具箱中提供了这两种输入下系统响应的函数.常用的输入函数有:单位阶跃函数 step()、冲激响应函数 impulse()和时域分析函数.

1. step()函数的用法

① $y = step(num,den,t)$:其中 num 和 den 分别为系统传递函数描述中的分子和分母多项式系数,t 为选定的仿真时间向量,一般可由 $t = 0:step:end$ 等步长地产生.该函数返回值 y 为系统在仿真中所得输出组成的矩阵.

② $[y,x,t] = step(num,den)$:时间向量 t 由系统的模型特性自动生成,状态变量 x 返回为空矩阵.

③ $[y,x,t] = step(A,B,C,D,iu)$:其中 A、B、C、D 系统的状态空间描述矩阵,iu 用来指明输入变量的序号,x 为系统返回的状态轨迹.

如果对具体的响应值不感兴趣,而只想绘制系统的阶跃响应曲线,则可采用以下格式进行函数调用:

step(num,den)或 step(sys)

step(num,den,t)

step(A,B,C,D,iu,t)

step(A,B,C,D,iu)

线性系统的稳态值可以通过函数 dcgain()来求得,其调用格式为 dc = dcgain(num,den),或 dc = dcgain(A,B,C,D).

2. impulse()函数的用法

求取脉冲冲激响应的调用方法与 step()函数基本一致.

$y = \text{impulse}(\text{num}, \text{den}, t)$

$[y, x, t] = \text{impulse}(\text{num}, \text{den})$

$[y, x, t] = \text{impulse}(A, B, C, D, iu, t)$

$\text{impulse}(\text{num}, \text{den})$

$\text{impulse}(\text{num}, \text{den}, t)$

$\text{impulse}(A, B, C, D, iu, t)$

$\text{impulse}(A, B, C, D, iu)$

3. 常用时域分析函数

时间响应分析的是系统对输入和扰动在时域内的瞬态行为. 系统特征, 如上升时间、调节时间、超调量和稳态误差, 均能从时间响应上反映出来.

对于离散系统, 只需在连续系统对应函数前加"d"即可, 如 dstep()、dimpulse()等, 其调用格式与 step()、impulse()类似.

例 9.9　已知系统的闭环传递函数 $G(s) = \dfrac{1}{s^2 + 0.4s + 1}$, 试求所述系统的单位阶跃响应曲线和脉冲响应曲线.

解　MATLAB 程序代码如下:

```
num = 1;
den = [1 0.4 1];
sys = tf(num, den);
subplot(121)
step(sys)
ylabel('x_o(t)')
Grid on
subplot(122)
impulse(sys)
ylabel('x_o(t)')
Grid on
```

运行结果如图 9.2 所示.

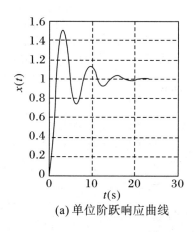

(a) 单位阶跃响应曲线

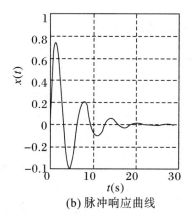

(b) 脉冲响应曲线

图 9.2　例 9.9 运行结果

9.2.2　一阶系统的时域分析

用一阶微分方程描述的控制系统称为一阶系统.它的传递函数为

$$G(s) = \frac{X_o(s)}{X_i(s)} = \frac{1}{Ts + 1}$$

式中,T 为时间常数.

1. 单位阶跃响应

因为单位阶跃函数的拉氏变换 $X_i(s) = \frac{1}{s}$,则系统的输出为

$$X_o(s) = \frac{1}{1 + Ts}X_i(s) = \frac{1}{s(1 + Ts)}$$

用 MATLAB 编制 MATLAB 文件绘制 $x_o(t) = 1 - e^{-a}$ 响应曲线,程序代码如下:

```
syms FstT
F = 1/(s * (T * s + 1))
xo = ilaplace(F,s,t)
hold on
a = t/T
a = 0:0.2:10
plot(a,xo,'k')
x0 = [010]
y0 = [1 - exp(-1)1 - exp(-1)]
y1 = [01]
x1 = [01]
plot(x0,y0,'k',x1,y1,'k')
xlabel('t/T')
ylabel('x_o(t)')
grid on
gtext('x_0(1) = 0.632')
hold off
```

运行程序后得到曲线如图 9.3 所示.

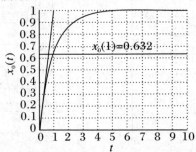

图9.3　一阶系统的单位阶跃响应曲线

2. 单位斜坡响应

令 $X_i(s) = \frac{1}{s^2}$,则系统的输出为

$$X_{\circ}(s) = \frac{1}{s^2(1+Ts)}$$

对上式利用 MATLAB 编程,其源代码如下:

```
syms FstT
F = 1/(s^2 * (T * s + 1))
xo = ilaplace(F,s,t)
hold on
T = 0.5
t = 0 : 0.1 : 2
plot(t,xo,'k',t,t,'k')
x0 = [1 1]
y0 = [0 2]
plot(x0,y0,'k')
xlabel('t')
ylabel('x_o(t)')
disp('请输入交点:')
[x1,y1] = ginput(1)
[x2,y2] = ginput(1)
abs(y2 - y1)
gtext('x_o(t)','fontsize',14)
gtext('x_i(t)','fontsize',14)
gtext('t = 1','fontsize',14)
gtext('\leftarrow 交点 1','fontsize',14)
gtext('交点 2\rightarrow','fontsize',14)
grid on
hold off
```

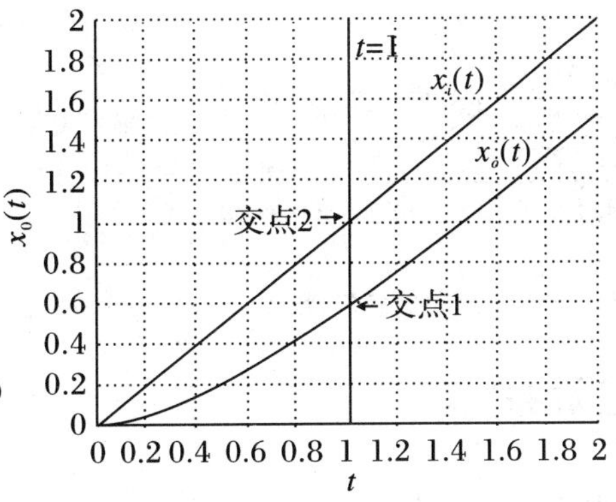

图 9.4　一阶系统的斜坡响应

允许程序得到响应曲线如图 9.4 所示.

由输入输出信号与直线 $t = 1$ 的交点图解求出结果:$ans = 0.426\ 9$.

在程序中设置时间常数 $T = 0.5$,是在时间趋近于无穷时的值.

3.单位脉冲响应

令 $x_i(t) = \sigma(t)$,则系统的输出响应 $x_{\circ}(t)$ 就是该系统的脉冲响应.为了区别其他的响应,把系统的脉冲响应记为 $g(t)$,因为 $L(\sigma(t)) = 1$,所以系统的输出响应的拉氏变换为

$$X_{\circ}(s) = \frac{1}{(1+Ts)}$$

根据上式编写 MATLAB 程序代码如下:

```
syms FstT
F = 1/(T * s + 1)
xo = ilaplace(F,s,t)
hold on
T = 0.5
t = 0:0.1:2
xo = exp(- t/T)/T
plot(t,xo,'k')
grid on
x0 = [TT]
```

```
y0 = [01/T]
x1 = [T0]
y1 = [exp( - 1)/T exp( - 1)/T]
X2 = [0T]
Y2 = [1/T0]
plot(x0,y0,'k',x1,y1,'k',X2,Y2,'K')
xlabel('t')
ylabel('x_o(t)')
gtext('x_o(t) = exp( - t/T)/T','fontsize',14)
hold off
```

允许上述程序,得系统的响应曲线如图 9.5 所示.

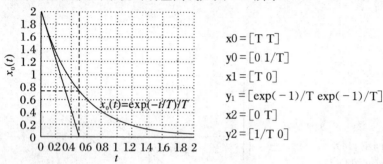

$$x_0 = [T\ T]$$
$$y0 = [0\ 1/T]$$
$$x1 = [T\ 0]$$
$$y_1 = [exp(- 1)/T\ exp(- 1)/T]$$
$$x2 = [0\ T]$$
$$y2 = [1/T\ 0]$$

图 9.5　一阶系统单位脉冲响应

9.2.2　二阶系统

1. 二阶系统的单位脉冲响应

对于二阶系统,因为 $X_\mathrm{o}(s) = G(s)X_\mathrm{i}(s)$,而 $X_\mathrm{i}(s) = L[\sigma(t)] = 1$,所以

$$X_\mathrm{o}(s) = \frac{\omega_\mathrm{n}^2}{(s + \xi\omega_\mathrm{n})^2 + (\omega_\mathrm{n}\sqrt{1 - \xi^2})^2}$$

记 $\omega_\mathrm{d} = \omega_\mathrm{n}\sqrt{1 - \xi^2}$,称为二阶系统的有阻固有频率.

当 ξ 取不同值时,采用 MATLAB 编程可生成一曲线族,其原代码如下:

```
%unite impulse
t = 0 : 0.1 : 12;
num = [1];
den = zeros(6,3);
zeta = [0.1 0.3 0.5 0.7 0.9 1];
y = zeros(length(t),4);
for i = 1 : 6
den(i, : ) = [12 * zeta(i)1];
[y(: ,i),x,t] = impulse(num,den(i, : ),t);
end
plot(t,y,'k')
xlabel('w_nt');
ylabel('x_0(t)');
```

```
title('zeta = 0.1 0.3 0.5 0.7 0.9 1')
grid on
gtext('0.1','fontsize',9)
gtext('0.3','fontsize',9)
gtext('0.5','fontsize',9)
gtext('0.7','fontsize',9)
gtext('0.9','fontsize',9)
gtext('1.0','fontsize',9)
```

运行该程序得到二阶欠阻尼系统的脉冲响应曲线如图 9.6 所示.

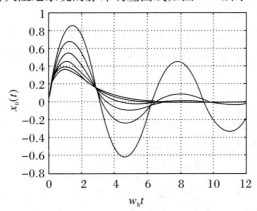

图 9.6　二阶系统单位脉冲响应

2. 二阶系统的单位阶跃响应

如输入信号为单位阶跃函数,即 $x_i = u(t)$,$L[u(t)] = \dfrac{1}{s}$,则二阶系统的阶跃响应函数的拉氏变换式为

$$X_o(s) = \frac{\omega_n^2}{(s^3 + 2\xi\omega_n j s^2 + \omega_n^2 s)}$$

令 $\omega_n = 1$,则

$$X_o(s) = \frac{1}{(s^3 + 2\xi s^2 + s)}$$

对上式所描述的单位阶跃响应,用 MATLAB 编制程序代码如下:

```
%unite step
t = 0:0.1:12;
num = [1];
den = zeros(7,3);
zeta = [0 0.2 0.4 0.6 0.8 1 2];
y = zeros(length(t),4);
for i = 1:7
den(i,:) = [1 2 * zeta(i) 1];
[y(:,i),x,t] = step(num,den(i,:),t);
end
plot(t,y,'k')
xlabel('w_nt');
```

```
ylabel('x_0(t)');
title('zeta=0 0.2 0.4 0.6 0.8 1 2')
grid on
gtext('\xi=0','fontsize',9)
gtext('\xi=0.2','fontsize',9)
gtext('\xi=0.4','fontsize',9)
gtext('\xi=0.6','fontsize',9)
gtext('\xi=0.8','fontsize',9)
gtext('\xi=1','fontsize',9)
gtext('\xi=2','fontsize',9)
```

运行上述程序,得到如图 9.7 所示的响应曲线. 由图 9.6 可知,$\xi<1$ 时,二阶系统的单位阶跃响应函数的过渡过程为衰减振荡,并且随着阻尼 ξ 的减小,其振荡特性表现得愈加强烈,当 $\xi=0$ 时达到等幅振荡.

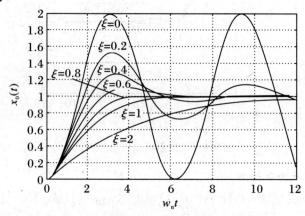

图 9.7　二阶系统单位阶跃响应曲线

例 9.10　已知一个如图 9.8 所示的二阶系统,其开环传递函数为 $G(s)=\dfrac{k}{s(Ts+1)}$,其中 $T=1$,绘制 k 分别为 0.1、0.2、0.5、0.8、1.0、2.4 时其单位负反馈系统的单位阶跃响应曲线.

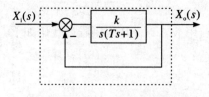

图 9.8　例 9.10 系统框图

解　MATLAB 程序代码如下:

```
T=1;
k=[0.1 0.2 0.5 0.8 1 2.4];
t=linspace(0,20,200)
num=1;
den=conv([1 0],[T,1])
for j=1:6
s1=tf(num*k(j),den)
```

```
sys = feedback(s1,1)
y(:,j) = step(sys,t)
end
plot(t,y(:,1:6),'k')
grid on
gtext('k = 0.1','linewidth',1.5,'fontsize',10)
gtext('k = 0.2','linewidth',1.5,'fontsize',10)
gtext('k = 0.5','linewidth',1.5,'fontsize',10)
gtext('k = 0.8','linewidth',1.5,'fontsize',10)
gtext('k = 1.0','linewidth',1.5,'fontsize',10)
gtext('k = 2.4','linewidth',1.5,'fontsize',10)
```

在 MATLAB 环境中运行上述程序,得到如图 9.9 所示的结果.

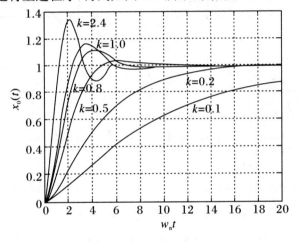

图 9.9　例 9.10 的输出结果

3. 二阶系统响应的性能指标

例 9.11　有一位置随动系统,其方框图如图 9.10(a)所示.当系统输入单位阶跃函数时,$\sigma_p\% \leqslant 5\%$,试求:① 核算该系统的各参数是否符合要求.② 在原系统中增加一微分负反馈,如图 9.10(b)所示,求微分方框的时间常数 τ.③ 用 MATLAB 编程实现系统在时间常数 τ 不同取值时的脉冲响应和阶跃响应.④ 用 MATLAB 编程实现系统在时间常数 τ 时的系统响应的参数指标.

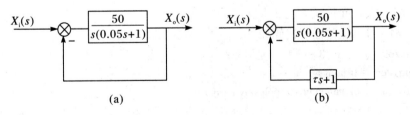

图 9.10　例 9.11 系统框图

解　① 将系统的闭环传递函数写成标准形式,即

$$G_B(s) = \frac{50}{0.05s^2 + s + 50} = \frac{31.62^2}{s^2 + 2 \times 0.316 \times 31.62s + 31.62^2}$$

可知此二阶的 $\xi = 0.316$, $\omega_n = 31.62$. 由于 $\sigma_p\% = e^{-\xi\pi/\sqrt{1-\xi^2}} \times 100\% = 35\% > 5\%$, 因此不能满足本题要求, 系统需校正.

② 图 9.10(b) 所示系统的闭环传递函数为

$$G_B(s) = \frac{50}{0.05s^2 + (1+50\tau)s + 50} = \frac{1\,000}{s^2 + 20(1+50\tau)s + 1\,000}$$

由 $\sigma_p\% = e^{-\xi\pi\sqrt{1-\xi^2}} \times 100\% = 5\%$ 求得: $\xi = 0.69$. 由于 $\omega_n = 31.62$, 因此 $20(1+50\tau) = 2 \times 31.62 \times 0.69$, 求得 $\tau = 0.023\,5$ s.

③ 运行 MATLAB 程序源代码得到响应曲线如图 9.11 所示.

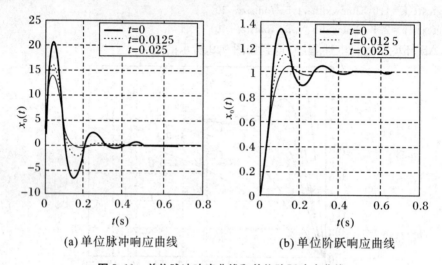

(a) 单位脉冲响应曲线   (b) 单位阶跃响应曲线

图 9.11　单位脉冲响应曲线和单位阶跃响应曲线

④ 运行求取性能指标的 MATLAB 程序源代码(略)得到运算结果如下:

	tr	tp	mp	ts
ans =	0.0640	0.1050	0.3509	0.3530
	0.0780	0.1160	0.1523	0.2500
	0.1070	0.1410	0.0415	0.1880

从上述计算结果可以看出: 当 $\tau = 0.025$ 时, $\sigma_p\% = 4.15\%$, 说明系统引入速度负反馈后系统的超调量得到减少.

例 9.12 已知系统: $G(s) = \dfrac{3}{(s+1+3i)(s+1-3i)}$, 试用 MATLAB 编程计算系统的瞬态性能指标(稳态误差允许误差为 2% 或 5%)

解法 1 MATLAB 源程序代码如下:

```
sys = zpk([], [-1+3*i-1-3*i], 3);
[num, den] = tfdata(sys, 'v');
finalvalue = polyval(num, 0)/polyval(den, 0)
[y, t] = step(sys)
[Y, k] = max(y);
tp = t(k)
Mp = 100*(Y - finalvalue)/finalvalue
%compute rise time
n = 1;
```

```
while y(n)<0.1 * finalvalue,n = n + 1;end
m = 1;
whiley(m)<0.9 * finalvalue,m = m + 1;end
tr = t(m) - t(n)
%compute settling time
l = length(t);
while(y(l)>0.98 * finalvalue)&(y(l)<1.02 * finalvalue)
l = l - 1;
end
ts = t(l)
disp('    tp    Mp    tr    ts')
[tpMptrts]
```

在 MATLAB 环境中运行上述程序,得到计算结果如下:

```
    tp      Mp        tr        ts
ans =   1.0491   35.0914    0.4417    4.5337
```

解法 2　利用 MATLAB 辅助图解方法求性能指标,程序源代码如下:

```
sys = zpk([],[-1 + 3 * i - 1 - 3 * i],3);
step(sys);
grid on
[tr,y1] = ginput(1);    %求上升时间
[tp,ymax] = ginput(1);   %求最大值
[ts,y2] = ginput(1);    %求调整时间
Mp = (ymax - y1)/y1 * 100;
disp('    tp    Mp    tr    ts')
[tp Mp tr ts]
```

运行上述程序得到相应曲线如图 9.12 所示,手工操作摘取相关点得到性能参数结果如下:

```
    tp          Mp        tr        ts
ans = 1.0473   34.4428     0.5330    4.6864
```

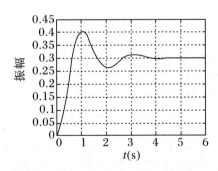

图 9.12　例 9.12 系统的阶跃响应曲线

对比两种计算方法可知:图解方法是靠眼睛目测,所以存在误差,但也能满足工程需要.

9.3 控制系统的 MATLAB 的仿真

9.3.1 开环系统的 Nyquist 图绘制

1. Nyquist 图逐点计算绘制

开环频率特性的极坐标形式为

$$G(j\omega) = |G(j\omega)|e^{-j\varphi(\omega)} = u + vj$$

当 ω 由 $0 \rightarrow \infty$ 变化时,逐点计算相应的实部特性和虚部特性的值,据此画出开环系统的 Nyquist 图.下面通过举例,说明 0 型、Ⅰ型与Ⅱ型系统开环传递函数的 Nyquist 图绘制方法.

例 9.13 已知 0 型系统和Ⅰ型系统的开环传递函数分别为

$$G_0(s) = \frac{10}{(1+0.1s)(1+s)}, \quad G_{\mathrm{I}}(s) = \frac{10}{s(1+s)}$$

试绘制它们对应的 Nyquist 图.

解 ① 0 型系统的频率特性为

$$G_0(j\omega) = \frac{10}{(1+0.1j\omega)(1+j\omega)} = \frac{10(1+0.01\omega^2)}{(1+0.1^2\omega^2)(1+\omega^2)} - \frac{1.01j\omega}{(1+0.1^2\omega^2)(1+\omega^2)}$$

实部与虚部特性为

$$u = \frac{10(1+0.01\omega^2)}{(1+0.1^2\omega^2)(1+\omega^2)}, \quad v = \frac{-1.01\omega}{(1+0.1^2\omega^2)(1+\omega)^2}$$

由上述两式,在 MATLAB 中编程绘制 Nyquist 图,源代码如下:

```
w = 0:0.1:1000;
g1 = 1 + 0.01 * w.^2;
g2 = 1 + w.^2;
u = 10 * (1 + 0.01^2 * w.^2)./(g1. * g2);
v = - 1.01 * w./(g1. * g2)
plot(u,v,'k')
xlabel('real Axis');ylabel('Imag axis')
grid
gtext('\omega\rightarrow\infty')
gtext('\omega\rightarrow0')
```

运行上述程序得到 Nyquist 曲线如图 9.13 所示.

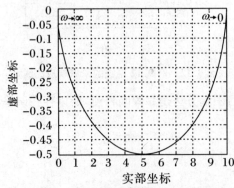

图 9.13 0 型系统的 Nyquist 图

② Ⅰ型系统的频率特性

$$G_{\rm I}(j\omega) = \frac{10}{j\omega(1+j\omega)} = \frac{-10}{(1+\omega^2)} - \frac{-10}{(\omega+\omega^3)}j$$

$$实部特性：\quad u = \frac{-10}{(1+\omega^2)}$$

$$虚部特性：\quad v = \frac{-10}{(\omega+\omega^3)}$$

由上述两式,在 MATLAB 中编程绘制 Nyquist 图,源代码如下:

w = 0:0.1:1000;

u = −10./(1+w.^2);

v = −10./(w+w.^3);

plot(u,v,'k')

xlabel('real Axis');ylabel('Imag axis')

grid

运行上述程序得到 Nyquist 曲线如图 9.14 所示.

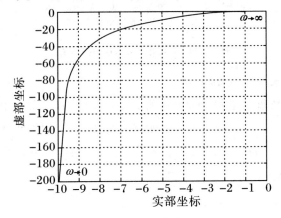

图 9.14　Ⅰ型系统的 Nyquist 图

例 9.14　设Ⅱ型系统的开环传递函数为 $G_{\rm II}(s) = \dfrac{10}{s^2(1+s)}$,试绘制其 Nyquist 图.

解　该系统的开环频率特性为 $G_{\rm II}(j\omega) = \dfrac{10}{(j\omega)^2(1+j\omega)} = -\dfrac{10}{\omega^2+\omega^4} + j\dfrac{10}{\omega(1+\omega^2)}$

$$实部特性：\quad u = -\frac{10}{\omega^2+\omega^4}$$

$$虚部特性：\quad v = \frac{10}{\omega(1+\omega^2)}$$

由上述两式,在 MATLAB 中编程绘制 Nyquist 图,源代码如下:

w = 0:0.1:1000;

u = −10./(w.^4+w.^2)

v = 10./(w+w.^3)

plot(u,v,'k','linewidth',1)

xlabel('real Axis');ylabel('Imag axis')

gtext('\omega\rightarrow\infty')

gtext('\omega\rightarrow0')

grid

运行上述程序得到 Nyquist 曲线如图 9.15所示.

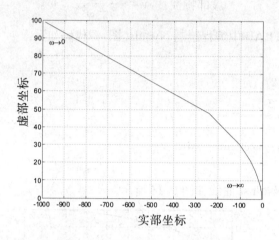

图 9.15　Ⅱ型系统的 Nyquist 曲线

2. 用 MATLAB 函数绘制 Nyquist 图

MATLAB 有专用函数来绘制 Nyquist 图,快捷方便.已知系统的传递函数,可以应用 MATLAB 功能指令:Nyquist(num,den),就能方便地画出系统的 Nyquist 图.其中,num、den 分别为开环传递函数 $G(s)H(s)$的分子和分母多项式的系数,按下式所示形式组成的数组:

$$G(s)H(s) = \frac{b_0 s^m + b_1 s^{m-1} + \cdots + b_m}{a_0 s^n + a_1 s^{n-1} + \cdots + a_n} \quad (n \geqslant m)$$

则

$$\text{num} = [b_0, b_1, \cdots, b_m], \quad \text{den} = [a_0, a_1, \cdots, a_m]$$

通过执行 Nyquist 绘图命令,就能在屏幕上自动生成 Nyquist 曲线.

例 9.15　已知控制系统的开环传递函数为

$$G(s)H(s) = \frac{1}{s^3 + 1.8s^2 + 1.8s + 1}$$

试用 MATLAB 绘制系统的 Nyquist 曲线.

解　MATLAB 程序源代码如下:

num = [1];

den = [1 1.8 1.8 1];

nyquist(num,den)

title('nyquist of G(s) = 1/(s^3 + 1.8s^2 + 1.8s + 1)')

grid

运行上述程序得到曲线如图 9.16 所示.

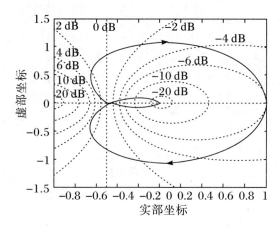

图 9.16　例 9.15 系统的 Nyquist 曲线

当用户需要指定的频率时,可用指令:

$$[Re,Im,w] = nyquist(num,den)$$

或

$$[Re,Im,w] = nyquist(num,den,w)$$

这两种指令不能直接产生 Nyquist 曲线,因为 MATLAB 仅做了系统频率响应实部和虚部的计算与排列工作,其中 Re,Im,w 分别以矩阵的形式给出. 如要产生 Nyquist 绘图需要加指令:

$$Plot(Re,Im)$$

指令 plot 根据已经算好的 Re、Im,画出系统的 Nyquist 曲线.

例 9.16　已知系统的开环传递函数为

$$G(s)H(s) = \frac{100(s+5)}{(s-2)(s+8)(s+20)}$$

试用 MATLAB 绘制系统的 Nyquist 曲线.

解　MATLAB 程序源代码如下:

```
k = 100;
z = [-5];
p = [2 -8 -20];
GH = zpk(z,p,k)
[Re,Im,w] = nyquist(GH)
plot(Re(:,:),Im(:,:))
xlabel('real Axis');ylabel('Imag axis')
title('nyquist of G(s)H(s) = 100(s+5)/[(s-2)(s+8)(s+20)]')
grid
```

运行上述程序得到曲线如图 9.17 所示.

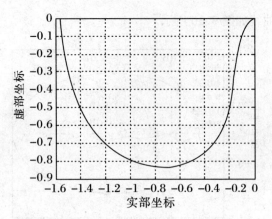

图 9.17　例 9.16 系统的 Nyquist 曲线

9.3.2　开环系统的 Bode 图绘制

1. 利用 MATLAB 编程绘制 Bode 图

例 9.17　绘制传递函数为

$$G(s) = \frac{24(0.25s + 0.5)}{(5s + 2)(0.05s + 2)}$$

系统的 Bode 图.

解　系统的频率特性为

$$G(j\omega) = \frac{24(0.25j\omega + 0.5)}{(5j\omega + 2)(0.05j\omega + 2)}$$

幅频特性：

$$L(\omega) = 20\lg 20 + 20\lg \sqrt{0.25^2\omega^2 + 0.5^2} - 20\lg \sqrt{25\omega^2 + 4} - 20\lg \sqrt{0.05^2\omega^2 + 4}$$

相频特性：

$$\varphi(\omega) = \arctan 0.5\omega - \arctan 2.5\omega - \arctan 0.025\omega$$

根据上述两式在 MATLAB 中编程，其源代码如下：

```
w = logspace( - 2,2,1000);
Lw = 20 * log10(20) + 20 * log10(0.25^2 * w.^2 + 0.5^2) - 20 * log10(25 * w.^2 + 4) - 20 * log10
(0.05^2 * w.^2 + 4)
phi_w = (atan(0.5 * w) - atan(2.5 * w) - atan(0.025 * w)). * 180/pi
subplot(211)
semilogx(w,Lw)
grid
xlabel('\omega')
ylabel('L(\omega)')
subplot(212)
semilogx(w,phi_w)
xlabel('\omega')
ylabel('\phi(\omega)')
grid
```

运行上述程序,得到如图 9.18 所示的 Bode 图对数幅频特性曲线.

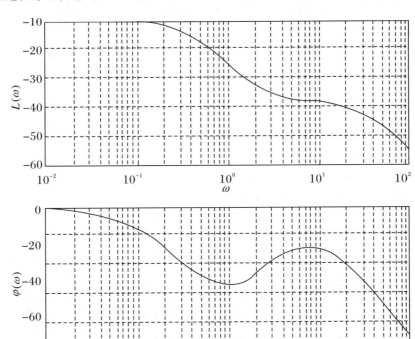

图 9.18 例 9.17 的 Bode 图

2. 利用 MATLAB 函数绘制 Bode 图

MATLAB 提供了绘制系统 Bode 图的函数 bode(),其使用方法如下:

Bode(A,B,C,D):绘制系统的一组 Bode 图,它们是针对连续状态空间系统[A,B,C,D]的每个输入的 Bode 图,其中频率范围由函数自动选取,且在响应快速变化的位置会自动采用更多采样点.

Bode(num,den):绘制以连续时间多项式传递函数表示的系统.

Bode(num,den,w):利用指定的角频率矢量绘制系统的 Bode 图.

当带输出变量[mag,pha,w]或[mag,pha]引用函数时,可得到系统 Bode 图响应的幅值 mag、相角 pha、角频率点 w 矢量,或只是返回幅值与相角. 相角以度为单位,幅值可转换为分贝单位:mag(dB) = 20lg(mag).

若给出具体的频率范围,可用 Logspace(a,b,n)指令,该指令在十进制数 10^a 和 10^b 之间,产生 n 个用十进制对数分度的等距离的点. 采样点 n 的具体值由用户确定.

例 9.18 已知一个典型环节传递函数为

$$G(s) = \frac{\omega_n^2}{s^2 + 2\xi\omega_n s + \omega_n^2}$$

其中,$\omega_n = 0.7$,试分别绘制 $\xi = 0.1$、0.4、1.0、1.6、2.0 时的 Bode 图.

解 MATLAB 程序代码如下:

```
w = [0,logspace(-2,2,200)]
wn = 0.7
tou = [0.1,0.4,1.0,1.6,2.0]
```

```
forj = 1:5
sys = tf([wn * wn],[1,2 * tou(j) * wn,wn * wn])
bode(sys,w)
hold on
end
grid on
gtext('\xi = 0.1')
gtext('\xi = 0.4')
gtext('\xi = 1.0')
gtext('\xi = 1.6')
gtext('\xi = 2.0')
```

运行程序得到响应曲线如图 9.19 所示.

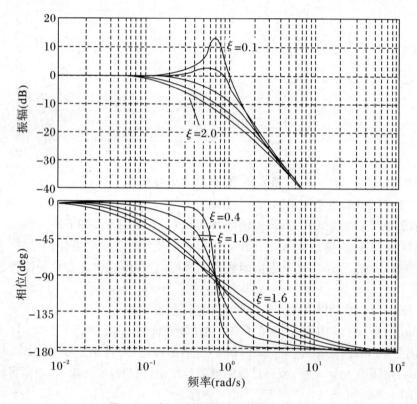

图 9.19 例 9.18 的二阶系统的 Bode 图

参 考 文 献

[1]   董景新,赵长德,郭美凤,等. 控制工程基础[M]. 3 版. 北京:清华大学出版社,2009.

[2]   张伯鹏. 控制工程基础[M]. 北京:机械工业出版社,1982.

[3]   高钟毓. 机电控制工程[M]. 2 版. 北京:清华大学出版社,2002.

[4]   Ogata K. 现代控制工程[M]. 4 版. 卢伯英,佟明安,译. 北京:电子工业出版社,2003.

[5]   吴麒. 自动控制原理[M]. 北京:清华大学出版社,1990.

[6]   杨叔子,杨克冲. 机械工程控制基础[M]. 6 版. 武汉:华中科技大学出版社,2011.

[7]   孔祥东,王益群. 控制工程基础[M]. 3 版. 北京:机械工业出版社,2011.

[8]   杨建玺,徐莉萍. 控制工程基础[M]. 北京:科学出版社,2008.

[9]   曾励. 控制工程基础[M]. 北京:机械工业出版社,2013.

[10] Bolton W. Control Systems[M]. British:Newnes,2012.

[11] Franklin F,Powell J D,Emami-Naeini A. 自动控制原理与设计[M]. 6 版. 北京:电子工业出版社,
      2013.

[12] Jairath A. Control Systems[M]. Florida:CRC Press Inc. ,2008.

[13] 王积伟,吴振顺. 控制工程基础[M]. 2 版. 北京:高等教育出版社,2010.

[14] Andrea-Novel B, Michel De Lara. Control Theory for Engineers:Linear Control for Dynamical Sys-
      tems[M]. Berlin, Heidelberg:Springer-Verlag,2013.

[15] D'azzo J, Houpis C H. 线性控制系统分析与设计[M]. 4 版. 北京:清华大学出版社,2000.

[16] 孙增圻. 计算机控制理论及应用[M]. 北京:清华大学出版社,2011.

[17] 陈小琳. 自动控制原理例题习题集[M]. 北京:国防工业出版社,1982.

[18] 张培强. MATLAB 语言[M]. 合肥:中国科学技术大学出版社,1995.

[19] 陈康宁. 机械工程控制基础[M]. 西安:西安交通大学出版社,1999.

[20] 薛定宇. 控制系统计算机辅助设计[M]. 北京:清华大学出版社,1996.

[21] 胡寿松. 自动控制原理[M]. 5 版. 北京:科学出版社,2013.

[22] Kuo B C,Gdnaraghi F. 自动控制系统[M]. 8 版. 汪小帆,李翔,译. 北京:高等教育出版社,2004.